地震作用下水-结构动力相互作用分析方法

王丕光　赵　密　杜修力　著

中国建筑工业出版社

图书在版编目(CIP)数据

地震作用下水-结构动力相互作用分析方法 / 王丕光，赵密，杜修力著. -- 北京 : 中国建筑工业出版社，2024. 9. -- ISBN 978-7-112-30200-0

Ⅰ. P75

中国国家版本馆 CIP 数据核字第 2024QH7481 号

责任编辑：李静伟

责任校对：赵　力

地震作用下水-结构动力相互作用分析方法

王丕光　赵　密　杜修力　著

*

中国建筑工业出版社出版、发行（北京海淀三里河路 9 号）

各地新华书店、建筑书店经销

北京红光制版公司制版

建工社（河北）印刷有限公司印刷

*

开本：787 毫米×1092 毫米　1/16　印张：11¾　字数：274 千字

2024 年 10 月第一版　　2024 年 10 月第一次印刷

定价：**59.00** 元

ISBN 978-7-112-30200-0

(43602)

前　言

随着国民经济的飞速发展，我国已经建成或正在筹划建设一批交通、能源、水利等涉水基础设施工程，如跨海桥梁、海底隧道、人工岛礁、水电站以及海上平台等。我国地处世界两大主要地震带——欧亚地震带和环太平洋地震带之间，地震活动频繁，历史震害惨重。地震给我们带来灾难的同时，更加让从事工程结构抗震研究的科研工作者认识到精确评估结构地震响应、提高结构抗震性能的重要性。地震作用下，涉水工程结构受到水与结构的动力相互作用，会改变结构的动力特性、影响结构的动力响应。因此，地震作用下水-结构动力相互作用是一个亟需研究的课题。

本书从高精度分析方法和简化分析方法两个层面对地震作用下水-结构动力相互作用进行研究，兼顾科学研究和工程应用需求。全书共分 9 章。第 1 章对水-结构动力相互作用的研究背景和意义、理论基础、研究方法以及研究内容作了全面阐述。第 2 章论述了可压缩水体与结构动力相互作用的时域整体分析方法，本章提出方法为后续章节研究奠定了基础。第 3 章、第 4 章研究了地震作用下结构与可压缩势流体相互作用的频域子结构方法和时域子结构方法。第 3 章内容是后续章节建立地震作用下水-结构相互作用简化方法的依据，第 4 章为涉水结构的非线性地震反应分析提供了高效率、高精度计算方法。第 5 章推导了多个圆柱及任意光滑截面柱体的地震动水压力解析解，给出了多个柱体辐射波和散射波压力的解析计算公式以及总动水压力的计算方法。第 6 章、第 7 章分别针对地震作用下工程常见结构和柔性柱体与水动力相互作用的简化方法，提出了动水压力的附加质量简化公式，可供涉水工程结构的抗震设计使用。第 8 章、第 9 章针对储液水箱、浮式垂直圆柱和水平圆柱潜体结构的地震动水压力进行了研究，给出了简化分析方法，可为实际工程设计和计算提供科学依据。

本书的研究工作得到国家自然科学基金项目（52078010，51708010）、北京市自然科学基金北京杰青项目（JQ24050）、中国博士后科学基金项目（2017M610901）的资助。作者在此特别感谢国家自然科学基金委员会、北京市自然科学基金委员会和中国博士后科学基金会等单位的资助。

本书内容是我们课题组多年来在水动力方面科研成果的积累，由于作者水平和知识面的局限性，书中难免存在疏漏之处，敬请广大读者批评赐教指正。

王丕光

2024 年 7 月于北京工业大学

目　录

第1章　绪　论

1.1　课题研究背景和意义

随着经济发展和技术进步，我国长大公路和铁路桥梁建设取得了举世瞩目的成就，建成了一批结构新颖、技术复杂、设计和施工难度大的跨江、跨库区和跨海桥梁；近年来，我国在海洋工程建设方面也不断取得重大进展，包括连接各大沿海经济区的海底隧道、缓解能源问题的海上风电场以及远海岛礁上建立的人工岛等；另外，水利资源开发是优化我国电源结构的有效手段，目前我国大约有220座大型或中型水电站已经完工或者正在建设中。跨海桥梁、海底隧道、人工岛礁和水电站等重大工程投资费用大、建设周期长，一旦该工程由于地震等自然灾害出现损坏，将对一个地区的经济发展和安全产生巨大的不利影响，因此其安全性至关重要。

我国处于欧亚地震带和环太平洋地震带之间，同时境内断裂带的存在又产生许多局部地震区，导致我国地震活动频繁，如1999年我国台湾集集地震、2008年汶川大地震、2010年玉树地震、2013年庐山地震。自20世纪以来我国震级在6级以上的破坏地震达到700次以上，其中7级以上地震多达100次以上，8级以上地震多达10次，死于地震的人数超过50万，约占同期全世界地震死亡人数的一半。2008年四川汶川发生的8.0级大地震造成近9万人死亡和失踪。地震给我们带来灾难的同时，更加让从事工程结构抗震研究的科研工作者认识到提高结构抗震性能的重要性。由于跨海桥梁、海底隧道、人工岛礁和水电站等涉水工程结构多位于深水之中，在地震作用下存在水与结构的动力相互作用问题，因此开展地震作用下水-结构动力相互作用研究具有重要意义和工程价值。

地震作用下，水与结构的动力相互作用会对结构产生动水压力作用，该动水压力会改变结构的动力特性，影响结构的动力响应。目前，在海洋平台、大坝和码头等结构的抗震分析中都考虑了水对结构的影响。我国的《公路桥梁抗震设计规范》JTG/T 2231-01—2020[1]和《铁路工程抗震设计规范》GB 50111—2006（2009年版）[2]均考虑了水与结构的耦联振动问题并提供了地震动水力的计算方法，但只能应用于圆形或者矩形等简单截面形状的单桥墩，并且计算结果与实际情况有较大差距。因此，有必要对地震作用下深水桥墩与水体的相互作用计算方法进行系统的研究工作。

1.2　地震作用下水-结构相互作用研究方法概述

自1933年Westergard[3]提出地震作用下作用在刚性坝面上的动水压力后，地震作用下水-结构相互作用的研究已经有90多年的历史。特别是近几十年来，国内外的研究人员对大坝、桥墩等结构在地震作用下的动力响应机理、影响因素和分析方法等方面做了大量细致的研究工作，已经取得了大量的研究成果，对水-结构相互作用的机理有了较深的认识，一些成果已应用到工程实践中。地震作用下水-结构相互作用研究方法主要有解析法、数值模拟及模型试验。解析法将结构和势流水体均用解析的方法求解或者将结构假设为刚性用解析的方法求解作用在结构上的动水压力；数值模拟则是将结构和势流水体部分均用数值的方法求解，如结构用有限元，而势流水体用有限元、边界元等方法模拟；模型试验是理论研究的有效验证手段，地震作用下水-结构相互作用机理复杂，通过对试验数据的处理、分析可以得到许多具有实际意义的结论和规律，为更精确地分析地震作用下结构的动水压力提供支持。

1.2.1 解析法

目前，地震动水压力的解析计算方法主要有辐射波浪理论和Morison方程。

1. **辐射波浪理论研究方法**

柱体受外部激励后在水中产生振动，也会带动周围水体发生振动，此时柱体与周围水体产生了相对运动，使得动水压力应运而生。辐射波浪理论以水体速度势作为基本变量，水域在结构运动前保持静止，在某种激励下（地震或入射波浪作用等）使结构在水中运动，结构自振变形引起水体产生振动波，此理论在水-结构边界条件、自由表面边界条件、无穷远边界等条件下建立动水压力理论解，其理论适用于任意柱体。

柱体自身振动而出现的动水压力可以通过辐射波浪理论进行求解。研究表明，在初始状态下结构所在水域为静止的，水的黏性效应可以忽略不计，因此对于辐射波浪理论的研究问题大多数都假定水为理想流体且作无旋运动。赖伟等[4]对地震下圆柱形桥墩上的动水压力，提出了一个半解析半数值方法；苏京华[5]基于辐射波浪理论提出了一种计算动水压力的半解析半数值解，并可以考虑自由表面波和流体压缩性的影响；黄信等[6]基于辐射波浪理论，建立了辐射波浪的动水压力计算方法；杨万里[7]针对辐射波浪法等存在的不足展开研究，对其进行简化、改进，提出了新的计算方法，并进行计算精度验证；解析法是先求得桥墩所受的地震动水压力解析解，然后将动水压力代入桥墩结构的振动方程，从而对桥墩结构进行动水压力作用下的地震响应分析。Xing等[8]给出了考虑和忽略自由表面波运动情况下的齐水面弹性圆柱体的水平运动的解析解；Han等[9]研究柔性圆柱在流体介质中的振动模型，并提出了一个简单计算固有频率的公式。居荣初等[10]对弹性结构与液体的水平向耦联振动理论作了全面介绍，并给出了忽略表面波和水的可压缩性时分析齐水面弹性圆柱体动力响应的解析方法。Goyal等[11-13]在考虑了水-结构、土-结构相互作用基础上，为塔式结构在水平地震作用下的动水附加质量提出了有效的计算方法。Xing等[14]分别对忽略和考虑表面波运动的两种水自由表面处边界条件对齐水面弹性圆柱体的水平运动进行了分析，并得到了各自相应的确定解。Tanaka等[15]利用解析法分析了齐水面弹性圆柱体在水平地面运动中单位长度上动水附加质量系数和阻尼系数，并进行了水下弹性圆柱体振动台试验。在上述采用解析方法解决弹性圆柱体与水相互作用的研究中，为了使问题可解，均将圆柱体视为悬臂梁来处理，因而无法考虑实际问题中其他结构部分的刚度和质量影响，其相应解析解只适合于悬臂式结构。

2. Morison方程动水力计算方法

当一个结构横向尺寸与波长之比小于0.2时，称为小尺度柱体结构，通常假定此结构对其所处的波场没有影响。Morison方程主要适用于小尺度柱体结构的动水压力求解，且该方程可计算波浪对海洋结构物在水域内各个深度的波浪力。Morison[16]对桩柱波浪力进行研究，提出了一种动水压力半解析计算公式，且适用于小尺度结构物的求解情况。Morison方程中假定结构物的存在不影响波浪特性，故波浪载荷可以描述为波浪流体惯性力和摩擦力之和，并通过公式来计算波浪对海洋结构的力。公式的推导较为复杂，其中阻力系数和惯性力系数通过雷诺数和邱卡数来拟合，Keulegan等[17]的试验研究表明其与阻力系数、惯性力系数、雷诺数、K_c数、结构截面形状以及其表面粗糙度等[18]有关。Cotter等[19]的试验研究表明，阻力系数和惯性力系数是关于Keulegan-Carpenter数的函数。俞聿修等[20-21]利用时域最小二乘法和互谱分析法给出了规则波和不规则波作用下的阻力系数和惯性力系数与K_c数的关系曲线，系数K_c数与Re数等参数的选取通常根据大量规则波或振荡波对垂直桩柱作用力进行试验来确定。

1.2.2 数值模拟研究

数值模拟法是一种工程问题分析的方法，方法主要有两类：第一类是不模拟水域，只建立分析对象模型，动水压力以附加质量的形式施加在结构上；第二类是利用有限元法或边界元法，建立结构与流体模型，并在结构表面定义流固耦合界面进行求解。其中有限元法相对来说比较通用，结合了大变形理论后可以作更多的分析，也是现在科研和工程领域最常用有效的方法。其又可分为3类：欧拉法、拉格朗日法和任意拉格朗日-欧拉法。Bathe等[22]基于ADINA软件提出了高效的流体-结构耦合分析方法，可以考虑流体的可压缩性、大变形下的流固耦合作用、非线性响应及接触条件等；Wang[23]研究了细长结构与周围黏滞流体的相互作用问题，考虑流体压力和黏滞力，并通过线性化和空间有限差分法建立离散方程；Sigrist等[24]利用模态方法求解基于压力方程的流固耦合动力问题；Fan等[25]利用边界元处理近场和远场水域，利用有限元考虑结构，从而建立流体与结构耦合作用的分析方法。王进廷等[26]建立了一种动力分析的二维时域显式有限元模型，方便快捷地用于坝体线性和非线性动力反应分析；李上明[27]通过对无限流体介质的模拟，推导了等横截面半无限水库的动态刚度矩阵，基于该动态刚度矩阵，建立了有限元法与比例边界有限元法的耦合方程。

1.2.3 试验研究

由于理论研究和数值模拟都存在着一定的假设，而试验研究可以作为理论研究的有效验证手段，通过对试验数据的处理、分析可以得到许多具有实际意义的结论和规律。地震作用下水与结构相互作用机理复杂，理论解析解缺乏试验验证，为更精确地分析地震作用下动水压力响应，有必要进行水与结构相互作用的试验研究。

对于地震作用下水-柱体结构相互作用的研究，较多研究者开展了水下振动台试验。周秘[28]在振动台试验中，测定斜拉桥桥塔模型在不同水深状态下的动力响应，分析桥塔模型在不同水深下的动力特性、塔顶位移和塔底应变应力的变化规律。赖伟[29]通过模型试验，分析与讨论了动水力对桩基础桥墩地震动响应的影响程度以及不同地震动输入条件下结构与水的相互作用规律。试验结果表明水的存在会改变结构动力特性和地震动响应。柳春光等[30-31]开展了水下振动台试验，探讨了动水压力对结构体系动力特性和地震响应的影响。覃弋放[32]对不同地震动、不同边界条件等的试验工况开展了桥墩模型振动台试验，并进行相应的流固耦合数值模拟对比，得出动水压力的变化规律。Byrd[33]针对底端固定于水底且顶端浸没于水中的刚性沉箱结构进行了水下振动台试验，试验中测量了模型表面不同位置处的动水压力，并由测力计测量数据导出了模型水平向和竖向的动水附加质量和阻尼系数，以及绕水平轴的转动动水附加质量和阻尼系数。Tanaka[34]通过水下振动台试验验证了所提出水中铅直柱体地震响应的特征函数方法的可靠性。李悦[35]以南京长江三桥南塔墩为背景进行了水-桥墩振动台试验研究，结果表明动水压力作用增大了桥墩结构的动力响应。宋波等[36]开展了桥墩与水相互作用的振动台试验研究，试验结果表明，承台部分的加速度视加载波形峰值的不同有 20%～40%的增幅，位移、应变等也有相应的增幅，动水压力的分布与地震波强度明显相关。

Panigrahy 等[37]研究容器晃动中水体的溅出以及对容器壁的受力影响，分析得出容器侧壁压力随激振力的变化而变化，自由表面处的压力波动大于底部容器壁的压力波动，黏滞和阻尼的影响随着水体质量的增加而增大，水体溅出随着水深增加而减小。吴堃和李忠献[38]利用一个大型水箱和伺服作动器搭建了一套水下振动台试验系统，开展不同工况的振动台试验，结果表明：地震作用下桥墩加速度和动水压力应当考虑激励幅值、激励频率、截面直径和水深的影响；Morison 方程不适用于计算地震作用下桥墩动水压力，应通过大量试验加以修正。李想[39]通过将水箱固定在振动台上，实现了桥墩在水中的振动，研究了不同截面桥墩、不同水深下的桥墩动力响应，并与桥墩数值模拟结果进行对比，验证试验的准确性。

1.2.4 简化分析方法

由于地震动水压力的解析或数值分析方法不方便在工程中应用，因此许多学者在忽略水体压缩性的情况下提出了水中结构地震动水压力的简化计算公式。目前，水中结构地震动水压力简化公式的提出主要基于两种方法：一种是基于假定结构为刚性[3,40-42]，另一种是基于柔性结构在水中的自由振动[43]。基于圆筒形柱体动水压力的解析解，Li 和 Yang[41]提出了柱体附加质量简化计算公式，分析得出在频率较高时水体表面波对其的影响一般可以忽略不计，弹性振动引起的附加质量可以近似地用桥墩刚性运动引起的质量代替。Jiang 等[42]提出了圆形和椭圆形柱体附加质量简化计算公式。基于水中柱体结构一阶频率降低率，Han 等[43]、Yang 和 Li[44]通过曲线拟合的方法提出圆形和矩形柱体在一定水深范围内自由振动引起动水力的附加质量简化计算公式，研究表明该方法在结构动力特性和动力响应计算方面是准确的。杜修力和郭婕等[45]详细介绍了不可压缩水体条件下水-

结构地震反应基于结构刚性、Morison 和结构柔性三种简化分析方法的适用范围，研究结果表明三种方法各有使用范围，在宽深比小于 0.2 的情况下，基于结构柔性法的相对计算精度更高一些，但忽略了动水力沿着柱体高度的分布。

1.3　水-结构动力相互作用分析基础

假定水体为小扰动无黏性理想流体，水深为 h，ρ_w是水体密度，K 是水体体积模量，水体动水压力为 p，假定地基为刚性、水体初始静止。

1.3.1　水体控制方程

1. 二维可压缩水体

直角坐标系下二维水体动水压力控制方程为：

$$\frac{\partial^2 p}{\partial x^2}+\frac{\partial^2 p}{\partial y^2}=\frac{1}{c^2}\frac{\partial^2 p}{\partial t^2} \tag{1.3-1}$$

式中，$c=\sqrt{K/\rho_w}$ 是水中声速；p 表示动水压力；x 和 y 分别表示水体水平向和竖向坐标，$y=0$ 为水底，$y=h$ 为水面。

相应的边界条件为：

$$\frac{\partial p}{\partial y}=0 \quad y=0 \tag{1.3-2}$$

$$p=0 \quad y=h \tag{1.3-3}$$

通过傅里叶变换，式（1.3-1）～式（1.3-3）的频域方程为：

$$\frac{\partial^2 P}{\partial x^2}+\frac{\partial^2 P}{\partial y^2}+\frac{\omega^2}{c^2}P=0 \tag{1.3-4}$$

$$\frac{\partial P}{\partial y}=0 \quad y=0 \tag{1.3-5}$$

$$P=0 \quad y=h \tag{1.3-6}$$

水中结构运动或是其他荷载引起的水体散射波压力在无穷远场满足辐射条件，即：

$$P=0 \quad x\rightarrow\infty \tag{1.3-7}$$

2. 三维可压缩水体

直角坐标系下三维水体动水压力控制方程为：

$$\frac{\partial^2 p}{\partial x^2}+\frac{\partial^2 p}{\partial y^2}+\frac{\partial^2 p}{\partial z^2}=\frac{1}{c^2}\frac{\partial^2 p}{\partial t^2} \tag{1.3-8}$$

式中，x、y 和 z 分别表示水体水平、纵向和竖向坐标，$z=0$ 为水底，$z=h$ 为水面。

柱坐标系下三维水体动水压力控制方程为：

$$\frac{\partial^2 p}{\partial r^2}+\frac{1}{r}\frac{\partial p}{\partial r}+\frac{1}{r^2}\frac{\partial^2 p}{\partial \theta^2}+\frac{\partial^2 p}{\partial z^2}=\frac{1}{c^2}\frac{\partial^2 p}{\partial t^2} \tag{1.3-9}$$

式中，r、θ 和 z 分别表示水体径向、环向和竖向坐标。

相应的边界条件为：

$$\frac{\partial p}{\partial z}=0 \quad z=0 \tag{1.3-10}$$

$$p=0 \quad z=h \tag{1.3-11}$$

$$p\,|_{r\to\infty}=0 \tag{1.3-12}$$

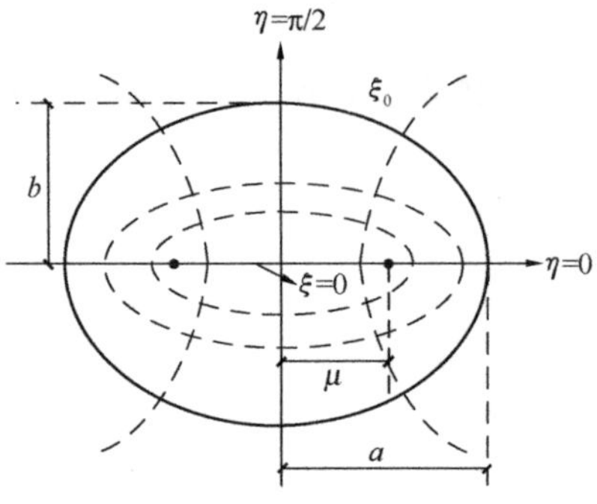

图 1.3-1　椭圆坐标系

对于呈椭圆形的柱体截面，可将式（1.3-8）变换到椭圆坐标系上。椭圆坐标系如图 1.3-1所示。直角坐标系与椭圆坐标系的变化关系为：

$$x=\mu\cosh\xi\cos\eta \tag{1.3-13a}$$

$$y=\mu\sinh\xi\sin\eta \tag{1.3-13b}$$

式中，$\mu=\sqrt{a^2-b^2}$，a 和 b 分别表示椭圆的长半轴和短半轴；ξ 和 η 分别为椭圆坐标系的径向和环向坐标，取值范围分别为 $0\leqslant\xi<\infty$ 和 $0\leqslant\eta<2\pi$。椭圆截面的径向坐标为：

$$\xi=\xi_0=\tan^{-1}(b/a) \tag{1.3-14}$$

将式（1.3-13）代入式（1.3-8）得到椭圆坐标系下水体控制方程为：

$$\frac{2}{\mu^2(\cosh 2\xi-\cos 2\eta)}\left(\frac{\partial^2 p}{\partial\xi^2}+\frac{\partial^2 p}{\partial\eta^2}\right)+\frac{\partial^2 p}{\partial z^2}=\frac{1}{c^2}\frac{\partial^2 p}{\partial t^2} \tag{1.3-15}$$

水体底部和静水表面边界条件见式（1.3-10）和式（1.3-11）。无穷远边界条件为：

$$p\,|_{\xi\to\infty}=0 \tag{1.3-16}$$

通过傅里叶变换，式（1.3-8）、式（1.3-9）、式（1.3-15）及其边界条件的频域方程为：

$$\frac{\partial^2 P}{\partial x^2}+\frac{\partial^2 P}{\partial y^2}+\frac{\partial^2 P}{\partial z^2}+k^2P=0 \tag{1.3-17}$$

$$\frac{\partial^2 P}{\partial r^2}+\frac{1}{r}\frac{\partial P}{\partial r}+\frac{1}{r^2}\frac{\partial^2 P}{\partial\theta^2}+\frac{\partial^2 P}{\partial z^2}+k^2P=0 \tag{1.3-18}$$

$$\frac{2}{\mu^2(\cosh 2\xi-\cos 2\eta)}\left(\frac{\partial^2 P}{\partial\xi^2}+\frac{\partial^2 P}{\partial\eta^2}\right)+\frac{\partial^2 P}{\partial z^2}+k^2P=0 \tag{1.3-19}$$

$$\frac{\partial P}{\partial z}=0 \quad z=0 \tag{1.3-20}$$

$$P=0 \quad z=h \tag{1.3-21}$$

式中，$k=\omega/c$，ω 表示荷载激励频率。

3. 不可压缩水体

直角坐标系下二维不可压缩水体的动水压力控制方程为：

$$\frac{\partial^2 p}{\partial x^2}+\frac{\partial^2 p}{\partial y^2}=0 \tag{1.3-22}$$

三维水体动水压力控制方程为：

$$\frac{\partial^2 p}{\partial x^2}+\frac{\partial^2 p}{\partial y^2}+\frac{\partial^2 p}{\partial z^2}=0 \tag{1.3-23}$$

柱坐标系下三维水体动水压力控制方程为：

$$\frac{\partial^2 p}{\partial r^2}+\frac{1}{r}\frac{\partial p}{\partial r}+\frac{1}{r^2}\frac{\partial^2 p}{\partial \theta^2}+\frac{\partial^2 p}{\partial z^2}=0 \tag{1.3-24}$$

$$\frac{2}{\mu^2(\cosh 2\xi-\cos 2\eta)}\left(\frac{\partial^2 p}{\partial \xi^2}+\frac{\partial^2 p}{\partial \eta^2}\right)+\frac{\partial^2 p}{\partial z^2}=0 \tag{1.3-25}$$

1.3.2　水体有限元方程

1. 二维水体

直角坐标系下，波动方程的等效积分形式为：

$$\iint \tilde{p}\left(\nabla^2 p-\frac{1}{c^2}\frac{\partial^2 p}{\partial t^2}\right)\mathrm{d}V=0 \tag{1.3-26}$$

$$\nabla^2=\frac{\partial^2}{\partial x^2}+\frac{\partial^2}{\partial y^2} \tag{1.3-27}$$

式中，V 表示有限域；$\tilde{p}$ 为满足要求的任意权函数。

通过格林公式，可得到式（1.3-26）的等效积分弱形式为：

$$\iint\left(\frac{\partial \tilde{p}}{\partial x}\frac{\partial p}{\partial x}+\frac{\partial \tilde{p}}{\partial y}\frac{\partial p}{\partial y}+\frac{1}{c^2}\tilde{p}\frac{\partial^2 p}{\partial t^2}\right)\mathrm{d}V=\int \tilde{p}\frac{\partial p}{\partial n}\mathrm{d}L \tag{1.3-28}$$

式中，L 表示有限域的边界；$\frac{\partial}{\partial n}=\frac{\partial}{\partial x}n_x+\frac{\partial}{\partial y}n_y$，其中 $n_x=\cos(n,x)$ 和 $n_y=\cos(n,y)$ 分别为边界 L 外法向矢量相对于坐标轴的方向余弦，n 代表外法线方向。

由式（1.3-28）可知，近场有限域离散后每个单元内波动方程的等效积分弱形式为：

$$\iint\left(\frac{\partial \tilde{p}_e}{\partial x}\frac{\partial p_e}{\partial x}+\frac{\partial \tilde{p}_e}{\partial y}\frac{\partial p_e}{\partial y}+\frac{1}{c^2}\tilde{p}_e\frac{\partial^2 p_e}{\partial t^2}\right)\mathrm{d}V_e=\int \tilde{p}_e\frac{\partial p_e}{\partial n}\mathrm{d}S \tag{1.3-29}$$

式中，下标 e 表示单元。

单元结点动水压力差值为：

$$p_e(x,y,t)=\boldsymbol{N}_e(x,y)\boldsymbol{p}_e(t) \tag{1.3-30}$$

式中，$\boldsymbol{p}_e(t)$ 为单元结点动水压力列向量；$\boldsymbol{N}_e(x,y)$ 为单元形函数行向量。将式（1.3-30）代入式（1.3-29），可得单元结点动水压力的有限元方程为：

$$\boldsymbol{M}_e\ddot{\boldsymbol{p}}_e(t)+\boldsymbol{K}_e\boldsymbol{p}_e(t)=\boldsymbol{F}_e(t) \tag{1.3-31}$$

式中，单元质量矩阵 $\boldsymbol{M}_e$、单元刚度矩阵 $\boldsymbol{K}_e$ 和单元荷载列向量 $\boldsymbol{F}_e(t)$ 分别为：

$$\boldsymbol{M}_e=\frac{1}{c^2}\iint \boldsymbol{N}_e^{\mathrm{T}}(x,y)\boldsymbol{N}_e(x,y)\mathrm{d}V_e \tag{1.3-32a}$$

$$\boldsymbol{K}_e=\iint\left(\frac{\partial \boldsymbol{N}_e^{\mathrm{T}}(x,y)}{\partial x}\frac{\partial \boldsymbol{N}_e(x,y)}{\partial x}+\frac{\partial \boldsymbol{N}_e^{\mathrm{T}}(x,y)}{\partial y}\frac{\partial \boldsymbol{N}_e(x,y)}{\partial y}\right)\mathrm{d}V_e \tag{1.3-32b}$$

$$\boldsymbol{F}_e(t)=\int \boldsymbol{N}_e^{\mathrm{T}}(x,y)\frac{\partial \boldsymbol{p}_e(t)}{\partial n}\mathrm{d}L_e \tag{1.3-32c}$$

2. 三维水体

类似地，可得到三维水体单元结点动水压力的有限元方程为：

$$\boldsymbol{M}_e\ddot{\boldsymbol{p}}_e(t)+\boldsymbol{K}_e\boldsymbol{p}_e(t)=\boldsymbol{F}_e(t) \tag{1.3-33}$$

式中，单元质量矩阵 $\boldsymbol{M}_{\mathrm{e}}$、单元刚度矩阵 $\boldsymbol{K}_{\mathrm{e}}$ 和单元荷载列向量 $\boldsymbol{F}_{\mathrm{e}}(t)$ 分别为：

$$\boldsymbol{M}_{\mathrm{e}}=\frac{1}{c^{2}}\iiint \boldsymbol{N}_{\mathrm{e}}^{\mathrm{T}}(x, y, z)\boldsymbol{N}_{\mathrm{e}}(x, y, z)\mathrm{d}V_{\mathrm{e}} \tag{1.3-34a}$$

$$\boldsymbol{K}_{\mathrm{e}}=\iiint\left(\frac{\partial \boldsymbol{N}_{\mathrm{e}}^{\mathrm{T}}(x, y, z)}{\partial x}\frac{\partial \boldsymbol{N}_{\mathrm{e}}(x, y, z)}{\partial x}+\frac{\partial \boldsymbol{N}_{\mathrm{e}}^{\mathrm{T}}(x, y, z)}{\partial y}\frac{\partial \boldsymbol{N}_{\mathrm{e}}(x, y, z)}{\partial y}+\frac{\partial \boldsymbol{N}_{\mathrm{e}}^{\mathrm{T}}(x, y, z)}{\partial z}\frac{\partial \boldsymbol{N}_{\mathrm{e}}(x, y, z)}{\partial z}\right)\mathrm{d}V_{\mathrm{e}} \tag{1.3-34b}$$

$$\boldsymbol{F}_{\mathrm{e}}(t)=\iint \boldsymbol{N}_{\mathrm{e}}^{\mathrm{T}}(x, y, z)\frac{\partial \boldsymbol{p}_{\mathrm{e}}(t)}{\partial n}\mathrm{d}S_{\mathrm{e}} \tag{1.3-34c}$$

1.3.3 时间积分方法

本节给出了波动有限元分析的动力学时间积分方法，主要有 Newmark 隐式方法、中心差分法和杜-王显式方法[46-47]。

1. Newmark 方法

Newmark 方法主要有两个可变参数 γ 和 β，其中常平均加速度法（$\gamma=0.5$，$\beta=0.25$）是一种应用最广的 Newmark 方法，该方法是二阶精度、无条件数值稳定的隐式方法，是一种单步法。计算第 n 时刻位移、速度和加速度的递推公式为：

$$\hat{\boldsymbol{K}}\boldsymbol{u}^{n}=\hat{\boldsymbol{F}}^{n} \tag{1.3-35a}$$

$$\ddot{\boldsymbol{u}}^{n}=a_{0}(\boldsymbol{u}^{n}-\boldsymbol{u}^{n-1})-a_{2}\dot{\boldsymbol{u}}^{n-1}-a_{3}\ddot{\boldsymbol{u}}^{n-1} \tag{1.3-35b}$$

$$\dot{\boldsymbol{u}}^{n}=\dot{\boldsymbol{u}}^{n-1}+a_{6}\ddot{\boldsymbol{u}}^{n-1}+a_{7}\ddot{\boldsymbol{u}}^{n} \tag{1.3-35c}$$

其中，等效刚度矩阵为：

$$\hat{\boldsymbol{K}}=\boldsymbol{K}+a_{0}\boldsymbol{M}+a_{1}\boldsymbol{C} \tag{1.3-35d}$$

等效荷载向量为：

$$\hat{\boldsymbol{F}}^{n}=\boldsymbol{F}^{n}+\boldsymbol{M}(a_{0}\boldsymbol{u}^{n-1}+a_{2}\dot{\boldsymbol{u}}^{n-1}+a_{3}\ddot{\boldsymbol{u}}^{n-1})+\boldsymbol{C}(a_{1}\boldsymbol{u}^{n-1}+a_{4}\dot{\boldsymbol{u}}^{n-1}+a_{5}\ddot{\boldsymbol{u}}^{n-1}) \tag{1.3-35e}$$

积分常数分别为：

$$a_{0}=\frac{1}{\beta\Delta t^{2}};\ a_{1}=\frac{\gamma}{\beta\Delta t};\ a_{2}=\frac{1}{\beta\Delta t};\ a_{3}=\frac{1}{2\beta}-1;$$

$$a_{4}=\frac{\gamma}{\beta}-1;\ a_{5}=\frac{\Delta t}{2}\left(\frac{\gamma}{\beta}-2\right);\ a_{6}=\Delta t(1-\gamma);\ a_{7}=\gamma\Delta t \tag{1.3-35f}$$

式中，Δt 为时间步长；位移、速度、加速度和荷载向量的上标 n、$n-1$ 表示时刻；$\boldsymbol{K}$、$\boldsymbol{C}$ 和 $\boldsymbol{M}$ 分别表示刚度矩阵、阻尼矩阵和质量矩阵。

2. 中心差分法

中心差分法是二阶精度、条件稳定的时间积分方法，为递推位移的两步法，计算第 n 时刻位移的递推公式为：

$$u_{i}^{n}+\frac{\Delta t}{2m_{i}}\sum_{j}c_{ij}u_{j}^{n}=\frac{\Delta t^{2}}{m_{i}}f_{i}^{n-1}+2u_{i}^{n-1}-u_{i}^{n-2}+\frac{\Delta t}{2m_{i}}\sum_{j}c_{ij}u_{j}^{n-2}-\frac{\Delta t^{2}}{m_{i}}\sum_{j}k_{ij}u_{j}^{n-1} \tag{1.3-36}$$

式中，Δt 为时间步长；上标 n，$n-1$，$n-2$ 代表时刻；u_i 和 f_i 分别表示位移向量 $\boldsymbol{u}$ 和荷载向量 $\boldsymbol{F}$ 的第 i 个元素，即自由度 i 的位移和荷载；m_i 为对角质量矩阵 $\boldsymbol{M}$ 的第 i 个对角元素，即自由度 i 的集中质量；k_{ij} 和 c_{ij} 分别为刚度矩阵 $\boldsymbol{K}$ 和阻尼矩阵 $\boldsymbol{C}$ 的第 i 行第 j 列元素，即自由度 j 对自由度 i 的刚度和阻尼系数。

3. 杜-王显式法

杜-王显式法是基于时域有限元概念提出的一种求解集中质量动力学方程的显式时间积分方法。该方法是二阶精度、条件稳定的，为递推位移和速度的两步法，计算第 n 时刻位移和速度的递推公式为：

$$u_i^n = \frac{\Delta t^2}{2m_i} f_i^{n-1} + u_i^{n-1} + \Delta t \dot{u}_i^{n-1} - \frac{\Delta t}{2m_i} \sum_j (\Delta t k_{ij} - c_{ij}) u_j^{n-1} - \frac{\Delta t}{2m_i} \sum_j c_{ij} u_j^{n-2} - \frac{\Delta t^2}{m_i} \sum_j c_{ij} \dot{u}_j^{n-1} \tag{1.3-37a}$$

$$\dot{u}_i^n = \frac{\Delta t}{2m_i} f_i^n + \frac{1}{\Delta t}(u_i^n - u_i^{n-1}) - \frac{1}{2m_i} \sum_j (\Delta t k_{ij} + c_{ij}) u_j^n + \frac{1}{2m_i} \sum_j c_{ij} u_j^{n-1} \tag{1.3-37b}$$

式中各符号的含义与中心差分法相同。

1.3.4　荷载条件

对于作用时间和峰值分别为 T 和 A 的狄拉克脉冲 $I(t)$，其归一化形式为：

$$\bar{I}(\bar{t}) = 16[Z(\bar{t}) - 4Z(\bar{t} - 1/4) + 6Z(\bar{t} - 1/2) - 4Z(\bar{t} - 3/4) + Z(\bar{t} - 1)] \tag{1.3-38}$$

$$Z(\bar{t}) = \bar{t}^3 H(\bar{t}) \tag{1.3-39}$$

式中，$H(\bar{t})$ 为海维赛德函数；$\bar{t} = t/T$；$\bar{I} = I/A$。$I(t)$ 的傅里叶变换为 $I(\omega)$，其中 ω 为时间 t 的圆频率。$I(\omega)$ 相应地归一化为 $\bar{I}(\bar{\omega})$，其中 $\bar{\omega} = \omega T$，$\bar{I} = I/A$。狄拉克脉冲及其傅里叶谱幅值如图 1.3-2 所示。

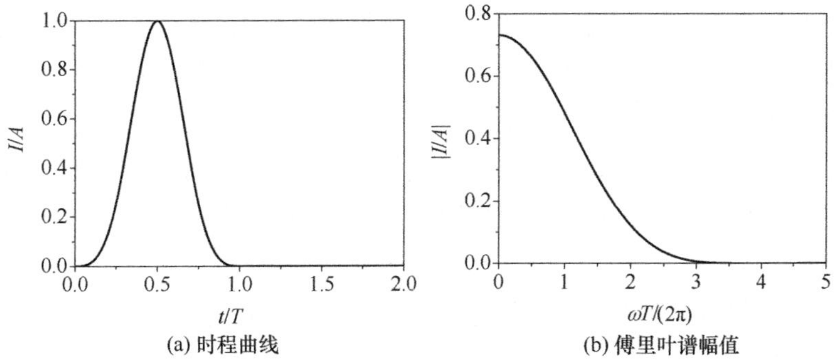

图 1.3-2　狄拉克脉冲及其傅里叶谱幅值

1.4 本书的主要研究内容

本书其他各章主要内容如下。

第 2 章研究了可压缩水体与结构动力相作用的时域整体分析方法。发展了无限域频率响应函数的有理函数近似技术，提出了高阶弹簧-阻尼-质量模型，实现了无限域频域人工边界条件向时域内的高效率、高精度转换；通过将时域人工边界条件与内域水体有限元方程耦合，形成了数值稳定、精确、高效的时域整体分析方法。本章提出的水-结构动力相互作用时域整体方法为后续章节研究奠定了理论基础。

第 3 章研究了地震作用下结构与可压缩势流体相互作用的频域子结构分析方法，包括规则结构地震动水压力的解析方法以及非规则结构地震动水压力的数值方法，数值模型中直接沿结构与水的交界面截去无限水域，被截去的无限域水体采用基于比例边界有限元法的频域人工边界条件模拟。本章内容为后续章节建立地震作用下水-结构相互作用的简化方法提供了依据。

第 4 章基于结构动水力的解析解或数值解，根据位移和动水力之间动力刚度关系，建立水体的时域子结构等效模型，用其代替水体与结构相连。对于可压缩水体，在精确频域公式的基础上，通过有理近似方法建立结构表面动水压力的高阶精度时域公式；对于不可压缩水体，提出动水力的精确附加质量模型。本章为涉水结构的非线性地震反应分析提供了高效率、高精度计算方法。

第 5 章推导了多个圆柱及任意光滑截面柱体的地震动水压力解析解，给出了多个柱体辐射波和散射波压力的解析计算公式以及总动水压力的计算方法，并利用数值方法进行了验证。本章研究结果能够为考虑水体作用时的群桩结构安全设计与施工提供科学指导和有价值的参考。

第 6 章提出了工程常见结构地震动水压力的简化计算方法。基于刚性结构动水压力的解析公式和数值方法，提出了二维直立与倾斜形结构、圆形、椭圆形、矩形、圆端形、圆锥形和椭圆形柱体地震动水压力的附加质量简化公式。所提出的附加质量简化公式数学表达简单、参数少、精度高，可直接用于涉水工程结构的抗震设计。

第 7 章主要研究了地震作用下水-柔性柱体动力相互作用的附加质量简化方法。通过水中柔性柱体自由振动的一阶频率降低率，建立了圆、椭圆和矩形柱体柔性运动引起动水压力的均布附加质量简化公式，并提出了地震作用下分别采用柔性和刚性运动附加质量简化公式代替水-结构相互作用的附加质量简化模型。本章研究成果可为水中柱体地震响应计算提供简化分析方法。

第 8 章推导了刚性和柔性储液水箱地震动水压力的解析计算公式，提出了柔性水箱动水压力附加质量模型和动水压力简化分析方法，并给出了附加质量和修正系数的简化计算公式。本章的研究成果能够为考虑壁面变形的储液水箱动力响应计算提供简化分析方法。

第 9 章主要针对浮式垂直圆柱和水平圆柱潜体的地震动水压力进行了解析推导，提出了对应附加质量系数的简化计算公式，并以悬浮隧道地震动力反应为例展示了该方法在实际工程中的应用。本章研究结果可为相关海洋工程浮式结构设计和计算提供科学参考。

参 考 文 献

[1] 中华人民共和国交通运输部. 公路桥梁抗震设计规范：JTG/T 2231-01—2020[S]. 北京：人民交通出版社，2020.

[2] 中华人民共和国建设部．铁路工程抗震设计规范：GB 50111—2006(2009 年版)[S]. 北京：中国计划出版社，2009.

[3] Westergard H M. Water pressures on dams during earthquakes [J]. Transactions of the American Society of Civil Engineers，1933，98：418-433.

[4] 赖伟，王君杰，胡世德．地震下桥墩动水压力分析[J]. 同济大学学报(自然科学版)，2004(1)：1-5.

[5] 苏京华．地震和波浪联合作用下深水桥梁动力响应研究[D]. 大连：大连理工大学，2022.

[6] 黄信，李忠献．动水压力作用对深水桥墩地震响应的影响[J]. 土木工程学报，2011，44(1)：65-73.

[7] 杨万里．地震激励下水-桥墩动力相互作用分析[D]. 天津：天津大学，2008.

[8] Xing J T，Price W G，Pomfret M J，et al. Natural vibration of a beam-water interaction system[J]. Journal of Sound and Vibration，1997，199(3)：491-512.

[9] Han R S，Xu H Z. A simple and accurate added mass model for hydrodynamic fluid-structure interaction analysis[J]. Journal of the Franklin Institute，1996，333(6)：929-945.

[10] 居荣初，曾心传．弹性结构与液体的耦联振动理论[M]. 北京：地震出版社，1983.

[11] Goyal A，Chopra A K. Simplified evaluation of added hydrodynamic mass for intake towers[J]. Journal of Structural Engineering，1989，115(7)：1393-1412.

[12] Goyal A，Chopra A K. Earthquake response spectrum analysis of intake-outlet towers[J]. Journal of Engineering Mechanics，1989，115(7)：1413-1433.

[13] Chopra A K，Goyal A. Simplified earthquake analysis of intake-outlet towers[J]. Journal of Structural Engineering，1991，117(3)：767-788.

[14] Xing J T，Price W G，Pomfret M J，et al. Natural vibration of a beam-water interaction system[J]. Journal of Sound and Vibration，1997，199(3)：491-512.

[15] Tanaka Y，Hudspeth R T. Restoring forces on vertical circular cylinders forced by earthquake[J]. Earthquake Engineering and Structural Dynamics，1988，16：99-119.

[16] Morison J R，O'Brien M P，Johnson J W. The force exerted by surface waves on piles[J]. Journal of Petroleum Technology，1950，2(5)：149-154.

[17] Keulegan G H，Carpenter L H. Forces on cylinders and plates in an oscillatory flow [J]. Journal of Research of the National Bureau of Standards，1958，60(5)：423-440.

[18] Hudspeth R T. Waves and wave forces on coastal and ocean structures[M]. Singapore：World Scientific Press，2006.

[19] Cotter D C，Chakrabarti S K. Wave force tests on vertical and inclined cylinders[J]. Journal of Waterway Port Coastal & Ocean Engineering，1984，110(1)：1-14.

[20] 俞聿修，张宁川．不规则波作用于垂直桩柱上的正向力[J]. 海洋学报(中文版)，1988(5)：609-617.

[21] 俞聿修，张宁川，赵群．三维随机波浪对桩柱的作用[J]. 海洋学报，1998，20(4)：121-132.

[22] Bathe K J，Zhang H，Ji S H. Finite element analysis of fluid flows fully coupled with structural in-

teractions[J]. Computers & Structures, 1999, 72(1): 1-16.

[23] Wang X. Analytical and computational approaches for some fluid-structure interaction analyses[J]. Computers & Structures, 1999, 72(1-3): 423-433.

[24] Sigrist J F, Garreau S. Dynamic analysis of fluid-structure interaction problems with modal methods using pressure-based fluid finite elements[J]. Finite Elements in Analysis and Design, 2007, 43(4): 287-300.

[25] Fan S C, Li S M, Yu G Y. Dynamic fluid-structure interaction analysis using boundary finite element method-finite element method[J]. Journal of Applied Mechanics, 2005, 72(4): 591-598.

[26] 王进廷，杜修力，张楚汉．重力坝-库水-淤砂-地基系统动力分析的时域显式有限元模型[J]. 清华大学学报(自然科学版), 2003, 43(8): 1112-1115.

[27] 李上明．基于比例边界有限元法动态刚度矩阵的坝库耦合分析方法[J]. 工程力学, 2013, 30(2): 313-317.

[28] 周秘．基于流固耦合的深水斜拉桥桥塔抗震性能试验研究[D]. 重庆：重庆交通大学, 2020.

[29] 赖伟，王君杰，韦晓，等．桥墩地震动水效应的水下振动台试验研究[J]. 地震工程与工程振动, 2006(6): 164-171.

[30] 云高杰，柳春光．某深水大跨桥梁水下振动台试验研究[J]. 振动与冲击, 2022, 41(12): 59-66+177.

[31] 柳春光，孙国帅，韩亮．水下桩墩结构体系的动力模型试验研究[J]. 地震工程与工程振动, 2012, 32(5): 97-102.

[32] 覃弋放．桥墩地震动水压力振动台模型试验的数值模拟[D]. 哈尔滨：中国地震局工程力学研究所, 2021.

[33] Byrd R C. A laboratory study of the fluid-structure interaction of submerged tanks and caissons in earthquakes[J]. 1978.

[34] Tanaka Y, Hudspeth R T. Restoring forces on vertical circular cylinders forced by earthquake[J]. Earthquake Engineering and Structural Dynamics, 1988, 16(1): 99-119.

[35] 李悦．强震作用下动水压力对深水桥梁动力性能的影响研究[D]. 北京：北京科技大学, 2010.

[36] 宋波，张国明，李悦．桥墩与水相互作用的振动台试验[J]. 北京科技大学学报, 2010, 32(3), 403-408.

[37] Panigrahy P K, Saha U K, Maity D. Experimental studies on sloshing behavior due to horizontal movement of liquids in baffled tanks[J]. Ocean Engineering, 2009, 36(3-4): 213-222.

[38] 吴堃，李忠献．地震作用下桥墩动水压力及 Morison 方程适用性试验研究[J]. 工程力学, 2022, 39(12): 41-49.

[39] 李想．不同截面形式桥墩的抗震流固耦合效应研究[D]. 重庆：重庆交通大学, 2021.

[40] Goyal A, Chopra A K. Simplified evaluation of added hydrodynamic mass for intake towers [J]. Journal of Engineering Mechanics, 1989, 115(7): 1393-1412.

[41] Li Q, Yang W L. An improved method of hydrodynamic pressure calculation for circular hollow piers in deep water under earthquake [J]. Ocean Engineering, 2013, 72: 241-256.

[42] Jiang H, Wang B, Bai X, et al. Simplified expression of hydrodynamic pressure on deep water cylindrical bridge piers during earthquakes[J]. Journal of Bridge Engineering, 2017, 22(6): 04017014.

[43] Han R S, Xu H Z. A simple and accurate added mass model for hydrodynamic fluid-structure interac-

tion analysis [J]. Journal of the Franklin Institute, 1996, 333(6): 929-945.
[44] Yang W, Li Q. A new added mass method for fluid-structure interaction analysis of deep-water bridge [J]. KSCE Journal of Civil Engineering, 2013, 17(6): 1413-1424.
[45] 杜修力，郭婕，赵密，等. 动水力简化计算方法对圆形桥墩地震反应的影响[J]. 北京工业大学学报，2019，45(6)：575-584.
[46] 杜修力，王进廷. 阻尼弹性结构动力计算的显式差分法[J]. 工程力学，2000，17(5)：37-43.
[47] Wang J T, Zhang C H, Du X L. An explicit integration scheme for solving dynamic problems of solid and porous media [J]. Journal of Earthquake Engineering, 2008, 12: 293-311.

第 2 章　水-结构相互作用的时域整体方法

采用有限元法分析地震作用下任意形状结构与水体的动力相互作用时，涉及的一个关键问题是水体无限域的求解。水体无限域的近似方法有黏弹性人工边界、无限单元以及阻抗边界等，近似方法往往需要远离结构或者辐射源。随着计算机水平的发展以及对工程分析精度要求的不断提高，无限域的精确模拟是切实可行的。精确方法本身的计算效率可能不及近似方法，但精确方法可以设置在距离结构或者辐射源较近的位置，使得总成本并不一定高于近似方法。杜修力等[1-5]建立了一套精确时域人工边界条件的系统方法，包括无限域频率响应函数有理近似的稳定性和识别、用于识别模型参数的有理函数连分式展开技术以及实现有理近似时域化的高阶弹簧-阻尼-质量模型。通过该方法建立的人工边界条件与有限元法结合形成数值稳定、精确、高效和容易实现的近场波动分析方法。

本章研究了水与二维结构和三维柱体结构相作用的时域整体方法。第 2.1 节研究了无限域频率响应函数的有理近似稳定性理论和参数识别方法。首先介绍远场无限域的频率响应函数，然后讨论有理近似及其极点和零点，并给出有理近似稳定的充分必要条件，最后建立强加稳定性约束的有理近似参数识别方法。第 2.2 节研究在时域内实现有理近似的一种有效方法，即高阶弹簧-阻尼-质量模型，也称作一致的或者系统的集中参数模型。提出一种每个内自由度均含有质量的弹簧-阻尼-质量系统，发展了用于计算模型参数的有理函数连分式展开技术。第 2.3 节和第 2.4 节通过将有限元法与人工边界条件耦合，分别建立了二维结构和三维柱体结构的时域整体方法，并采用数值算例验证了理论及程序编制的正确性。

2.1　无限域频率响应函数的有理近似

2.1.1　无限域的频率响应函数

远场无限域的频率响应函数及其描述的相互作用力和位移之间的变换关系可以通过解析方法或者精确的数值方法获得，是对远场无限域的精确描述。力-位移关系在频域内的动力刚度关系可以表示为：

$$f(\omega)=S(\omega)u(\omega) \tag{2.1-1}$$

应用卷积定理，相应的时域关系为：

$$f(t)=\int_0^t S(t-e)u(e)\mathrm{d}e \tag{2.1-2}$$

式中，卷积核 $S(t)$ 是 $S(\omega)$ 的傅里叶逆变换，称作单位位移脉冲响应函数。

动力刚度系数通常写为如下标准形式，即：

$$S(\omega)=S(\bar{\omega})=S_0[k(\bar{\omega})+\mathrm{i}\bar{\omega}c(\bar{\omega})] \tag{2.1-3}$$

式中，S_0 为常值刚度，通常为静力刚度；$\mathrm{i}=\sqrt{-1}$ 是虚数单位；$\bar{\omega}$ 是无量纲频率，$k(\bar{\omega})$ 和 $c(\bar{\omega})$ 分别为与频率相关的无量纲弹簧和阻尼系数。

2.1.2　有理近似及其极点和零点

无限域的频率响应函数是采用解析方法求得的非初等函数或者是通过精确数值方法计算得到的数值解，其作为无限域的精确描述在时域内需要计算全局卷积分。为了避免计算时间卷积，一个有效的方法是在频域内采用初等函数拟合频率响应函数，然后变换回时域，形成时间局部的微分方程，替代时间全局的卷积分。在各种拟合函数中，有理函数近似称为有理近似或者 Padé 近似[6]，具有高精度和高收敛率的特性，即通常情况下较低阶的有理函数能够更精确地描述频率响应函数。

动力刚度系数能够近似为无量纲虚频率 $\mathrm{i}\bar{\omega}$ 的有理函数，即：

$$S(\bar{\omega})\approx\widetilde{S}(\bar{\omega})=\widetilde{S}(\mathrm{i}\bar{\omega})=S_0\frac{p_0+p_1\mathrm{i}\bar{\omega}+\cdots+p_{N+1}(\mathrm{i}\bar{\omega})^{N+1}}{q_0+q_1\mathrm{i}\bar{\omega}+\cdots+q_N(\mathrm{i}\bar{\omega})^N} \tag{2.1-4}$$

式中，分母多项式（$N+1$次）比分子多项式（N 次）高一次；p_j 和q_j 为待定的实参数。通常令 p_0/q_0 等于频率响应函数中无量纲弹簧系数的低频极限，p_{N+1}/q_N 等于无量纲阻尼系数的高频极限，这样保证有理近似结果是双渐近精确的。

采用式（2.1-4）的有理近似结果代替精确的频率响应函数，得到近似描述无限域的输出—输入关系，即有理近似系统。该系统在时域内为时间的高阶微分方程，是时间局部的。一个有理近似具有多种不同的实现形式，在理论上全部实现形式具有相同的稳定性和精度，等价于有理近似的稳定性和精度，也就是说各种实现形式将导致相同的计算结果，并且它们的计算成本也是相近的。

有理近似的极点和零点将决定有理近似系统的稳定性和增益。为了研究需要，引入无量纲复频率 $s=\chi+\mathrm{i}\bar{\omega}$。在复平面上，无量纲频率 $\bar{\omega}$ 是无量纲复频率的虚轴。有理近似的极点是其分母多项式在复频率平面上的根，零点是分子多项式的根。采用 $s_j(j=1,\cdots,N+1)$ 表示 $p_0+p_1s+\cdots+p_{N+1}s^{N+1}=0$ 的根，$\hat{s}_j(j=1,\cdots,N)$ 表示 $q_0+q_1s+\cdots+q_Ns^N=0$ 的根。动力刚度有理近似的极点和零点分别为 $\hat{s}_j$ 和 s_j；相反，动力柔度有理近似的极点和零点分别为 s_j 和$\hat{s}_j$。

2.1.3　稳定性条件

有理近似系统属于时不变的连续时间线性系统。根据线性系统的稳定性理论[7]，有理近似系统稳定的充分必要条件为有理近似的全部极点位于无量纲复频率的左半复平面内，即全部极点的实部小于零。在应用这一定理讨论有理近似系统的稳定性时，必须区分力和位移在实际应用中的输入和输出角色，因为输入和输出将决定是力-位移系统还是位移-力系统，两类系统的极点是截然不同的。

有理近似系统的稳定性条件可以概括为：

（1）如果位移是输入、力是输出，形成力-位移系统，其频率响应函数为动力刚度系数的有理近似，系统动力稳定的充分必要条件是全部 $\hat{s}_j$ 位于左半复平面，即：

$$\mathrm{Re}(\hat{s}_j)<0 \quad 其中\ j=1,\cdots,N \tag{2.1-5}$$

（2）如果力是输入、位移是输出，形成位移-力系统，其频率响应函数为动力柔度系数的有理近似，系统动力稳定的充分必要条件是全部 s_j 位于左半复平面，即：

$$\mathrm{Re}(s_j)<0 \quad 其中\ j=1,\cdots,N+1 \tag{2.1-6}$$

根据 Routh-Hurwitz 定理，系统稳定的必要条件是：

（1）如果近似的力-位移系统是稳定的，则全部 q_j 具有相同的正号或者负号。

（2）如果近似的位移-力系统是稳定的，则全部 p_j 具有相同的正号或者负号。

满足该条件的有理近似不一定稳定，而违背该条件的有理近似一定是不稳定的，因而以该条件作为判断系统不稳定的准则。

下面讨论有理近似的时域实现形式（弹簧-阻尼-质量模型或者时域递归算法）在实际应用中的输入和输出角色。当一个有理近似系统的时域实现形式仅用于模拟远场无限域，而不考虑近场有限域时，力和位移的输入和输出角色是清楚的，此时分别应用式（2.1-5）或者式（2.1-6）的稳定性条件即可。另外，在考虑近场有限域的时域近场波动分析中，力和位移的输入和输出角色应该详细讨论。递归算法通常用于在每一时步从位移计算有限域和无限域间的相互作用力，因而式（2.1-5）的稳定性条件是充分必要的。弹簧-阻尼-质量模型与有限域的有限元模型无缝耦合，形成一个整体的动力系统，这意味着弹簧-阻尼-质量模型同时扮演两个角色，即力-位移关系和位移-力关系。因而，同时满足式（2.1-5）和式（2.1-6）是系统稳定的充分必要条件。该稳定性条件的一个直观物理解释为，无论源于有限域并作用于弹簧-阻尼-质量模型的有限输入是力还是位移，根据稳定性条件式（2.1-5）和式（2.1-6）相应的反作用于有限域的输出始终是有限的，因此系统是稳定的。

2.1.4 参数识别方法

有理近似的参数通过拟合无限域的频率响应函数获得。这里采用动力刚度系数及其有理近似进行参数识别。实际上，也可以采用动力柔度系数及其有理近似。为了获得稳定的有理近似结果，需要求解如下的约束非线性最小二乘拟合问题，即：

$$\min_{p_j,\,q_j}\frac{1}{\Delta\bar{\omega}}\int_0^{\Omega}\left|\frac{\widetilde{S}(\bar{\omega})-S(\bar{\omega})}{S_0}\right|^2\mathrm{d}\bar{\omega}\approx\min_{p_j,\,q_j}\sum_{l=1}^{L}\left|\frac{\widetilde{S}(\bar{\omega}_l)-S(\bar{\omega}_l)}{S_0}\right|^2 \tag{2.1-7}$$

并且同时满足式（2.1-5）和式（2.1-6）的稳定性约束条件。式（2.1-7）中，$0\leqslant\bar{\omega}\leqslant\Omega$ 是感兴趣的拟合频段；$\Delta\bar{\omega}$ 是无量纲频率的离散步距；L 表示离散数据点数；l 表示第 l 个离散数据点；$\Omega=L\Delta\bar{\omega}$ 并且 $\bar{\omega}_l=l\Delta\bar{\omega}$。式（2.1-7）的目标函数被定义为全局动力刚度误

差，采用 E_t 表示，用于定量描述有理近似的精度。

采用罚函数法将稳定性约束条件合并入式（2.1-7）的目标函数，得到如下非线性优化问题，即：

$$\min_{p_j, q_j}\left\{\sum_{l=1}^{L}\left|\frac{\widetilde{S}(\bar{\omega}_l)-S(\bar{\omega}_l)}{S_0}\right|^2+\sum_{j=1}^{N}Q_j[\mathrm{Re}(\hat{s}_j)\geqslant 0]+\sum_{j=1}^{N+1}P_j[\mathrm{Re}(s_j)\geqslant 0]\right\} \tag{2.1-8}$$

式中，P_j 和 Q_j 是极点的惩罚因子，本书取 $P_j=Q_j=1000$。注意到，相比于现有的识别方法，本书方法在识别过程中无需使用频率相关的权函数。

一种杂交遗传-单纯形优化算法被发展并应用于直接求解式（2.1-8）的非线性优化问题。该算法混合遗传算法[8-9]和 Nelder-Mead 单纯形法[10-11]，在 MATLAB 中的计算流程见图 2.1-1。关于各种遗传-单纯形杂交技术的研究可以参见文献［12］～［16］。遗传算法是全局直接搜索法，负责发现目标；单纯形法是局部直接搜索法，负责找到目标的最优解。遗传-单纯形法适宜求解非线性优化问题式（2.1-8）的主要原因在于：（1）该算法为直接搜索法，不需要计算目标函数的导数；（2）该算法能优化高维问题，问题的维数为待优化参数的数量；（3）遗传算法是全局优化方法，不需要预先给出合理的初始值。数值试验表明，该套方法能够获得无限域频率响应函数的稳定和精确的有理近似。与目前广泛采用的线性化识别方法相比，遗传-单纯形法具有可以在识别过程中强加约束条件的优点。

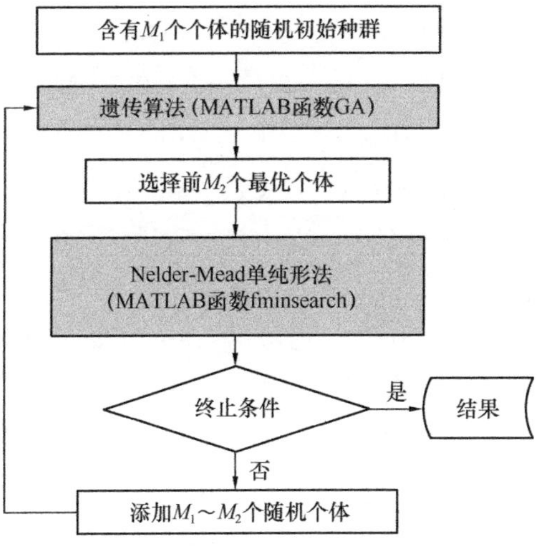

图 2.1-1　遗传-单纯形优化算法的计算流程

2.2　高阶弹簧-阻尼-质量模型

本节给出了时域内实现有理近似的一种有效方法，即高阶弹簧-阻尼-质量模型，也称作系统的集中参数模型。模型如图 2.2-1 所示，由一个末端固定的并联弹簧 K_0-阻尼器 C_0 系统和一个由 N 个串联阻尼器 C_l- 质量 M_l 串联而成的末端自由系统并联而成，每个质量

块 M_l 对应一个辅助自由度 u_l。模型的时域运动方程为：

$$(C_0+C_1)\dot{u}(t)+K_0u(t)=C_1\dot{u}_1(t)+f(t) \quad (2.2\text{-}1a)$$

$$M_l\ddot{u}_l(t)+(C_l+C_{l+1})\dot{u}_l(t)=C_l\dot{u}_{l-1}(t)+C_{l+1}\dot{u}_{l+1}(t)$$

$$l=1,\cdots,N \quad (2.2\text{-}1b)$$

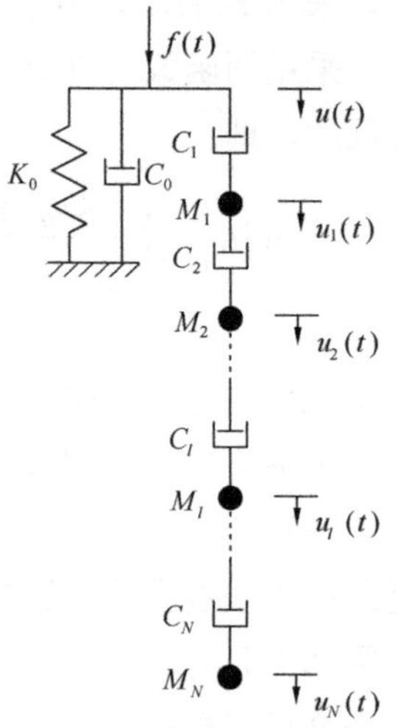

图 2.2-1 高阶弹簧-阻尼-质量模型

式中，$u_0=u$，$u_{N+1}=C_{N+1}=0$；f 是相互作用力；u 是位移；u_l 是辅助内自由度的位移；K_0，C_l 和 M_l 分别是待定的弹簧、阻尼和质量参数。

式（2.2-1）可以写为如下矩阵形式，即：

$$\boldsymbol{M}\ddot{\boldsymbol{u}}(t)+\boldsymbol{C}\dot{\boldsymbol{u}}(t)+\boldsymbol{K}\boldsymbol{u}(t)=\boldsymbol{F}(t) \quad (2.2\text{-}2a)$$

其中

$$\boldsymbol{u}(t)=\{u(t) \quad u_1(t) \quad u_2(t) \quad \cdots \quad u_{N-1}(t) \quad u_N(t)\}^{\mathrm{T}} \quad (2.2\text{-}2b)$$

$$\boldsymbol{F}(t)=\{f(t) \quad 0 \quad 0 \quad \cdots \quad 0 \quad 0\}^{\mathrm{T}} \quad (2.2\text{-}2c)$$

$$\boldsymbol{M}=\begin{bmatrix} 0 & 0 & 0 & \cdots & 0 & 0 \\ 0 & M_1 & 0 & \cdots & 0 & 0 \\ 0 & 0 & M_2 & \cdots & 0 & 0 \\ \vdots & \vdots & \vdots & \ddots & \vdots & \vdots \\ 0 & 0 & 0 & \cdots & M_{N-1} & 0 \\ 0 & 0 & 0 & \cdots & 0 & M_N \end{bmatrix} \quad (2.2\text{-}2d)$$

$$\boldsymbol{C}=\begin{bmatrix} C_0+C_1 & -C_1 & 0 & \cdots & 0 & 0 \\ -C_1 & C_1+C_2 & -C_2 & \cdots & 0 & 0 \\ 0 & -C_2 & C_2+C_3 & \cdots & 0 & 0 \\ \vdots & \vdots & \vdots & \ddots & \vdots & \vdots \\ 0 & 0 & 0 & \cdots & C_{N-1}+C_N & -C_N \\ 0 & 0 & 0 & \cdots & -C_N & C_N \end{bmatrix} \quad (2.2\text{-}2e)$$

$$\boldsymbol{K}=\begin{bmatrix} K_0 & 0 & 0 & \cdots & 0 & 0 \\ 0 & 0 & 0 & \cdots & 0 & 0 \\ 0 & 0 & 0 & \cdots & 0 & 0 \\ \vdots & \vdots & \vdots & \ddots & \vdots & \vdots \\ 0 & 0 & 0 & \cdots & 0 & 0 \\ 0 & 0 & 0 & \cdots & 0 & 0 \end{bmatrix} \quad (2.2\text{-}2f)$$

2.2.1 无限域动力刚度有理近似的连分式展开

第 2.1 节得到的无限域动力刚度系数的有理近似式（2.1-4）可以通过反复应用多项式除法展开为连分式，连分式理论可以参见文献［17］、［18］。采用多项式除法消去式

(2.1-4) 分子多项式的常数项和最高阶项，并提取公因子 $\mathrm{i}\bar{\omega}$，得：

$$\frac{\widetilde{S}(\mathrm{i}\bar{\omega})}{S_0}=\frac{p_0}{q_0}+\mathrm{i}\bar{\omega}\frac{p_{N+1}}{q_N}+\cfrac{\mathrm{i}\bar{\omega}}{\cfrac{p_0^{(1)}+p_1^{(1)}\mathrm{i}\bar{\omega}+\cdots+p_N^{(1)}(\mathrm{i}\bar{\omega})^N}{q_0^{(1)}+q_1^{(1)}\mathrm{i}\bar{\omega}+\cdots+q_{N-1}^{(1)}(\mathrm{i}\bar{\omega})^{N-1}}}$$

$$=\frac{p_0}{q_0}+\mathrm{i}\bar{\omega}\frac{p_{N+1}}{q_N}+\cfrac{\mathrm{i}\bar{\omega}}{\cfrac{P^{(1)}(\mathrm{i}\bar{\omega})}{Q^{(1)}(\mathrm{i}\bar{\omega})}} \tag{2.2-3a}$$

其中

$$p_j^{(1)}=q_j\quad j=0,\cdots,N \tag{2.2-3b}$$

$$q_j^{(1)}=p_{j+1}-q_{j+1}-\frac{p_{N+1}}{q_N}q_j\quad j=0,\cdots,N-1 \tag{2.2-3c}$$

式中，新有理函数 $P^{(1)}(\mathrm{i}\bar{\omega})/Q^{(1)}(\mathrm{i}\bar{\omega})$ 及其参数的上标 (1) 用于区别执行除法前的有理函数及其参数，上标括号中的正整数表示执行除法运算的次数。

$P^{(1)}(\mathrm{i}\bar{\omega})$ 除以 $Q^{(1)}(\mathrm{i}\bar{\omega})$，消去 $P^{(1)}(\mathrm{i}\bar{\omega})$ 的最高阶和次高阶项，得到另一个新有理函数 $P^{(2)}(\mathrm{i}\bar{\omega})/Q^{(2)}(\mathrm{i}\bar{\omega})$ 。$P^{(2)}(\mathrm{i}\bar{\omega})/Q^{(2)}(\mathrm{i}\bar{\omega})$ 与 $P^{(1)}(\mathrm{i}\bar{\omega})/Q^{(1)}(\mathrm{i}\bar{\omega})$ 具有相同的形式，仅少了分子和分母的最高阶项。一般地，从 $P^{(l)}(\mathrm{i}\bar{\omega})/Q^{(l)}(\mathrm{i}\bar{\omega})$ 获得 $P^{(l+1)}(\mathrm{i}\bar{\omega})/Q^{(l+1)}(\mathrm{i}\bar{\omega})$ 的第 l 次除法可以写为：

$$\frac{P^{(l)}(\mathrm{i}\bar{\omega})}{Q^{(l)}(\mathrm{i}\bar{\omega})}=g_l+\mathrm{i}\bar{\omega}h_l+\cfrac{1}{\cfrac{P^{(l+1)}(\mathrm{i}\bar{\omega})}{Q^{(l+1)}(\mathrm{i}\bar{\omega})}}\quad l=1,\cdots,N \tag{2.2-4a}$$

其中，有理函数为：

$$\frac{P^{(l)}(\mathrm{i}\bar{\omega})}{Q^{(l)}(\mathrm{i}\bar{\omega})}=\frac{p_0^{(l)}+p_1^{(l)}\mathrm{i}\bar{\omega}+\cdots+p_{N-l+1}^{(l)}(\mathrm{i}\bar{\omega})^{N-l+1}}{q_0^{(l)}+q_1^{(l)}\mathrm{i}\bar{\omega}+\cdots+q_{N-l}^{(l)}(\mathrm{i}\bar{\omega})^{N-l}}\quad l=1,\cdots,N \tag{2.2-4b}$$

$$\frac{P^{(N+1)}(\mathrm{i}\bar{\omega})}{Q^{(N+1)}(\mathrm{i}\bar{\omega})}=0 \tag{2.2-4c}$$

新的参数为：

$$h_l=\frac{p_{N-l+1}^{(l)}}{q_{N-l}^{(l)}} \tag{2.2-4d}$$

$$g_l=\frac{p_{N-l}^{(l)}}{q_{N-l}^{(l)}}-\frac{p_{N-l+1}^{(l)}q_{N-l-1}^{(l)}}{q_{N-l}^{(l)2}} \tag{2.2-4e}$$

$$p_j^{(l+1)}=q_j^{(l)}\quad j=0,\cdots,N-l \tag{2.2-4f}$$

$$q_j^{(l+1)}=p_j^{(l)}-h_lq_{j-1}^{(l)}-g_lq_j^{(l)}\quad j=0,\cdots,N-l-1 \tag{2.2-4g}$$

式中，$q_{-1}^{(l)}=0$ 。根据递归的应用式 (2.2-4)，得到 $P^{(1)}(\mathrm{i}\bar{\omega})/Q^{(1)}(\mathrm{i}\bar{\omega})$ 的连分式展开为：

$$\frac{P^{(1)}(\mathrm{i}\bar{\omega})}{Q^{(1)}(\mathrm{i}\bar{\omega})}=g_1+\mathrm{i}\bar{\omega}h_1+\cfrac{1}{g_2+\mathrm{i}\bar{\omega}h_2+\cdots+\cfrac{1}{g_N+\mathrm{i}\bar{\omega}h_N}} \tag{2.2-5}$$

注意到，这里采用每次分式除法提取两项的有理函数连分式展开技术，相比于 Wu 和 Lee[19]采用的每次提取一项的方法，除法次数减少一半。

2.2.2 模型的连分式动力刚度

对式（2.2-1）执行傅里叶变换，整理得到模型的频域动力刚度方程为：

$$S(\omega)=\frac{f(\omega)}{u(\omega)}=K_0+\mathrm{i}\omega(C_0+C_1)+\mathrm{i}\omega A_1 \tag{2.2-6a}$$

$$A_l=\frac{-C_l^2}{C_l+C_{l+1}+\mathrm{i}\omega M_l+A_{l+1}}\quad l=1,\cdots,N \tag{2.2-6b}$$

式中，$A_{N+1}=C_{N+1}=0$；$A_l=-C_lu_l(\omega)/u_{l-1}(\omega)$ 是引入的辅助变量。

为了得到无量纲的标准动力刚度系数，引入无量纲弹簧参数 k_0、无量纲阻尼参数 c_l 以及无量纲质量参数 m_l。相应于无量纲频率 $\overline{\omega}=\omega d/c$ 和常值刚度 S_0，物理参数和无量纲参数之间满足如下关系，即：

$$K_0=S_0k_0 \tag{2.2-7a}$$

$$C_l=\frac{S_0d}{c}c_l\quad l=0,\cdots,N \tag{2.2-7b}$$

$$M_l=\frac{S_0d^2}{c^2}m_l\quad l=1,\cdots,N \tag{2.2-7c}$$

将式（2.2-7）代入式（2.2-6），得到标准的动力刚度系数为：

$$\frac{S(\mathrm{i}\overline{\omega})}{S_0}=k_0+\mathrm{i}\overline{\omega}(c_0+c_1)+\mathrm{i}\overline{\omega}B_1 \tag{2.2-8a}$$

$$B_l=\frac{-c_l^2}{c_l+c_{l+1}+\mathrm{i}\overline{\omega}m_l+B_{l+1}}\quad l=1,\cdots,N \tag{2.2-8b}$$

式中，$B_{N+1}=c_{N+1}=0$；$B_l=-c_lu_l(\omega)/u_{l-1}(\omega)$。

根据递归的应用式（2.2-8b），得到 B_1 的连分式展开为：

$$B_1=\cfrac{-c_1^2}{c_1+c_2+\mathrm{i}\overline{\omega}m_1+\cfrac{-c_2^2}{c_2+c_3+\mathrm{i}\overline{\omega}m_2+\ddots+\cfrac{-c_N^2}{c_N+c_{N+1}+\mathrm{i}\overline{\omega}m_N}}} \tag{2.2-9}$$

式中，$c_{N+1}=0$。

2.2.3 模型的参数

下面通过比较式（2.2-3a）和式（2.2-5）与式（2.2-8a）和式（2.2-9）得到模型的参数。比较式（2.2-3a）和式（2.2-8a），有：

$$k_0=\frac{p_0}{q_0} \tag{2.2-10a}$$

$$c_0+c_1=\frac{p_{N+1}}{q_N} \tag{2.2-10b}$$

比较式（2.2-5）和式（2.2-9），有：

$$\frac{1}{c_1}\left(1+\frac{c_2}{c_1}\right)=-g_1 \tag{2.2-11a}$$

$$\frac{m_1}{c_1^2}=-h_1 \tag{2.2-11b}$$

$$\left(1+\frac{c_l}{c_{l+1}}\right)\left(1+\frac{c_{l+2}}{c_{l+1}}\right)=-g_l g_{l+1}\quad l=1,\cdots,N-1 \tag{2.2-11c}$$

$$\frac{m_l m_{l+1}}{c_{l+1}^2}=-h_l h_{l+1}\quad l=1,\cdots,N-1 \tag{2.2-11d}$$

式中，$c_{N+1}=0$。根据式（2.2-11），获得由 g_l 和 h_l 计算 c_l 和 m_l 的两步递归算法，见表 2.2-1。之后，通过式（2.2-10）进一步获得 k_0 和 c_0。最终，应用式（2.2-7）可以由无量纲参数 k_0、c_l 和 m_l 获得模型的物理参数 K_0、C_l 和 M_l。

由 g_l 和 h_l 计算 c_l 和 m_l 的算法　　**表 2.2-1**

1. 从 $l=N\sim1$ 递推计算 c_{l+1}/c_l：

$$\frac{c_{N+1}}{c_N}=0$$

$$\frac{c_{l+1}}{c_l}=-\left[1+g_l g_{l+1}\left(1+\frac{c_{l+2}}{c_{l+1}}\right)^{-1}\right]^{-1}\quad l=N-1,\cdots,1$$

2. 从 $l=1\sim N$ 递推计算 c_l 和 m_l：

$$c_1=-g_1^{-1}\left(1+\frac{c_2}{c_1}\right)$$

$$c_l=\left(\frac{c_l}{c_{l-1}}\right)c_{l-1}\quad l=2,\cdots,N$$

$$m_1=-h_1 c_1^2$$

$$m_l=-h_{l-1}h_l\frac{c_l^2}{m_{l-1}}\quad l=2,\cdots,N$$

2.3　二维结构的时域整体方法

水体与结构的相互作用如图 2.3-1 所示。

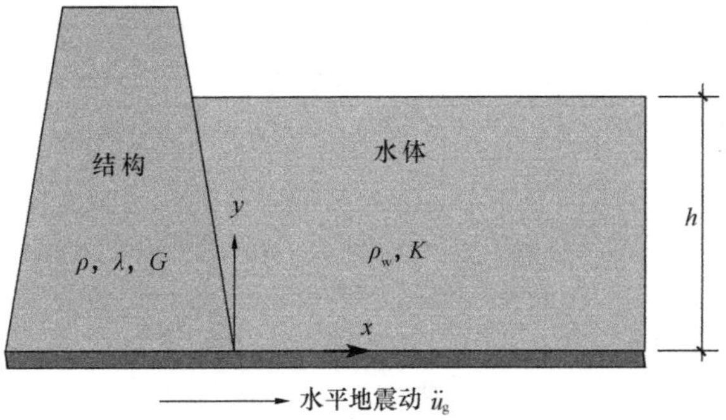

图 2.3-1　水体与结构的相互作用

2.3.1 动水压力解析解

采用分离变量法，频域下二维动水压力可以写为如下形式：

$$P = X(x)Y(y) \tag{2.3-1}$$

将式（2.3-1）代入式（1.3-4）得：

$$Y'' + k^2 Y = 0 \tag{2.3-2}$$

$$X'' + \left(\frac{\omega^2}{c^2} - k^2\right)X = 0 \tag{2.3-3}$$

式中，上标撇号表示自变量的导数；k^2是待定的非零实常数。

根据式（2.3-2）、式（2.3-3）和式（1.3-5）、式（1.3-6）以及无穷远场满足辐射条件，可得到动水压力的 P 的解为：

$$P = \sum_{j=1}^{\infty} D_j \exp\left(-xk_j\sqrt{1-\left(\frac{\omega}{k_j c}\right)^2}\right)Y_j \tag{2.3-4}$$

$$k_j = \frac{(2j-1)\pi}{2h} \tag{2.3-5}$$

$$Y_j = \cos(k_j y) \tag{2.3-6}$$

式中，D_j 是待定常数；Y_j 为水层的振型。

2.3.2 频域人工边界条件

在人工边界 $x = X$ 处，利用模态正交性，可得：

$$P_j = D_j \exp\left[-Xk_j\sqrt{1-\left(\frac{\omega}{k_j c}\right)^2}\right] = \frac{2}{h}\int_0^h \cos(k_j y) P \mathrm{d}y \tag{2.3-7a}$$

$$P = \sum_{j=1}^{\infty} P_j \cos(k_j y) \tag{2.3-7b}$$

在人工边界处，力的模态展开为：

$$\frac{\partial P}{\partial x} = \sum_{j=1}^{\infty} D_j k_j \sqrt{1-\left(\frac{\omega}{k_j c}\right)^2} \exp\left[-Xk_j\sqrt{1-\left(\frac{\omega}{k_j c}\right)^2}\right]\cos(k_j y) \tag{2.3-8}$$

利用模态正交性，可得：

$$\frac{\partial P_j}{\partial x} = D_j k_j \sqrt{1-\left(\frac{\omega}{k_j c}\right)^2} \exp\left[-Xk_j\sqrt{1-\left(\frac{\omega}{k_j c}\right)^2}\right] = \frac{2}{h}\int_0^h \cos(k_j y)\frac{\partial P}{\partial x}\mathrm{d}y \tag{2.3-9a}$$

$$\frac{\partial P}{\partial x} = \sum_{j=1}^{\infty} \frac{\partial P_j}{\partial x}\cos(k_j y) \tag{2.3-9b}$$

由式（2.3-7）～式（2.3-9）可得到如下动力刚度关系：

$$\frac{\partial P_j}{\partial x} = -S_j P_j \tag{2.3-10}$$

$$S_j = S_0\sqrt{1-\omega_0^2} \tag{2.3-11}$$

$$\omega_0 = \frac{\omega}{k_j c} \tag{2.3-12}$$

式中，ω_0 为无量纲频率；$S_0 = k_j$ 为静力刚度。

2.3.3　时域人工边界条件

以上得出水体无限域的频率响应函数是采用解析方法求得的数值解，将其转换到在时域内需要计算全局卷积分。为了避免计算时间卷积，在频域内采用第 2.3.1 节有理函数近似方法拟合频率响应函数，然后转换回时域，形成时间局部的微分方程，替代时间全局的卷积分。动力刚度系数式（2.3-11）的有理近似为：

$$S \approx \widetilde{S} = S_0 \frac{p_0 + p_1(\mathrm{i}\omega_0) + \cdots + p_{N+1}(\mathrm{i}\omega_0)^{N+1}}{q_0 + q_1(\mathrm{i}\omega_0) + \cdots + q_N(\mathrm{i}\omega_0)^N} \tag{2.3-13}$$

式中，$\omega_0 = \omega/(\lambda c)$，为无量纲频率；$N$ 表示有理函数的阶数；$p_m(m=0,\cdots,N+1)$ 和 $q_m(m=0,\cdots,N)$ 是实常数，如表 2.3-1 所示；$p_0 = q_0 = 1$，$p_{N+1} = q_N$，$N_1 = 5$ 时与精确值的比较如图 2.3-2 所示。

动力刚度系数 S_j 的有理近似　　**表 2.3-1**

参数	$N_1=3$	$N_1=4$	$N_1=5$
p_1	1.7356131	2.0559165	2.2154653
p_2	2.5711136	3.1968790	4.1200781
p_3	1.8059951	3.5021740	4.6689702
p_4	—	2.1677517	4.5454584
p_5	—	—	2.4388548
q_1	1.8274085	2.0145981	2.2454789
q_2	1.8187236	2.8372924	3.5166000
q_3	1.3863090	2.1615842	3.8200977
q_4	—	1.3813474	2.4425584
q_5	—	—	1.4197931

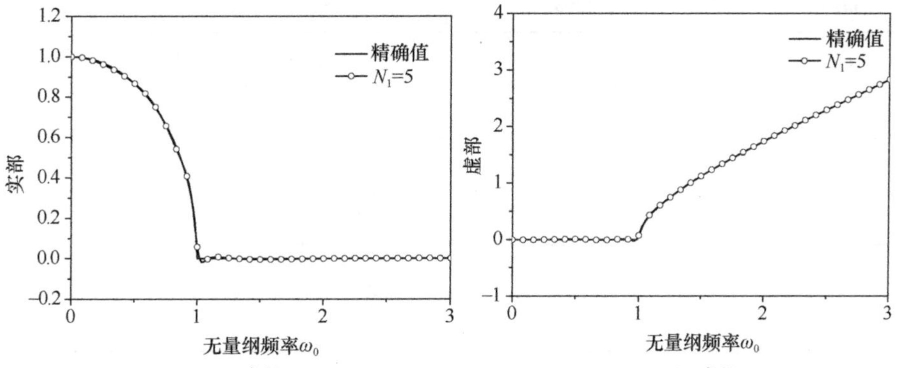

(a) 实部　　(b) 虚部

图 2.3-2　S 的有理近似

将第 j 阶模态动力刚度系数的有理近似实现为如图 2.3-3 所示的高阶弹簧-阻尼-质量模型。模型的运动方程为：

$$(C_{j,0}+C_{j,1})\dot{p}_j(t)+K_{j,0}p_j(t)=C_{j,1}\dot{p}_{j,1}(t)-\frac{\partial p_j}{\partial x}(t) \tag{2.3-14a}$$

$$M_{j,l}\ddot{p}_{j,l}(t)+(C_{j,l}+C_{j,l+1})\dot{p}_{j,l}(t)$$
$$=C_{j,l}\dot{p}_{j,l-1}(t)+C_{j,l+1}\dot{p}_{j,l+1}(t)\quad l=1,\cdots,N \tag{2.3-14b}$$

式中，$K_{j,0}$、$C_{j,0}$、$M_{j,l}$、$C_{j,l}$ 是时域化参数结果；$p_{j,l}$ 为引入的辅助变量，$p_{j,0}=p_j$；$p_{j,(N+1)}=C_{j,(N+1)}=0$；自变量 $x=X$ 被略去。

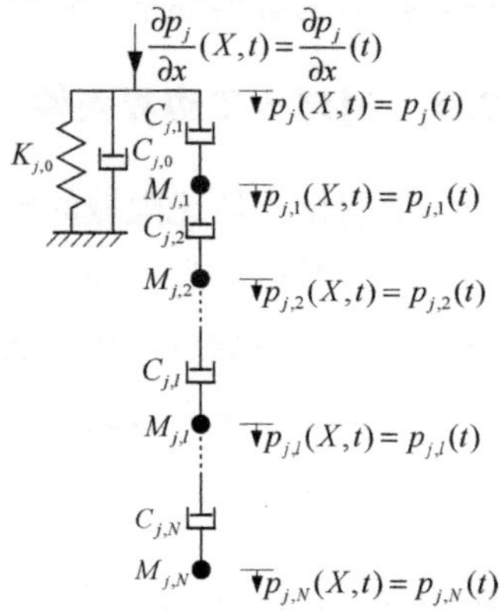

图 2.3-3　第 j 阶模态的高阶弹簧-阻尼-质量模型

模型的弹簧、阻尼和质量参数满足：

$$K_{j,0}=k_jk_0 \tag{2.3-15a}$$

$$C_{j,l}=\frac{c_l}{c}\quad l=0,\cdots,N \tag{2.3-15b}$$

$$M_{j,l}=\frac{m_l}{k_jc^2}\quad l=1,\cdots,N \tag{2.3-15c}$$

其中，无量纲参数 k_0，c_l，m_l 不随模态阶数的变化而改变，相应的值如表 2.3-2 所示。

模型的无量纲参数　　**表 2.3-2**

参数	N=3	N=4	N=5
k_0	1.0000000	1.0000000	1.0000000
c_0	−0.091795421	0.041318374	−0.030013607
c_1	1.0917954	0.95868163	1.0300136
m_1	1.1811722	0.92319240	1.0581677
c_2	−0.44980557	−0.51880924	−0.48607457
m_2	−1.4256152	−0.87833541	−1.1366453
c_3	2.8804413	0.059979322	1.1979646
m_3	1.1645808	−0.015035750	0.75483365
c_4	—	−0.072937825	0.047065694
m_4	—	0.24652541	0.15309683
c_5	—	—	−0.54995294
m_5	—	—	−0.15857986

式（2.3-14）写为矩阵形式为：

$$\boldsymbol{M}_j\ddot{\boldsymbol{p}}_j(t)+\boldsymbol{C}_j\dot{\boldsymbol{p}}_j(t)=\boldsymbol{F}_j(t)\quad j=1,\cdots,M \tag{2.3-16a}$$

$$\boldsymbol{p}_j(t)=\{p_{j,1}(t)\quad p_{j,2}(t)\quad\cdots\quad p_{j,N}(t)\}^{\mathrm{T}} \tag{2.3-16b}$$

$$\boldsymbol{F}_j(t)=\{C_{j,1}\dot{p}_j(t)\quad 0\quad\cdots\quad 0\}^{\mathrm{T}} \tag{2.3-16c}$$

$$\boldsymbol{M}_j = \begin{bmatrix} M_{j,1} & 0 & 0 & \cdots & 0 & 0 \\ 0 & M_{j,2} & 0 & \cdots & 0 & 0 \\ 0 & 0 & M_{j,3} & \cdots & 0 & 0 \\ \vdots & \vdots & \vdots & \ddots & \vdots & \vdots \\ 0 & 0 & 0 & \cdots & M_{j,(N-1)} & 0 \\ 0 & 0 & 0 & \cdots & 0 & M_{j,N} \end{bmatrix} \tag{2.3-16d}$$

$$\boldsymbol{C}_j = \begin{bmatrix} C_{j,1}+C_{j,2} & -C_{j,2} & 0 & \cdots & 0 & 0 \\ -C_{j,2} & C_{j,2}+C_{j,3} & -C_{j,3} & \cdots & 0 & 0 \\ 0 & -C_{j,3} & C_{j,3}+C_{j,4} & \cdots & 0 & 0 \\ \vdots & \vdots & \vdots & \ddots & \vdots & \vdots \\ 0 & 0 & 0 & \cdots & C_{j,(N-1)}+C_{j,N} & -C_{j,N} \\ 0 & 0 & 0 & \cdots & -C_{j,N} & C_{j,N} \end{bmatrix} \tag{2.3-16e}$$

式中，M 为动力刚度所取得阶数，本节取 $M=6$。

式（2.3-9b）和式（2.3-10）的时域形式与式（2.3-16）就是人工边界 $x=X$ 处关于 Y 连续的时域人工边界条件。其中，前者为：

$$p_j = \frac{2}{h}\int_0^h Y_j(y)\,\frac{\partial p}{\partial x}\mathrm{d}y \tag{2.3-17}$$

$$\frac{\partial p}{\partial x} = \sum_{j=1}^{\infty}\frac{\partial p_j}{\partial X}Y_j(y) \tag{2.3-18}$$

2.3.4　有限元空间离散

边界上有限元弱形式右端项为：

$$f_{\mathrm{B}} = \int_0^h \tilde{p}\,\frac{\partial p}{\partial x}\mathrm{d}y \tag{2.3-19}$$

边界上单元动水压力的离散形式为：

$$p^e = \{N_1^e \quad N_2^e\}\begin{Bmatrix} p_1^e \\ p_2^e \end{Bmatrix} = \boldsymbol{N}^e\boldsymbol{p}^e \tag{2.3-20}$$

动水压力和振型函数采用相同形函数离散为：

$$p = \boldsymbol{N}\boldsymbol{p} \tag{2.3-21}$$

$$Y_j(y) = \boldsymbol{N}\boldsymbol{Y}_j \tag{2.3-22}$$

$$\tilde{p} = \boldsymbol{N}\tilde{\boldsymbol{p}} \tag{2.3-23}$$

将式（2.3-21）和式（2.3-22）代入式（2.3-17）得：

$$p_j = \frac{2}{h}\boldsymbol{Y}_j^{\mathrm{T}}\boldsymbol{W}\boldsymbol{p} \tag{2.3-24}$$

$$\boldsymbol{W}=\int_0^h \boldsymbol{N}^{\mathrm{T}}\boldsymbol{N}\mathrm{d}y=\sum_e \boldsymbol{W}^e \tag{2.3-25}$$

式中，采用集中离散的方式$\boldsymbol{W}^e=\dfrac{\Delta y}{2}\begin{vmatrix}1 & 0\\ 0 & 1\end{vmatrix}$。

将式（2.3-24）代入式（2.3-16）后整理得：

$$(C_{j,0}+C_{j,1})\frac{2}{h}\boldsymbol{Y}_j^{\mathrm{T}}\boldsymbol{W}\dot{\boldsymbol{p}}+K_{j,0}\frac{2}{h}\boldsymbol{Y}_j^{\mathrm{T}}\boldsymbol{W}\boldsymbol{p}=C_{j,1}\dot{p}_{j,1}-\frac{\partial p_j}{\partial x} \tag{2.3-26}$$

将式（2.3-26）和式（2.3-22）代入式（2.3-18）得：

$$\frac{\partial p}{\partial x}=\sum_{j=1}^{\infty}\left[\boldsymbol{N}\boldsymbol{Y}_jC_{j,1}\dot{p}_{j,1}-(C_{j,0}+C_{j,1})\frac{2}{h}\boldsymbol{N}\boldsymbol{Y}_j\boldsymbol{Y}_j^{\mathrm{T}}\boldsymbol{W}\dot{\boldsymbol{p}}-K_{j,0}\frac{2}{h}\boldsymbol{N}\boldsymbol{Y}_j\boldsymbol{Y}_j^{\mathrm{T}}\boldsymbol{W}\boldsymbol{p}\right] \tag{2.3-27}$$

将式（2.3-27）和式（2.3-22）代入式（2.3-19）得：

$$\boldsymbol{F}_{\mathrm{B}}=-\left(\boldsymbol{C}_{\mathrm{B}}^{\infty}\dot{\boldsymbol{p}}+\boldsymbol{K}_{\mathrm{B}}^{\infty}\boldsymbol{p}+\sum_{j=1}^{\infty}\boldsymbol{C}_{\mathrm{B}j}^{\infty}\dot{\boldsymbol{p}}_j\right) \tag{2.3-28}$$

式中：

$$\boldsymbol{C}_{\mathrm{B}}^{\infty}=\boldsymbol{W}\left[\sum_{j=1}^{\infty}\boldsymbol{Y}_j\boldsymbol{Y}_j^{\mathrm{T}}(C_{j,0}+C_{j,1})\frac{2}{h}\right]\boldsymbol{W} \tag{2.3-29a}$$

$$\boldsymbol{K}_{\mathrm{B}}^{\infty}=\boldsymbol{W}\left[\sum_{j=1}^{\infty}\boldsymbol{Y}_j\boldsymbol{Y}_j^{\mathrm{T}}K_{j,0}\frac{2}{h}\right]\boldsymbol{W} \tag{2.3-29b}$$

$$\boldsymbol{C}_{\mathrm{B}j}^{\infty}=-C_{j,1}\boldsymbol{W}\boldsymbol{I}_j \tag{2.3-29c}$$

式中，$\boldsymbol{I}_j$ 维数是边界结点数×辅助自由度数，除首列为模态向量$\boldsymbol{Y}_j$，其余元素都为0。

将式（2.3-24）的时间导数代入辅助变量方程式（2.3-16）并整理得：

$$\boldsymbol{M}_j^{\infty}\ddot{\boldsymbol{p}}_j(t)+\boldsymbol{C}_j^{\infty}\dot{\boldsymbol{p}}_j(t)+\boldsymbol{C}_{j\mathrm{B}}^{\infty}\dot{\boldsymbol{p}}(t)=\boldsymbol{0} \tag{2.3-30a}$$

式中：

$$\boldsymbol{M}_j^{\infty}=\frac{h}{2}\boldsymbol{M}_j \tag{2.3-30b}$$

$$\boldsymbol{C}_j^{\infty}=\frac{h}{2}\boldsymbol{C}_j \tag{2.3-30c}$$

$$\boldsymbol{C}_{j\mathrm{B}}^{\infty}=\boldsymbol{C}_{\mathrm{B}j}^{\infty\mathrm{T}} \tag{2.3-30d}$$

2.3.5 人工边界与内域有限元方程结合

内域有限元方程可以写为（按边界点B和内点I分块形式），即：

$$\begin{bmatrix}\boldsymbol{M}_{\mathrm{I}} & \boldsymbol{0}\\ \boldsymbol{0} & \boldsymbol{M}_{\mathrm{B}}\end{bmatrix}\begin{Bmatrix}\ddot{\boldsymbol{p}}_{\mathrm{I}}(t)\\ \ddot{\boldsymbol{p}}_{\mathrm{B}}(t)\end{Bmatrix}+\begin{bmatrix}\boldsymbol{C}_{\mathrm{I}} & \boldsymbol{C}_{\mathrm{IB}}\\ \boldsymbol{C}_{\mathrm{BI}} & \boldsymbol{C}_{\mathrm{B}}\end{bmatrix}\begin{Bmatrix}\dot{\boldsymbol{p}}_{\mathrm{I}}(t)\\ \dot{\boldsymbol{p}}_{\mathrm{B}}(t)\end{Bmatrix}+\begin{bmatrix}\boldsymbol{K}_{\mathrm{I}} & \boldsymbol{K}_{\mathrm{IB}}\\ \boldsymbol{K}_{\mathrm{BI}} & \boldsymbol{K}_{\mathrm{B}}\end{bmatrix}\begin{Bmatrix}\boldsymbol{p}_{\mathrm{I}}(t)\\ \boldsymbol{p}_{\mathrm{B}}(t)\end{Bmatrix}=\begin{Bmatrix}\boldsymbol{F}_{\mathrm{I}}(t)\\ \boldsymbol{F}_{\mathrm{B}}(t)\end{Bmatrix} \tag{2.3-31a}$$

其中，对角的总质量矩阵分块为$\boldsymbol{M}_{\mathrm{I}}$和$\boldsymbol{M}_{\mathrm{B}}$；总阻尼矩阵分块为$\boldsymbol{C}_{\mathrm{I}}$、$\boldsymbol{C}_{\mathrm{IB}}$、$\boldsymbol{C}_{\mathrm{BI}}$和$\boldsymbol{C}_{\mathrm{B}}$；总刚度矩阵分块为$\boldsymbol{K}_{\mathrm{I}}$、$\boldsymbol{K}_{\mathrm{IB}}$、$\boldsymbol{K}_{\mathrm{BI}}$和$\boldsymbol{K}_{\mathrm{B}}$；内源荷载列向量为$\boldsymbol{F}_{\mathrm{I}}(t)$；$\boldsymbol{F}_{\mathrm{B}}(t)$为人工边界结点处远场无限域对近场有限域的相互作用力列向量。

式（2.3-31a）与式（2.3-27）和式（2.3-30）联立可统一写为如下方程：

$$\boldsymbol{M}\ddot{\boldsymbol{p}}(t)+\boldsymbol{C}\dot{\boldsymbol{p}}(t)+\boldsymbol{K}\boldsymbol{p}(t)=\boldsymbol{F}(t) \tag{2.3-31b}$$

其中，全局位移列向量和全局外荷载向量分别为：

$$\boldsymbol{p}(t)=\left\{\boldsymbol{p}_{\mathrm{I}}^{\mathrm{T}}(t)\quad \boldsymbol{p}_{\mathrm{B}}^{\mathrm{T}}(t)\quad \boldsymbol{p}_{1}^{\mathrm{T}}(t)\quad \boldsymbol{p}_{2}^{\mathrm{T}}(t)\quad \cdots\quad \boldsymbol{p}_{M}^{\mathrm{T}}(t)\right\}^{\mathrm{T}} \tag{2.3-32a}$$

$$\boldsymbol{F}(t)=\left\{\boldsymbol{F}_{\mathrm{I}}^{\mathrm{T}}(t)\quad \boldsymbol{0}\quad \boldsymbol{0}\quad \boldsymbol{0}\quad \cdots\quad \boldsymbol{0}\right\}^{\mathrm{T}} \tag{2.3-32b}$$

对角的全局质量矩阵、全局阻尼矩阵和全局刚度矩阵分别为：

$$\boldsymbol{M}=\begin{bmatrix}\boldsymbol{M}_{\mathrm{I}} & \boldsymbol{0} & \boldsymbol{0} & \boldsymbol{0} & \cdots & \boldsymbol{0} & \boldsymbol{0}\\ \boldsymbol{0} & \boldsymbol{M}_{\mathrm{B}} & \boldsymbol{0} & \boldsymbol{0} & \cdots & \boldsymbol{0} & \boldsymbol{0}\\ \boldsymbol{0} & \boldsymbol{0} & \boldsymbol{M}_{1}^{\infty} & \boldsymbol{0} & \cdots & \boldsymbol{0} & \boldsymbol{0}\\ \boldsymbol{0} & \boldsymbol{0} & \boldsymbol{0} & \boldsymbol{M}_{2}^{\infty} & \cdots & \boldsymbol{0} & \boldsymbol{0}\\ \vdots & \vdots & \vdots & \vdots & \ddots & \vdots & \vdots\\ \boldsymbol{0} & \boldsymbol{0} & \boldsymbol{0} & \boldsymbol{0} & \cdots & \boldsymbol{M}_{M-1}^{\infty} & \boldsymbol{0}\\ \boldsymbol{0} & \boldsymbol{0} & \boldsymbol{0} & \boldsymbol{0} & \cdots & \boldsymbol{0} & \boldsymbol{M}_{M}^{\infty}\end{bmatrix} \tag{2.3-32c}$$

$$\boldsymbol{C}=\begin{bmatrix}\boldsymbol{C}_{\mathrm{I}} & \boldsymbol{C}_{\mathrm{IB}} & \boldsymbol{0} & \boldsymbol{0} & \cdots & \boldsymbol{0} & \boldsymbol{0}\\ \boldsymbol{C}_{\mathrm{BI}} & \boldsymbol{C}_{\mathrm{B}}+\boldsymbol{C}_{\mathrm{B}}^{\infty} & \boldsymbol{C}_{\mathrm{B1}}^{\infty} & \boldsymbol{C}_{\mathrm{B2}}^{\infty} & \cdots & \boldsymbol{C}_{\mathrm{B}M-1}^{\infty} & \boldsymbol{C}_{\mathrm{B}M}^{\infty}\\ \boldsymbol{0} & \boldsymbol{C}_{1\mathrm{B}}^{\infty} & \boldsymbol{C}_{1}^{\infty} & \boldsymbol{0} & \cdots & \boldsymbol{0} & \boldsymbol{0}\\ \boldsymbol{0} & \boldsymbol{C}_{2\mathrm{B}}^{\infty} & \boldsymbol{0} & \boldsymbol{C}_{2}^{\infty} & \cdots & \boldsymbol{0} & \boldsymbol{0}\\ \vdots & \vdots & \vdots & \vdots & \ddots & \vdots & \vdots\\ \boldsymbol{0} & \boldsymbol{C}_{M-1\mathrm{B}}^{\infty} & \boldsymbol{0} & \boldsymbol{0} & \cdots & \boldsymbol{C}_{M-1}^{\infty} & \boldsymbol{0}\\ \boldsymbol{0} & \boldsymbol{C}_{M\mathrm{B}}^{\infty} & \boldsymbol{0} & \boldsymbol{0} & \cdots & \boldsymbol{0} & \boldsymbol{C}_{M}^{\infty}\end{bmatrix} \tag{2.3-32d}$$

$$\boldsymbol{K}=\begin{bmatrix}\boldsymbol{K}_{\mathrm{I}} & \boldsymbol{K}_{\mathrm{IB}} & \boldsymbol{0} & \boldsymbol{0} & \cdots & \boldsymbol{0} & \boldsymbol{0}\\ \boldsymbol{K}_{\mathrm{BI}} & \boldsymbol{K}_{\mathrm{B}}+\boldsymbol{K}_{\mathrm{B}}^{\infty} & \boldsymbol{0} & \boldsymbol{0} & \cdots & \boldsymbol{0} & \boldsymbol{0}\\ \boldsymbol{0} & \boldsymbol{0} & \boldsymbol{0} & \boldsymbol{0} & \cdots & \boldsymbol{0} & \boldsymbol{0}\\ \boldsymbol{0} & \boldsymbol{0} & \boldsymbol{0} & \boldsymbol{0} & \cdots & \boldsymbol{0} & \boldsymbol{0}\\ \vdots & \vdots & \vdots & \vdots & \ddots & \vdots & \vdots\\ \boldsymbol{0} & \boldsymbol{0} & \boldsymbol{0} & \boldsymbol{0} & \cdots & \boldsymbol{0} & \boldsymbol{0}\\ \boldsymbol{0} & \boldsymbol{0} & \boldsymbol{0} & \boldsymbol{0} & \cdots & \boldsymbol{0} & \boldsymbol{0}\end{bmatrix} \tag{2.3-32e}$$

式中，$\boldsymbol{C}_{\mathrm{B}}^{\infty}$ 为 $H\times H$ 维的对称的满阵，$\boldsymbol{C}_{j}^{\infty}$ 为 $N\times N$ 维的对称三对角矩阵，$\boldsymbol{C}_{\mathrm{B}j}^{\infty}$ 为 $H\times N$ 维

的首行非零矩阵，$\boldsymbol{C}_{j\mathrm{B}}^{\infty}=\boldsymbol{C}_{\mathrm{B}j}^{\infty\mathrm{T}}$；$\boldsymbol{K}_{\mathrm{B}}^{\infty}$ 为 $H\times H$ 维的对称的满阵。以上各式中，H 是人工边界结点数目；N 是第 j 个模态的高阶弹簧-阻尼-质量模型包含的辅助自由度数目。

2.3.6 数值算例

假定结构为刚性，结构与水体相互作用面为非直立面，水深 $h=100\mathrm{m}$。有限域水体取为 $x=200\mathrm{m}$，单元网格尺寸取为 5m，水体的有限元模型如图 2.3-4 所示。刚性结构运动的加速度时程如图 2.3-5 所示，选取 A（200，0）、B（200，50）点作为观测点。采用中心差分显式积分方法进行时间积分，时间步长为 0.0005s，精确解为扩展网格解。通过式（2.3-33）将刚性结构加速度时程转化为水体边界上的分布力：

$$\frac{\partial p}{\partial x}=-\rho_{\mathrm{w}}\ddot{u}_{\mathrm{g}} \tag{2.3-33}$$

式中，$\ddot{u}_{\mathrm{g}}$ 为刚性坝体的加速度时程。

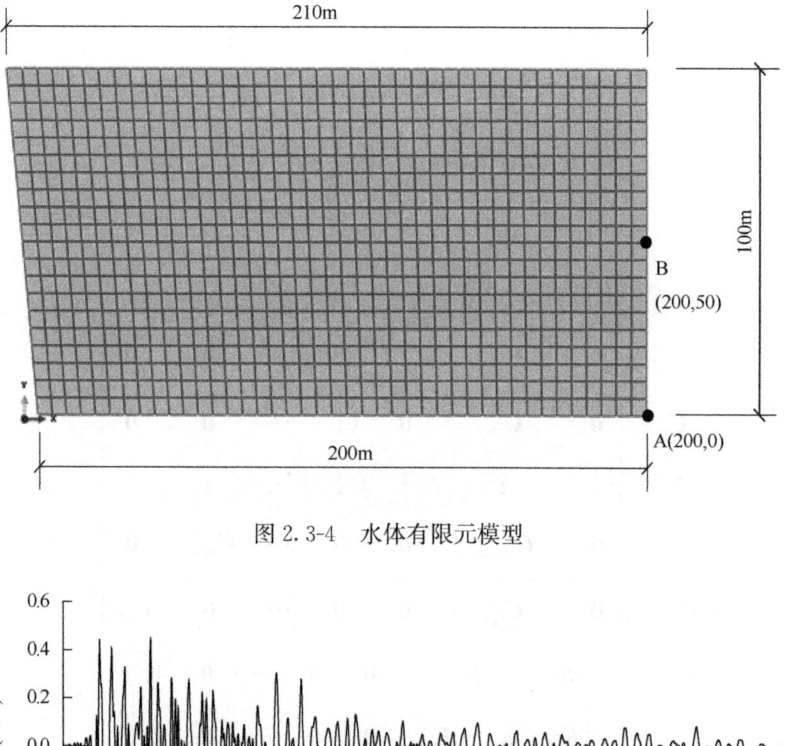

图 2.3-4　水体有限元模型

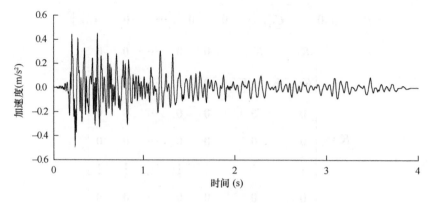

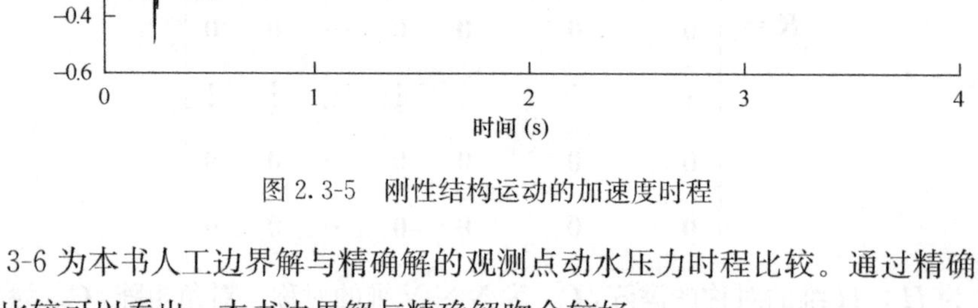

图 2.3-5　刚性结构运动的加速度时程

图 2.3-6 为本书人工边界解与精确解的观测点动水压力时程比较。通过精确解与本书边界解的比较可以看出，本书边界解与精确解吻合较好。

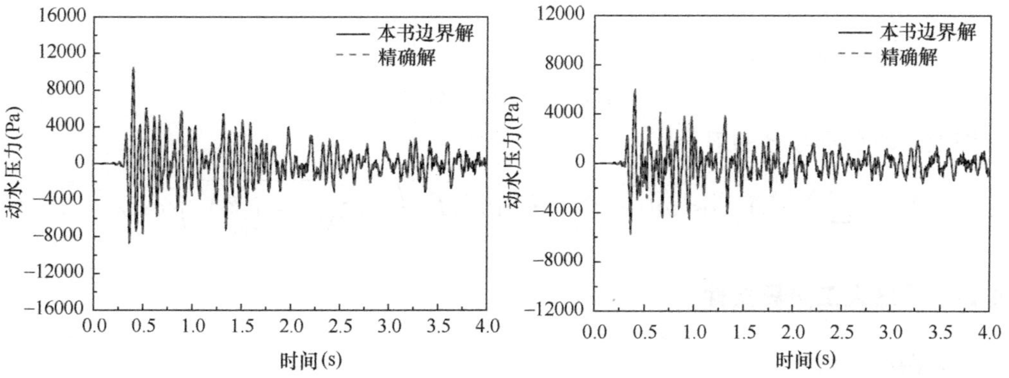

(a) A点　　(b) B点

图 2.3-6　观测点动水压力时程

2.4　三维柱体结构的时域整体方法

水体与结构的相互作用如图 2.4-1 所示。假定水体有限域为三维圆柱形，结构包含在该有限水域内。

2.4.1　动水压力解析解

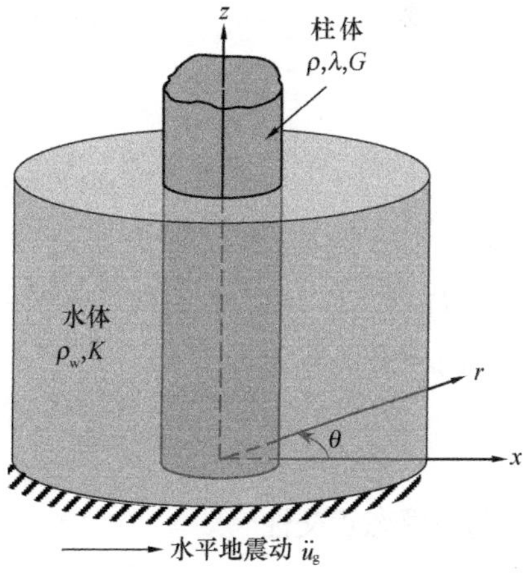

图 2.4-1　水体与结构相互作用

采用分离变量法，分解动水压力 P 为：

$$P = R(r)\Theta(\theta)Z(z) \tag{2.4-1}$$

将式（2.4-1）代入式（1.3-18），整理得：

$$\Theta'' + n^2\Theta = 0 \tag{2.4-2}$$

$$Z'' + \lambda^2 Z = 0 \tag{2.4-3}$$

$$R'' + \frac{1}{r}R' + \left(\frac{\omega^2}{c^2} - \lambda^2 - \frac{n^2}{r^2}\right)R = 0 \tag{2.4-4}$$

式（2.4-2）的解为：

$$\Theta(\theta) = b_1\cos n\theta + b_2\sin n\theta \quad n = 0, 1, 2, \cdots \tag{2.4-5}$$

根据边界条件式（1.3-20）和式（1.3-21），式（2.4-3）的解为：

$$Z(z) = d_1\cos\lambda z \tag{2.4-6a}$$

$$\lambda = \frac{(2j-1)\pi}{2h} \quad j = 1, 2, \cdots \tag{2.4-6b}$$

式（2.4-4）写为 Bessel 方程为：

$$r_0^2\frac{\mathrm{d}^2R}{\mathrm{d}r_0^2} + r_0\frac{\mathrm{d}R}{\mathrm{d}r_0} + (r_0^2 - n^2)R = 0 \tag{2.4-7}$$

式中，$r_0 = r\lambda\sqrt{\left(\frac{\omega}{\lambda c}\right)^2 - 1} = -\mathrm{i}r\lambda\sqrt{1-\left(\frac{\omega}{\lambda c}\right)^2}$。满足辐射边界条件的解为：

$$R(r) = aH_n^{(2)}(r_0) \tag{2.4-8}$$

综上，动水压力 P 的解为：

$$P = \sum_{j=1}^{\infty}\sum_{n=0}^{\infty}[A_{jn}\cos(n\theta) + B_{jn}\sin(n\theta)]H_n^{(2)}\left(-\mathrm{i}r\lambda\sqrt{1-\left(\frac{\omega}{\lambda c}\right)^2}\right)\cos(\lambda z) \tag{2.4-9}$$

2.4.2 频域人工边界条件

引入两组模态

$$\mathbf{Z}(z) = \{Z_j(z)\} = \{\cos(\lambda z)\} \quad j = 1, 2, 3, \cdots \tag{2.4-10}$$

$$f(\theta) = \{\phi_l(\theta)\} = \{1, \sin\theta, \cos\theta, \cdots \sin n\theta, \cos n\theta, \cdots\} \quad l = 1, 2, 3, \cdots \tag{2.4-11}$$

式中，$n = \left[\frac{l}{2}\right]$，[ ]表示取整数。

两组模态满足如下正交关系：

$$\int_0^h Z_l(z)Z_j(z)\mathrm{d}z = \begin{cases} 0 & l \neq j \\ \frac{h}{2} & l = j \end{cases} \tag{2.4-12}$$

$$\int_0^{2\pi} \phi_l(\theta)\phi_j(\theta)\mathrm{d}\theta = \begin{cases} 0 & l \neq j \\ 2\pi & l = j \neq 1 \\ \pi & l = j = 1 \end{cases} \tag{2.4-13}$$

令 $T_{lj}(\theta, z) = \phi_l(\theta)Z_j(z)$，看作一个关于 θ 和 z 的函数，即总模态函数。

P 的模态展开为：

$$P = \sum_{j=1}^{\infty}\sum_{l=1}^{\infty} a_{lj}H_n^{(2)}(r_0)T_{lj}(\theta, z) \tag{2.4-14}$$

利用模态正交性

$$P_{lj} = a_{lj}H_n^{(2)}(r_0) = \frac{\delta_l}{\pi h}\int_0^h\int_0^{2\pi} T_{lj}(\theta, z)P\mathrm{d}\theta\mathrm{d}z \quad \delta_l = \begin{cases} 1 & l = 1 \\ 2 & l = 2, 3, \cdots \end{cases} \tag{2.4-15}$$

$$P = \sum_{j=1}^{\infty}\sum_{l=1}^{\infty} P_{lj}T_{lj}(\theta, z) \tag{2.4-16}$$

$\frac{\partial P}{\partial r}$ 的模态展开为：

$$r\frac{\partial P}{\partial r} = \sum_{j=1}^{\infty}\sum_{l=1}^{\infty} a_{lj}r_0 H_n^{(2)\prime}(r_0)T_{lj}(\theta, z) \tag{2.4-17}$$

利用模态正交性

$$\frac{\partial P_{lj}}{\partial r} = a_{lj}r_0 H_n^{(2)\prime}(r_0) = \frac{\delta_l}{\pi h}\int_0^h\int_0^{2\pi} T_{lj}(\theta, z)r\frac{\partial P}{\partial r}\mathrm{d}\theta\mathrm{d}z \tag{2.4-18}$$

$$r\frac{\partial P}{\partial r}=\sum_{j=1}^{\infty}\sum_{l=1}^{\infty}\frac{\partial P_{lj}}{\partial r}T_{lj}(\theta,z) \tag{2.4-19}$$

建立 $\frac{\partial P_{lj}}{\partial r}\sim P_{lj}$ 关系：

$$\frac{\partial P_{lj}}{\partial r}=\frac{r_0H_n^{(2)\prime}(r_0)}{H_n^{(2)}(r_0)}P_{lj} \tag{2.4-20}$$

式（2.4-20）可写为如下形式：

$$\frac{\partial P_{lj}}{\partial r}=-S_{lj}(r_0)P_{lj} \tag{2.4-21}$$

$$S_{lj}(r_0)=-r_0\frac{H_n^{(2)\prime}(r_0)}{H_n^{(2)}(r_0)} \tag{2.4-22}$$

其中，式（2.4-19）、式（2.4-21）和式（2.4-22）即为三维可压缩水体介质的柱体频域人工边界条件。

2.4.3　时域人工边界条件

动力刚度系数式（2.3-11）的有理近似为：

$$S\approx\widetilde{S}=\frac{p_0+p_1(\mathrm{i}\omega_0)+\cdots+p_{N+1}(\mathrm{i}\omega_0)^{N+1}}{q_0+q_1(\mathrm{i}\omega_0)+\cdots+q_N(\mathrm{i}\omega_0)^N} \tag{2.4-23}$$

式中，$\omega_0=\omega/\lambda c$，为无量纲频率；$N$ 表示有理函数的阶数；$p_m(m=0,\cdots,N+1)$ 和 $q_m(m=0,\cdots,N)$ 是待定的实常数。

由式（2.4-22）可以看出，精确动力刚度系数与 a/h 和模态阶数 lj 相关。因此，直接对其进行有理函数近似需要进行多次识别，即对不同的 a/h 值和不同阶模态都要进行有理函数近似。因此，本节提出了一种有效的方法可以避免以上问题。将动力刚度系数式（2.4-22）重写为如下形式：

$$S=-y\frac{H_n^{(2)\prime}(y)}{H_n^{(2)}(y)} \tag{2.4-24}$$

$$y=-\mathrm{i}r\lambda S_1 \tag{2.4-25}$$

$$S_1=\sqrt{1-x^2} \tag{2.4-26}$$

式中，$x=\omega_0$。

动力刚度系数 S 和 S_1 的有理近似分别为：

$$S_1\approx\frac{p_0^{(1)}+p_1^{(1)}(\mathrm{i}x)+\cdots+p_{N_1+1}^{(1)}(\mathrm{i}x)^{N_1+1}}{q_0^{(1)}+q_1^{(1)}(\mathrm{i}x)+\cdots+q_{N_1}^{(1)}(\mathrm{i}x)^{N_1}} \tag{2.4-27}$$

$$S\approx\frac{p_0^{(2)}+p_1^{(2)}(\mathrm{i}y)+\cdots+p_{N_2+1}^{(2)}(\mathrm{i}y)^{N_2+1}}{q_0^{(2)}+q_1^{(2)}(\mathrm{i}y)+\cdots+q_{N_2}^{(2)}(\mathrm{i}y)^{N_2}} \tag{2.4-28}$$

式中，N_1 和 N_2 是有理函数的阶数；$p_0^{(1)}=q_0^{(1)}=1$，$p_{N_2+1}^{(1)}=q_{N_2}^{(1)}$，$p_0^{(2)}=n$，$q_0^{(2)}=1$，$p_{N_2+1}^{(2)}=q_{N_2}^{(2)}$；$p_m^{(1)}$，$q_m^{(1)}$，$p_m^{(2)}$ 和 $q_m^{(2)}$ 是待定的实常数。$N_2=3$ 时有理函数 S 的参数如表 2.4-1 所示，其中 $n=1$ 时与精确值的比较如图 2.4-2 所示。

动力刚度系数 *S* 的有理近似　　表 2.4-1

n	p_1	p_2	p_3	q_1	q_2	q_3
0	0.02947603	0.52422089	1.5320349	0.12562213	1.0329754	1
1	7.5103362	16.066732	15.815356	7.4556862	12.964489	5.6996677
2	4.8051615	4.3189360	2.1611005	2.4033287	1.9043691	0.51356417
3	3.7902047	2.0764301	0.66743148	1.2632307	0.60927645	0.11628005
4	3.2711881	1.2811308	0.29868785	0.81807111	0.27817862	0.041086108
5	2.9212449	0.88722258	0.16056163	0.58502083	0.15161274	0.018152406
6	2.6509122	0.65663376	0.096295833	0.44288526	0.91933677	0.0091874805
7	2.4212150	0.50643384	0.061939140	0.34706403	0.059736318	0.0050787528
8	2.2113383	0.40093714	0.041693887	0.27756257	0.040646638	0.0029751591
9	2.0089452	0.32267270	0.028882937	0.22423579	0.028521288	0.0018091126

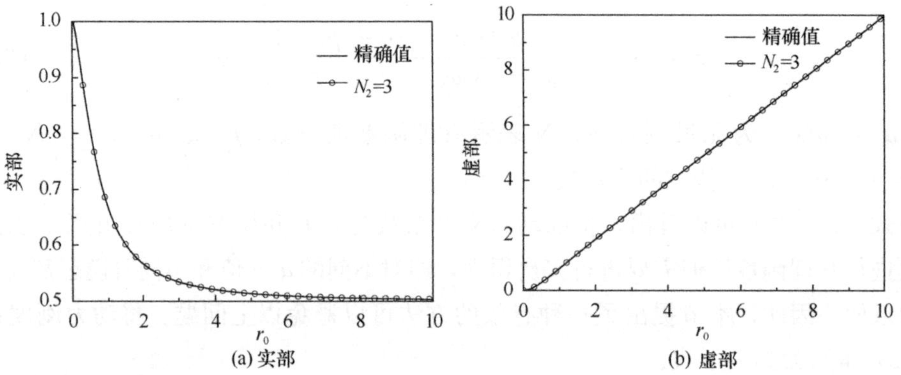

(a) 实部　　(b) 虚部

图 2.4-2　S 的有理近似（$n=1$）

a/h 取不同值时，对应的动力刚度系数 S 的有理函数近似可通过式（2.4-24）～式（2.4-28）获得，有理近似阶数为 $N=N_1N_2+N_1+N_2$。即 $S(\omega_0)$ 的有理函数近似可以表示为：

$$S_{lj}(\omega_0)\approx\frac{\hat{p}_0+\hat{p}_1(\mathrm{i}\omega_0)+\cdots+\hat{p}_{N_1N_2+N_1+N_2+1}(\mathrm{i}\omega_0)^{N_1N_2+N_1+N_2+1}}{\hat{q}_0+\hat{q}_1(\mathrm{i}\omega_0)+\cdots+\hat{q}_{N_1N_2+N_1+N_2}(\mathrm{i}\omega_0)^{N_1N_2+N_1+N_2}} \tag{2.4-29}$$

式中，有理函数的系数可通过软件 MATLAB 符号运算得到。数值计算表明所得到的有理函数具有较高的精度，并且满足稳定性条件。如 $a/h=2$，$j=1$，n 取 0、4 和 8 时有理函数近似与精确解的比较如图 2.4-3 所示；$a/h=2$，$j=3$，n 取 0、4 和 8 时有理函数近似与精确解的比较如图 2.4-4 所示；$a/h=2$，$j=1\sim6$ 和 $n=0\sim9$ 时每一阶模态下有理近似的零点和极点的实部最大值如图 2.4-5 所示。

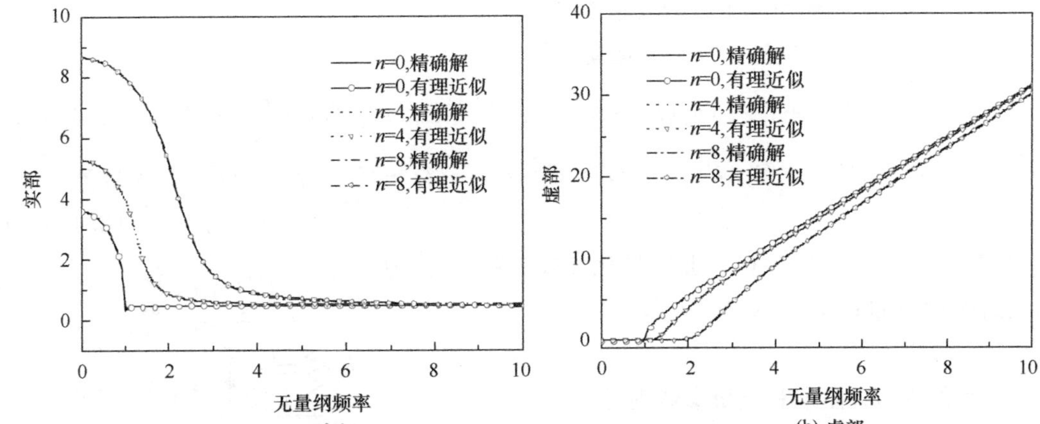

(a) 实部　(b) 虚部

图 2.4-3　动力刚度系数 S_{lj} 的有理近似（j=1）

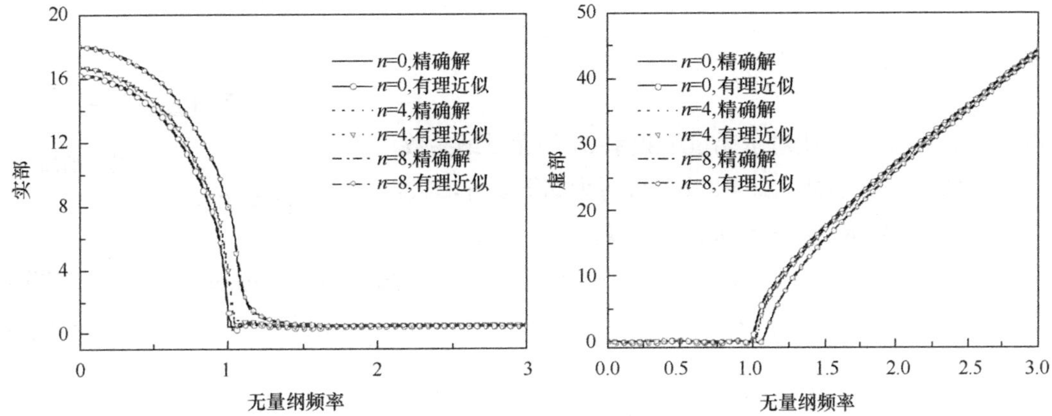

(a) 实部　(b) 虚部

图 2.4-4　动力刚度系数 S_{lj} 的有理近似（j=3）

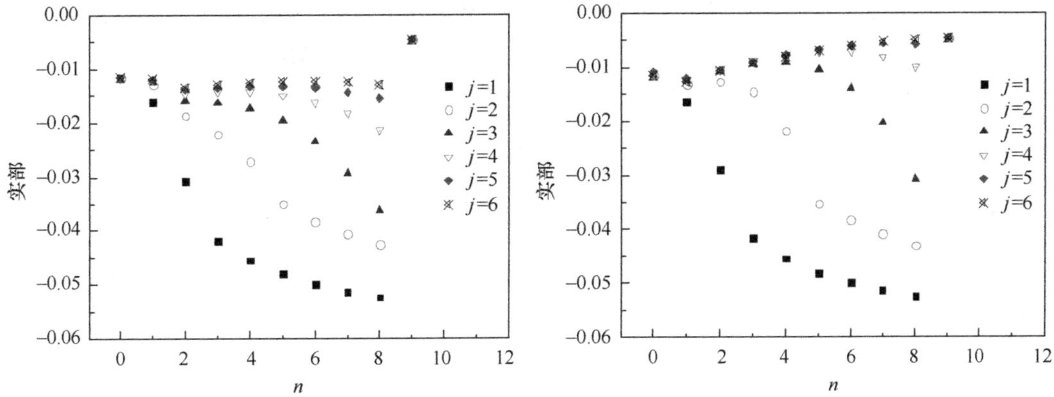

(a) 零点　(b) 极点

图 2.4-5　有理近似 S_{lj} 的零点和极点

将第（l，j）阶模态动水力刚度系数的有理近似式（2.4-29）实现为如图 2.4-6 所示的高阶弹簧-阻尼-质量模型，模型的运动方程为：

$$(C_{lj,0}+C_{lj,1})\dot{p}_{lj}(t)+K_{lj,0}p_{lj}(t)=C_{lj,1}\dot{p}_{lj,1}(t)-\frac{\partial p_{lj}}{\partial r}(t) \tag{2.4-30a}$$

$$M_{lj,i}\ddot{p}_{lj,i}(t)+(C_{lj,i}+C_{lj,i+1})\dot{p}_{lj,i}(t)=C_{lj,i}\dot{p}_{lj,i-1}(t)+C_{lj,i+1}\dot{p}_{lj,i+1}(t)\quad i=1,\cdots,N \tag{2.4-30b}$$

式中，$K_{lj,0}$、$C_{lj,0}$、$M_{lj,i}$、$C_{lj,i}$ 是时域化参数结果；$p_{lj,i}$ 为引入的辅助变量；$N=N_1N_2+N_1+N_2$；$p_{lj,N+1}(t)=C_{lj,N+1}=0$。

模型的弹簧、阻尼和质量参数满足：

$$K_{lj,0}=k_0 \tag{2.4-31a}$$

$$C_{lj,i}=\frac{c_i}{\lambda c}\quad i=0,\cdots,N \tag{2.4-31b}$$

$$M_{lj,i}=\frac{1}{\lambda^2c^2}m_i\quad i=1,\cdots,N \tag{2.4-31c}$$

式中，k_0，c_i 和 m_i 是相对于无量纲频率 ω_0 的无量纲参数。

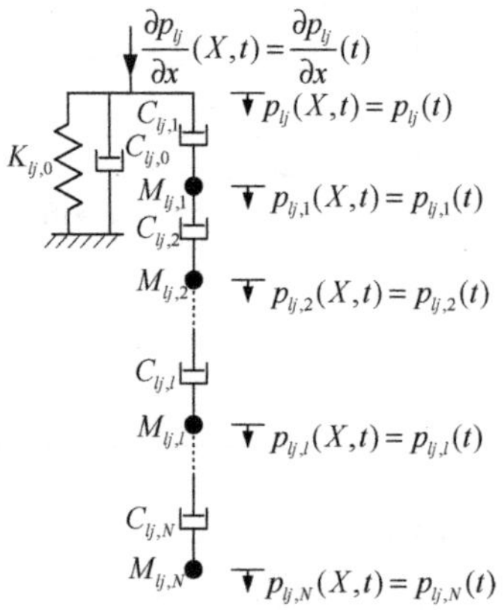

图 2.4-6 第（l，j）阶模态的高阶弹簧-阻尼-质量模型

式（2.4-30a）、式（2.4-30b）可写为如下矩阵形式：

$$\mathbf{M}_{lj}\ddot{\mathbf{p}}_{lj}(t)+\mathbf{C}_{lj}\dot{\mathbf{p}}_{lj}(t)=\mathbf{F}_{lj}(t) \tag{2.4-32a}$$

$$\mathbf{p}_{lj}(t)=\{p_{lj,1}(t)\quad p_{lj,2}(t)\quad p_{lj,3}(t)\quad\cdots\quad p_{lj,N-1}(t)\quad p_{lj,N}(t)\}^{\mathrm{T}} \tag{2.4-32b}$$

$$\mathbf{F}_{lj}(t)=\{C_{lj,1}\dot{p}_{lj}(t)\quad 0\quad 0\quad\cdots\quad 0\quad 0\}^{\mathrm{T}} \tag{2.4-32c}$$

$$\mathbf{M}_{lj}=\begin{bmatrix} M_{lj,1} & 0 & 0 & \cdots & 0 & 0\\ 0 & M_{lj,2} & 0 & \cdots & 0 & 0\\ 0 & 0 & M_{lj,3} & \cdots & 0 & 0\\ \vdots & \vdots & \vdots & \ddots & \vdots & \vdots\\ 0 & 0 & 0 & \cdots & M_{lj,N-1} & 0\\ 0 & 0 & 0 & \cdots & 0 & M_{lj,N}\end{bmatrix} \tag{2.4-32d}$$

$$\mathbf{C}_{lj}=\begin{bmatrix} C_{lj,1}+C_{lj,2} & -C_{lj,2} & 0 & \cdots & 0 & 0\\ -C_{lj,2} & C_{lj,2}+C_{lj,3} & -C_{lj,3} & \cdots & 0 & 0\\ 0 & -C_{lj,3} & C_{lj,3}+C_{lj,4} & \cdots & 0 & 0\\ \vdots & \vdots & \vdots & \ddots & \vdots & \vdots\\ 0 & 0 & 0 & \cdots & C_{lj,N-1}+C_{lj,N} & -C_{lj,N}\\ 0 & 0 & 0 & \cdots & -C_{lj,N} & C_{lj,N}\end{bmatrix} \tag{2.4-32e}$$

式（2.4-19）和式（2.4-21）的时域形式与式（2.4-32a）就是在 $r=R$ 处关于 θ 和 z 连续的时域人工边界条件。其中，前者为：

$$p_{lj}=\frac{\delta_l}{\pi h}\int_0^h\int_0^{2\pi}T_{lj}(\theta,z)p\,\mathrm{d}\theta\mathrm{d}z \tag{2.4-33}$$

$$r\frac{\partial p}{\partial r}=\sum_{j=1}^{\infty}\sum_{l=1}^{\infty}\frac{\partial p_{lj}}{\partial r}T_{lj}(\theta,\ z) \tag{2.4-34}$$

2.4.4　有限元空间离散

内域有限元弱形式右端项为：

$$f_{\mathrm{B}}=\int_0^h\int_0^{2\pi}\tilde{p}\ \frac{\partial p}{\partial r}r\,\mathrm{d}\theta\mathrm{d}z\quad r=R \tag{2.4-35}$$

边界面单元压力的离散形式为：

$$p^e=\{N_1^e\ N_2^e\ N_3^e\ N_4^e\}\begin{Bmatrix}p_1^e\\p_2^e\\p_3^e\\p_4^e\end{Bmatrix}=N^e p^e \tag{2.4-36}$$

$T_{lj}(\theta,\ z)$ 和 $\tilde{p}$ 用相同形函数离散，即：

$$p=Np \tag{2.4-37}$$

$$T_{lj}(\theta,\ z)=NT_{lj} \tag{2.4-38}$$

$$\tilde{p}=N\tilde{p} \tag{2.4-39}$$

式中，N 为边界形函数向量。

将式（2.4-37）和式（2.4-38）代入式（2.4-33）得：

$$p_{lj}=\frac{\delta_l}{\pi h}\boldsymbol{T}_{lj}^{\mathrm{T}}\boldsymbol{W}\boldsymbol{p} \tag{2.4-40}$$

$$\boldsymbol{W}=\int_0^h\int_0^{2\pi}\boldsymbol{N}^{\mathrm{T}}\boldsymbol{N}\mathrm{d}\theta\mathrm{d}z \tag{2.4-41}$$

将式（2.4-40）代入式（2.4-30a）后整理得到：

$$(C_{lj,0}+C_{lj,1})\frac{\delta_l}{\pi h}\boldsymbol{T}_{lj}^{\mathrm{T}}\boldsymbol{W}\dot{\boldsymbol{p}}+K_{lj,0}\frac{\delta_l}{\pi h}\boldsymbol{T}_{lj}^{\mathrm{T}}\boldsymbol{W}\boldsymbol{p}=C_{lj,1}\dot{p}_{lj,1}-\frac{\partial p_{lj}}{\partial r} \tag{2.4-42}$$

将式（2.4-42）和式（2.4-38）代入式（2.2-34）得：

$$r\frac{\partial p}{\partial r}=\sum_{l=1}^{\infty}\sum_{j=1}^{\infty}\left[\boldsymbol{N}\boldsymbol{T}_{lj}C_{lj,1}\dot{p}_{lj,1}-(C_{lj,0}+C_{lj,1})\frac{\delta_l}{\pi h}\boldsymbol{N}\boldsymbol{T}_{lj}\boldsymbol{T}_{lj}^{\mathrm{T}}\boldsymbol{W}\dot{\boldsymbol{p}}-K_{lj,0}\frac{\delta_l}{\pi h}\boldsymbol{N}\boldsymbol{T}_{lj}\boldsymbol{T}_{lj}^{\mathrm{T}}\boldsymbol{W}\boldsymbol{p}\right] \tag{2.4-43}$$

将式（2.4-43）和式（2.4-39）代入式（2.4-35）得：

$$\boldsymbol{F}_{\mathrm{B}}=-\left(\boldsymbol{C}_{\mathrm{B}}^{\infty}\dot{\boldsymbol{p}}+\boldsymbol{K}_{\mathrm{B}}^{\infty}\boldsymbol{p}+\sum_{l=1}^{\infty}\sum_{j=1}^{\infty}\boldsymbol{C}_{\mathrm{B}lj}^{\infty}\dot{\boldsymbol{p}}_{lj}\right) \tag{2.4-44}$$

式中：

$$\boldsymbol{C}_{\mathrm{B}}^{\infty}=\boldsymbol{W}\left[\sum_{l=1}^{\infty}\sum_{j=1}^{\infty}\boldsymbol{T}_{lj}\boldsymbol{T}_{lj}^{\mathrm{T}}(C_{lj,0}+C_{lj,1})\frac{\delta_l}{\pi h}\right]\boldsymbol{W} \tag{2.4-45a}$$

$$\boldsymbol{K}_{\mathrm{B}}^{\infty}=\boldsymbol{W}\left(\sum_{l=1}^{\infty}\sum_{j=1}^{\infty}\boldsymbol{T}_{lj}\boldsymbol{T}_{lj}^{\mathrm{T}}K_{lj,0}\frac{\delta_l}{\pi h}\right)\boldsymbol{W} \tag{2.4-45b}$$

$$\boldsymbol{C}_{\mathrm{B}lj}^{\infty}=-C_{lj,1}\boldsymbol{W}\boldsymbol{I}_{lj} \tag{2.4-45c}$$

式中，$\boldsymbol{I}_{lj}$ 维数是边界结点数×辅助自由度数，除首列为模态向量 $\boldsymbol{T}_{lj}$，其余元素都为 0。

将式（2.4-40）的时间导数代入辅助变量方程式（2.4-32），整理得到：

$$\boldsymbol{M}_{lj}^{\infty}\ddot{\boldsymbol{p}}_{lj}(t)+\boldsymbol{C}_{lj}^{\infty}\dot{\boldsymbol{p}}_{lj}(t)+\boldsymbol{C}_{lj\mathrm{B}}^{\infty}\dot{\boldsymbol{p}}(t)=\boldsymbol{0} \tag{2.4-46a}$$

式中：

$$\boldsymbol{M}_{lj}^{\infty}=\frac{\pi h}{\delta_l}\boldsymbol{M}_{lj} \tag{2.4-46b}$$

$$\boldsymbol{C}_{lj}^{\infty}=\frac{\pi h}{\delta_l}C_{lj} \tag{2.4-46c}$$

$$\boldsymbol{C}_{lj\mathrm{B}}^{\infty}=\boldsymbol{C}_{\mathrm{B}lj}^{\infty\mathrm{T}} \tag{2.4-46d}$$

2.4.5 人工边界与内域有限域方程结合

内域有限元方程可以写为（按边界点 B 和内点 I 分块形式）：

$$\begin{bmatrix}\boldsymbol{M}_{\mathrm{I}} & \boldsymbol{0}\\ \boldsymbol{0} & \boldsymbol{M}_{\mathrm{B}}\end{bmatrix}\begin{Bmatrix}\ddot{\boldsymbol{p}}_{\mathrm{I}}(t)\\ \ddot{\boldsymbol{p}}_{\mathrm{B}}(t)\end{Bmatrix}+\begin{bmatrix}\boldsymbol{C}_{\mathrm{I}} & \boldsymbol{C}_{\mathrm{IB}}\\ \boldsymbol{C}_{\mathrm{BI}} & \boldsymbol{C}_{\mathrm{B}}\end{bmatrix}\begin{Bmatrix}\dot{\boldsymbol{p}}_{\mathrm{I}}(t)\\ \dot{\boldsymbol{p}}_{\mathrm{B}}(t)\end{Bmatrix}+\begin{bmatrix}\boldsymbol{K}_{\mathrm{I}} & \boldsymbol{K}_{\mathrm{IB}}\\ \boldsymbol{K}_{\mathrm{BI}} & \boldsymbol{K}_{\mathrm{B}}\end{bmatrix}\begin{Bmatrix}\boldsymbol{p}_{\mathrm{I}}(t)\\ \boldsymbol{p}_{\mathrm{B}}(t)\end{Bmatrix}=\begin{Bmatrix}\boldsymbol{F}_{\mathrm{I}}(t)\\ \boldsymbol{F}_{\mathrm{B}}(t)\end{Bmatrix} \tag{2.4-47}$$

式中，对角的总质量矩阵分块为 $\boldsymbol{M}_{\mathrm{I}}$ 和 $\boldsymbol{M}_{\mathrm{B}}$；总阻尼矩阵分块为 $\boldsymbol{C}_{\mathrm{I}}$、$\boldsymbol{C}_{\mathrm{IB}}$、$\boldsymbol{C}_{\mathrm{BI}}$ 和 $\boldsymbol{C}_{\mathrm{B}}$；总刚度矩阵分块为 $\boldsymbol{K}_{\mathrm{I}}$、$\boldsymbol{K}_{\mathrm{IB}}$、$\boldsymbol{K}_{\mathrm{BI}}$ 和 $\boldsymbol{K}_{\mathrm{B}}$；内源荷载列向量为 $\boldsymbol{F}_{\mathrm{I}}(t)$；$\boldsymbol{F}_{\mathrm{B}}(t)$ 为人工边界结点处远场无限域对近场有限域的相互作用力列向量。

式（2.4-47）与式（2.4-46）和式（2.4-44）联立可统一写成如下方程，即：

$$\boldsymbol{M}\ddot{\boldsymbol{p}}(t)+\boldsymbol{C}\dot{\boldsymbol{p}}(t)+\boldsymbol{K}\boldsymbol{p}(t)=\boldsymbol{F}(t) \tag{2.4-48a}$$

式中，全局位移列向量和全局外荷载向量分别为：

$$\boldsymbol{p}(t)=\left\{\boldsymbol{p}_{\mathrm{I}}^{\mathrm{T}}(t)\quad \boldsymbol{p}_{\mathrm{B}}^{\mathrm{T}}(t)\quad \boldsymbol{p}_{11}^{\mathrm{T}}(t)\quad \boldsymbol{p}_{12}^{\mathrm{T}}(t)\quad \cdots\quad \boldsymbol{p}_{\mathrm{LJ-1}}^{\mathrm{T}}\quad \boldsymbol{p}_{\mathrm{LJ}}^{\mathrm{T}}\right\}^{\mathrm{T}} \tag{2.4-48b}$$

$$\boldsymbol{F}(t)=\left\{\boldsymbol{F}_{\mathrm{I}}^{\mathrm{T}}(t)\quad \boldsymbol{0}\quad \boldsymbol{0}\quad \boldsymbol{0}\quad \cdots\quad \boldsymbol{0}\right\}^{\mathrm{T}} \tag{2.4-48c}$$

对角的全局质量矩阵、全局阻尼矩阵和全局刚度矩阵分别为：

$$\boldsymbol{M}=\begin{bmatrix}\boldsymbol{M}_{\mathrm{I}} & \boldsymbol{0} & \boldsymbol{0} & \boldsymbol{0} & \cdots & \boldsymbol{0} & \boldsymbol{0}\\ \boldsymbol{0} & \boldsymbol{M}_{\mathrm{B}} & \boldsymbol{0} & \boldsymbol{0} & \cdots & \boldsymbol{0} & \boldsymbol{0}\\ \boldsymbol{0} & \boldsymbol{0} & \boldsymbol{M}_{11}^{\infty} & \boldsymbol{0} & \cdots & \boldsymbol{0} & \boldsymbol{0}\\ \boldsymbol{0} & \boldsymbol{0} & \boldsymbol{0} & \boldsymbol{M}_{12}^{\infty} & \cdots & \boldsymbol{0} & \boldsymbol{0}\\ \vdots & \vdots & \vdots & \vdots & \ddots & \vdots & \vdots\\ \boldsymbol{0} & \boldsymbol{0} & \boldsymbol{0} & \boldsymbol{0} & \cdots & \boldsymbol{M}_{\mathrm{LJ-1}}^{\infty} & \boldsymbol{0}\\ \boldsymbol{0} & \boldsymbol{0} & \boldsymbol{0} & \boldsymbol{0} & \cdots & \boldsymbol{0} & \boldsymbol{M}_{\mathrm{LJ}}^{\infty}\end{bmatrix} \tag{2.4-48d}$$

$$\boldsymbol{C}=\begin{bmatrix}\boldsymbol{C}_{\mathrm{I}} & \boldsymbol{C}_{\mathrm{IB}} & \boldsymbol{0} & \boldsymbol{0} & \cdots & \boldsymbol{0} & \boldsymbol{0}\\ \boldsymbol{C}_{\mathrm{BI}} & \boldsymbol{C}_{\mathrm{B}}+\boldsymbol{C}_{\mathrm{B}}^{\infty} & \boldsymbol{C}_{\mathrm{B11}}^{\infty} & \boldsymbol{C}_{\mathrm{B12}}^{\infty} & \cdots & \boldsymbol{C}_{\mathrm{BLJ-1}}^{\infty} & \boldsymbol{C}_{\mathrm{BLJ}}^{\infty}\\ \boldsymbol{0} & \boldsymbol{C}_{\mathrm{11B}}^{\infty} & \boldsymbol{C}_{11}^{\infty} & \boldsymbol{0} & \cdots & \boldsymbol{0} & \boldsymbol{0}\\ \boldsymbol{0} & \boldsymbol{C}_{\mathrm{12B}}^{\infty} & \boldsymbol{0} & \boldsymbol{C}_{12}^{\infty} & \cdots & \boldsymbol{0} & \boldsymbol{0}\\ \vdots & \vdots & \vdots & \vdots & \ddots & \vdots & \vdots\\ \boldsymbol{0} & \boldsymbol{C}_{\mathrm{LJ-1B}}^{\infty} & \boldsymbol{0} & \boldsymbol{0} & \cdots & \boldsymbol{C}_{\mathrm{LJ-1}}^{\infty} & \boldsymbol{0}\\ \boldsymbol{0} & \boldsymbol{C}_{\mathrm{LJB}}^{\infty} & \boldsymbol{0} & \boldsymbol{0} & \cdots & \boldsymbol{0} & \boldsymbol{C}_{\mathrm{LJ}}^{\infty}\end{bmatrix} \tag{2.4-48e}$$

$$\boldsymbol{K}=\begin{bmatrix}\boldsymbol{K}_{\mathrm{I}} & \boldsymbol{K}_{\mathrm{IB}} & \boldsymbol{0} & \boldsymbol{0} & \cdots & \boldsymbol{0} & \boldsymbol{0}\\ \boldsymbol{K}_{\mathrm{BI}} & \boldsymbol{K}_{\mathrm{B}}+\boldsymbol{K}_{\mathrm{B}}^{\infty} & \boldsymbol{0} & \boldsymbol{0} & \cdots & \boldsymbol{0} & \boldsymbol{0}\\ \boldsymbol{0} & \boldsymbol{0} & \boldsymbol{0} & \boldsymbol{0} & \cdots & \boldsymbol{0} & \boldsymbol{0}\\ \boldsymbol{0} & \boldsymbol{0} & \boldsymbol{0} & \boldsymbol{0} & \cdots & \boldsymbol{0} & \boldsymbol{0}\\ \vdots & \vdots & \vdots & \vdots & \ddots & \vdots & \vdots\\ \boldsymbol{0} & \boldsymbol{0} & \boldsymbol{0} & \boldsymbol{0} & \cdots & \boldsymbol{0} & \boldsymbol{0}\\ \boldsymbol{0} & \boldsymbol{0} & \boldsymbol{0} & \boldsymbol{0} & \cdots & \boldsymbol{0} & \boldsymbol{0}\end{bmatrix} \tag{2.4-48f}$$

式中，$\boldsymbol{C}_{\mathrm{B}}^{\infty}$ 为 $H\times H$ 维的对称的满阵，$\boldsymbol{C}_{lj}^{\infty}$ 为 $N\times N$ 维的对称三对角矩阵，$\boldsymbol{C}_{\mathrm{B}lj}^{\infty}$ 为 $H\times N$ 维的首行非零矩阵，$\boldsymbol{C}_{lj\mathrm{B}}^{\infty}=\boldsymbol{C}_{\mathrm{B}lj}^{\infty\mathrm{T}}$；$\boldsymbol{K}_{\mathrm{B}}^{\infty}$ 为 $H\times H$ 维的对称的满阵；L 和 J 分别是 l 和 j 的最大值。以上各式中，H 是人工边界结点数目；N 是第 lj 个模态的高阶弹簧-阻尼-质量模型包含的辅助自由度数目。

2.4.6　数值算例

地震作用下柱体结构与水体动力相互作用包括地面运动引起的动水压力和结构柔性运动引起的动水压力。本书主要通过地面运动引起的地震动水压力验证提出的高精度时域人工边界条件，即假定结构为刚性。分析如图 2.4-7 所示的方柱与水体动力相互作用问题。截面边长为 30m，水深为 50m，水体密度为 1000kg/m^3，水中声速为 1438m/s；圆柱形人

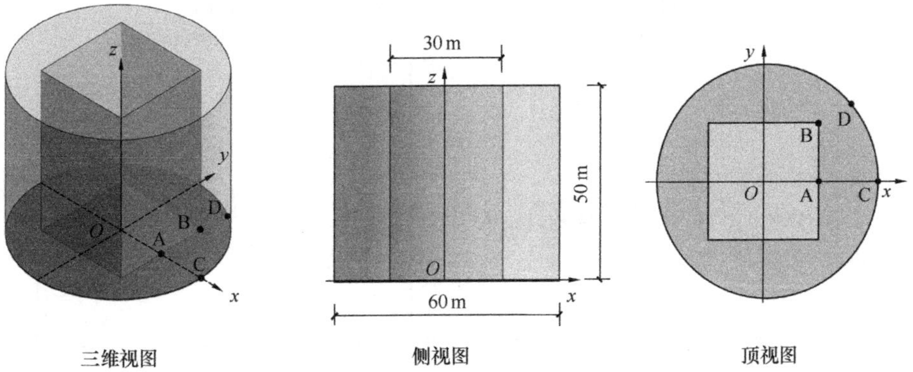

三维视图　　侧视图　　顶视图

图 2.4-7　数值算例有限域模型

注：观测点柱坐标系位置 A（15，0，0）、B（$15\sqrt{2}$，$\pi/4$，0）、C（30，0，0）和 D（30，$4\pi/19$，0）。

工边界的半径取为 30m，水体初始静止；观测点如图 2.4-7 所示。地震作用沿 x 方向，地面加速度时程如图 2.4-8 所示，作用在水-结构交界面的荷载为：

$$\frac{\partial p}{\partial x}=-\rho_{\mathrm{w}}\ddot{u}_{\mathrm{g}}\cos\theta_0 \tag{2.4-49}$$

式中，θ_0 表示方柱截面法向与 x 轴正方向的夹角。

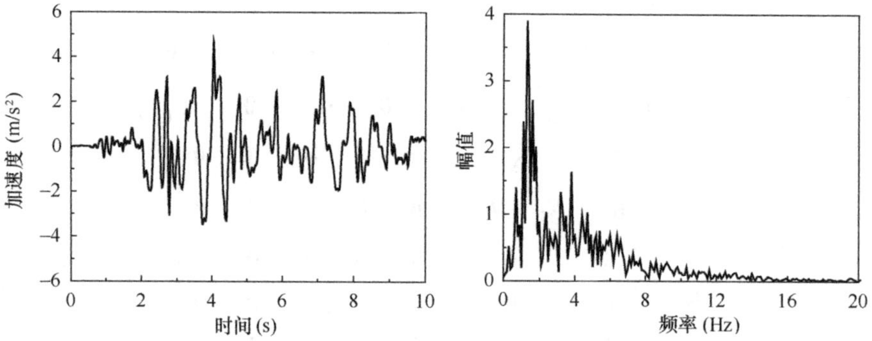

图 2.4-8　地面加速度时程

人工边界条件沿深度方向和环向的模态数量分别取为 $A=4$ 和 $B=9$，总模态的数量则为 $M=36$；有理函数式阶数分别取为 $N_1=5$ 和 $N_2=3$，嵌套后有理函数式的阶数为 $N=23$。采用充分大有限元计算域得到的数值解作为参考解。

图 2.4-9 给出观测点的动水压力时程计算结果，图 2.4-10 给出了 3.735s 时刻方柱表

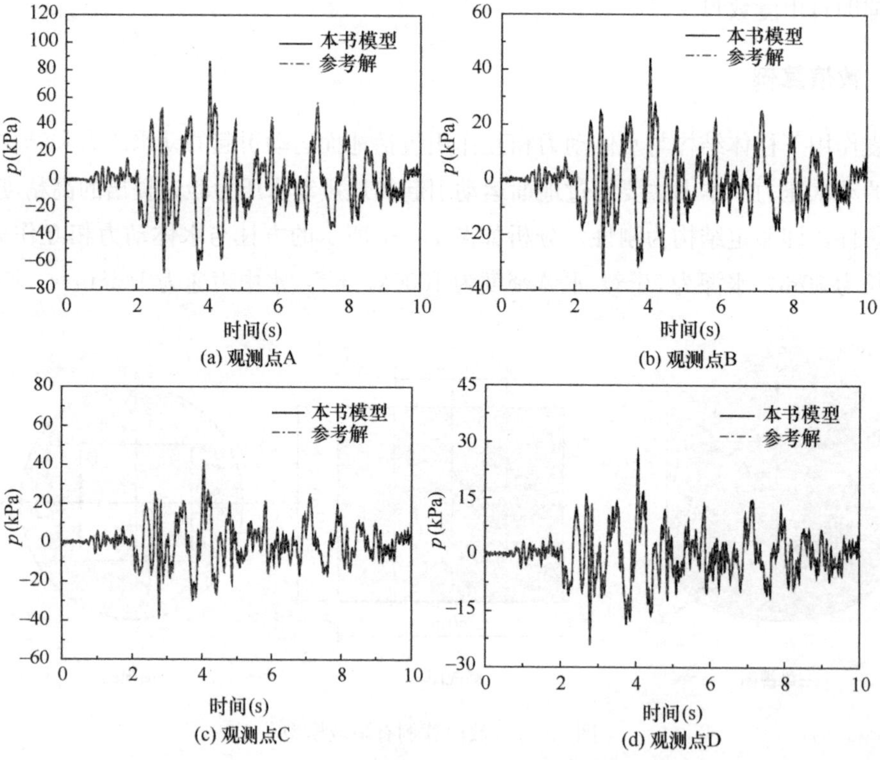

图 2.4-9　观测点的动水压力时程

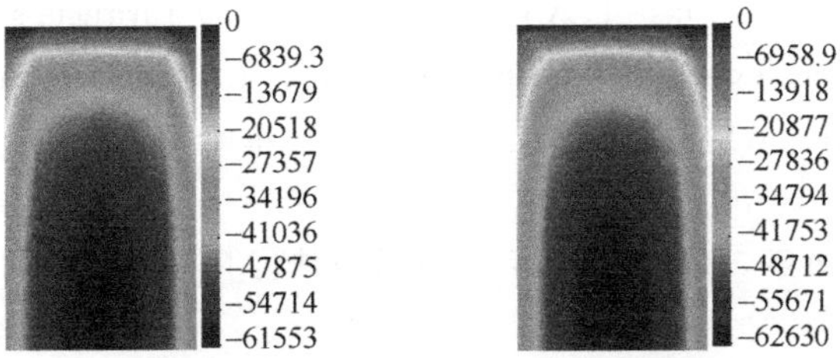

(a) 参考解　　(b) 边界解

图 2.4-10　3.735s 时刻方柱面 $x=15$m 处动水压力云图

面的动水压力云图。由图 2.4-9 和图 2.4-10 可以看出，采用本书提出的高精度人工边界条件得到的计算解与参考解吻合较好。

参 考 文 献

[1] 杜修力，赵密．一种新的高阶弹簧-阻尼-质量边界—无限域圆柱对称波动问题[J]．力学学报，2009，41(2)：207-215.

[2] 赵密，杜修力．时间卷积的局部高阶弹簧-阻尼-质量模型[J]．工程力学，2009，26(5)：8-18.

[3] 赵密．近场波动有限元模拟的应力型时域人工边界条件及其应用[D]．北京：北京工业大学，2009.

[4] Du X L，Zhao M. A local time-domain transmitting boundary for simulating cylindrical elastic wave propagation in infinite media [J]. Soil Dynamics and Earthquake Engineering，2010，30：937-946.

[5] Zhao M，Du X L，Liu J，et al. Explicit finite element artificial boundary scheme for transient scalar waves in two-dimensional unbounded waveguide [J]. International Journal for Numerical Methods in Engineering，2011，87：1073-1104.

[6] Baker G A，Graves-Morris P. Padé Approximants (2nd ed.)[M]. Cambridge University Press，New York，1996.

[7] Lathi B T. Linear Systems and Signals (2nd ed.)[M]. Oxford University Press，2004.

[8] Holland J H. Adaptation in Natural and Artificial Systems：An Introductory Analysis with Applications to Biology，Control，and Artificial Intelligence[M]. University of Michigan Press，Ann Arbor，USA，1975.

[9] Goldberg D E. Genetic Algorithms in Search，Optimization and Machine Learning[M]. Addison-Wesley，Reading，MA，1989.

[10] Nelder J A，Mead R. A simplex method for function minimization[J]. Computer Journal，1965，7：308-313.

[11] Lagarias J C，Reeds J A，Wright M H，et al. Convergence properties of the Nelder-Mead simplex method in low dimensions[J]. SIAM Journal on Optimization，1998，9(1)：112-147.

[12] Yen J，Liao J C，Lee B，et al. A hybrid approach to modeling metabolic systems using a genetic algorithm and simplex method[J]. IEEE Transaction on Systems，Man，and Cybernetics-Part B：Cybernetics，1998，28：173-191.

[13] Chelouah R，Siarry P. Genetic and Nelder-Mead algorithms hybridized for a more accurate global optimization of continuous multiminima functions[J]. European Journal of Operational Research，2003，148：335-348.

[14] Fan S-K S, Liang Y C, Zahara E. A genetic algorithm and a particle swarm optimizer hybridized with Nelder-Mead simplex search[J]. Computers & Industrial Engineering, 2006, 50: 401-425.
[15] 杜修力，曾迪．一种高效的全局数值优化方法：演化-单纯形算法[J]．土木工程学报，2003，36(5)：46-51.
[16] 杜修力，韩玲，姜丽萍．高效寻优的经验遗传算法[J]．北京工业大学学报，2006，32(11)：992-995.
[17] Jones W B, Thron W J. Continued Fractions: Analytic Theory and Applications[M]. Cambridge University Press, New York, 1980.
[18] Lorentzen L, Waadeland H. Continued Fractions with Applications[M]. Elsevier, Amsterdam, 1992.
[19] Wu W H, Lee W H. Nested lumped-parameter models for foundation vibrations[J]. Earthquake Engineering and Structural Dynamics, 2004, 33: 1051-1058.

第 3 章　水-结构相互作用的频域子结构方法

本章主要介绍了地震作用下二维和三维结构与水的相互作用的频域子结构方法。首先，利用控制方程和相应的边界条件，推导了规则结构地震动水压力的解析方法，包括直立坝面、圆形柱体和椭圆形柱体。其次，建立了地震作用下二维任意截面与水体相互作用的频域子结构分析方法，该方法以结构-水交界面（折线或者斜直线）作为人工边界截去全部水体，结构采用有限元法模拟，被截去的无限水体采用基于比例边界有限元法的频域人工边界条件模拟。最后，建立了地震作用下三维竖向等截面结构与水体相互作用的频域子结构分析方法，该方法将三维问题简化为竖向解析的水平面二维问题，对于二维模型直接沿结构与水的交界面截去无限水域，被截去的无限域水体采用一种基于比例边界有限元法的频域人工边界条件模拟，结构采用梁单元模拟。

3.1　规则结构地震动水压力的解析方法

3.1.1　直立坝面

地震作用下重力坝-水体相互作用模型如图 3.1-1 所示，h 为水体深度。假定地基为刚性，地震动振动方向为水平方向，水体为不可压缩的势流体，结构运动引起的辐射波浪在无穷远处满足辐射条件，结构和水体初始静止。

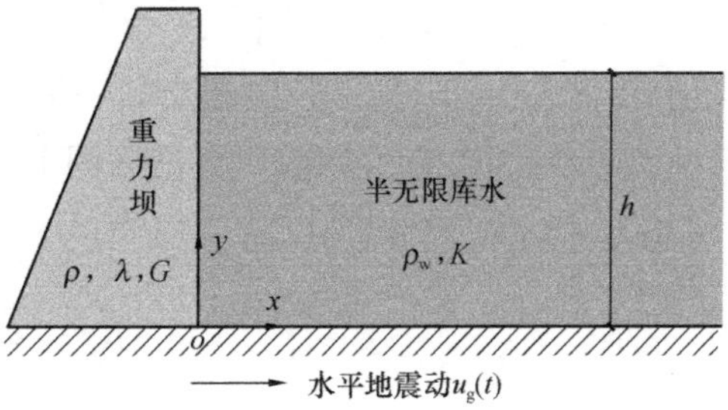

图 3.1-1　地震作用下重力坝-水体相互作用模型

水平地震作用下重力坝-水体交界面边界条件可以表示为：

$$\frac{\partial P}{\partial x}=\rho_w\frac{\partial u^2}{\partial t^2} \tag{3.1-1}$$

式中，$u(z,t)=Ue^{i\omega t}$；$i=\sqrt{-1}$ 是虚数单位；ω 是圆频率；U 表示频域下结构的位移。

动水压力幅值可以写为分离变量形式：

$$P(x,\ y)=X(x)Y(y) \tag{3.1-2}$$

将式（3.1-2）代入二维不可压缩水体动水压力控制方程（1.3-4），整理得到：

$$Y''+\lambda^2Y=0 \tag{3.1-3}$$

$$X''+\left(\frac{\omega^2}{c^2}-\lambda^2\right)X=0 \tag{3.1-4}$$

式中，上标撇号表示自变量的导数；λ^2 是待定常数。

式（3.1-3）为二阶常系数齐次线性微分方程，解为：

$$Y = a\cos\lambda y + b\sin\lambda y \tag{3.1-5}$$

式中，a 和 b 是待定的积分常数。

将式（3.1-2）代入结构顶部和底部边界条件（1.3-5）和式（1.3-6），整理得到：

$$Y' = 0 \quad (y = 0) \tag{3.1-6}$$

$$Y = 0 \quad (y = h) \tag{3.1-7}$$

将式（3.1-5）代入式（3.1-6）得：

$$b = 0 \tag{3.1-8}$$

将式（3.1-8）代入式（3.1-5），并进一步采用特征函数的归一化条件，整理得到：

$$Y_j = \sqrt{\frac{2}{h}}\cos(\lambda_j y) \quad (j = 1,\ 2,\ \cdots) \tag{3.1-9}$$

式中，$\lambda_j = \dfrac{(2j-1)\pi}{2h}(j = 1,\ 2,\ \cdots)$。

同样，式（3.1-4）满足辐射条件的解为：

$$X_j = D_j \exp\left(-x\sqrt{\lambda_j^2 - \frac{\omega^2}{c^2}}\right) \quad (j = 1,\ 2,\ \cdots) \tag{3.1-10}$$

式中，D_j 是待定常数。

将式（3.1-9）和式（3.1-10）代入式（3.1-2），可以得到动水压力的频域解析解为：

$$P = \sum_{j=1}^{\infty} D_j \exp\left(-x\sqrt{\lambda_j^2 - \omega^2/c^2}\right)\sqrt{\frac{2}{h}}\cos(\lambda_j y) \tag{3.1-11}$$

将式（3.1-11）代入式（3.1-1），可以得到：

$$\sum_{j=1}^{\infty} D_j\left(-\sqrt{\lambda_j^2 - \frac{\omega^2}{c^2}}\right)Y_j = \rho_w \omega^2 U_x \big|_{x=0} \tag{3.1-12}$$

利用 $Y_j(j = 1,\ 2,\ \cdots)$ 的正交归一化性质，在式（3.1-12）的等号两边依次乘以 $Y_j(j = 1,\ 2,\ \cdots)$，并且在 $0 \leqslant y \leqslant h$ 的区间上积分得：

$$D_j = -\frac{\rho_w \omega^2 \int_0^h U_x \big|_{x=0} Y_j \mathrm{d}y}{\sqrt{\lambda_j^2 - \dfrac{\omega^2}{c^2}}} \quad (j = 1,\ 2,\ \cdots) \tag{3.1-13}$$

3.1.2 圆形柱体动水压力的解析解

地震作用下圆形柱体与水体的相互作用如图 3.1-2 所示，假定地基为刚性，流体为无旋、无黏性。柱体截面半径和水深分别为 a 和 h，水平向位移为 $u(t)$。

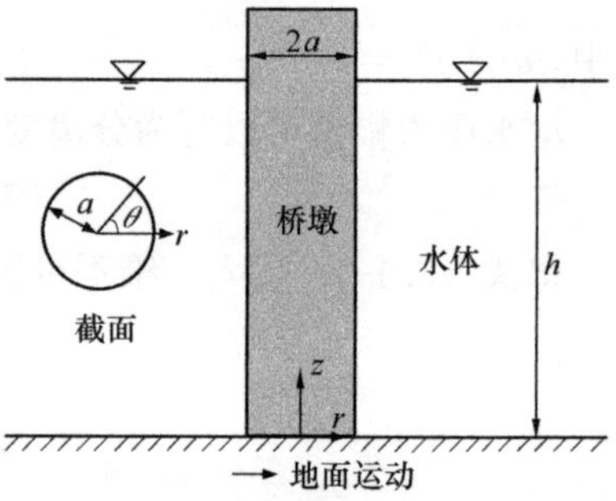

图 3.1-2 圆形柱体与水体的相互作用

水平地震作用下圆形柱体与水体交界面边界条件可以表示为：

$$\frac{\partial P}{\partial r} = \rho_w \frac{\partial u^2}{\partial t^2}\cos\theta \quad r = a \tag{3.1-14}$$

柱坐标系下，$P(r,\ \theta,\ z)$ 可分离变量为：

$$P = R(r)\Theta(\theta)Z(z) \tag{3.1-15}$$

将式（3.1-15）代入可压缩水控制方程式（1.3-18），可得到 3 个解耦的方程：

$$Z'' + \lambda^2 Z = 0 \tag{3.1-16}$$

$$\Theta'' + n^2\Theta = 0 \tag{3.1-17}$$

$$R'' + \frac{1}{r}R' + \left(\frac{\omega^2}{c^2} - \lambda^2 - \frac{n^2}{r^2}\right)R = 0 \tag{3.1-18}$$

根据水体顶部和底部边界条件，式（3.1-16）的解可以表示为：

$$Z(z) = d_1\cos\lambda z \tag{3.1-19}$$

式中，$\lambda = (j-0.5)\pi/h$，d_1 为待定系数。

利用圆柱墩引起的动水压力分布特点，式（3.1-17）的解为：

$$\Theta(\theta) = b_1\cos\theta \tag{3.1-20}$$

式中，b_1 为待定系数。

式（3.1-18）写为 Bessel 方程为：

$$r_0^2\frac{\mathrm{d}^2R}{\mathrm{d}r_0^2} + r_0\frac{\mathrm{d}R}{\mathrm{d}r_0} + (r_0^2 - n^2)R = 0 \tag{3.1-21}$$

式中，$r_0 = -\mathrm{i}r\lambda\sqrt{1-(\omega/\lambda c)^2}$。

由 $n=1$ 和辐射边界条件，可得：

$$R(r) = e_1 H_1^{(2)}(r_0) \tag{3.1-22}$$

式中，$H_1^{(2)}(x)$ 为第二类汉克尔函数。

综上，圆柱运动引起动水压力 P 的解为：

$$P = \cos\theta\sum_{j=1}^{\infty}C_j H_1^{(2)}(r_0)\cos\lambda z \tag{3.1-23}$$

将式（3.1-23）代入桩-水交界面边界条件式（3.1-14），并利用水层振型函数 $\cos\lambda z$ 的正交性可得：

$$C_j = \frac{2\rho a\omega^2\int_0^h U\cos\lambda z\,\mathrm{d}z}{hr_0 H_1^{(2)\prime}(r_0)} \tag{3.1-24}$$

将圆柱简化为一维悬臂梁，则圆柱截面受到的动水力在频域下为：

$$F = -\int_0^{2\pi}Pa\cos\theta\mathrm{d}\theta \tag{3.1-25}$$

将式（3.1-23）和式（3.1-24）代入式（3.1-25），整理得：

$$F = -\frac{2\rho\pi a^2\omega^2}{h}\sum_{j=1}^{\infty}\frac{H_1^{(2)}(r_0)}{r_0 H_1^{(2)\prime}(r_0)}\cos\lambda z\int_0^h U\cos\lambda z\,\mathrm{d}z \tag{3.1-26}$$

式中，$H_1^{(2)\prime}(x) = \mathrm{d}H_1^{(2)}(x)/\mathrm{d}x$。

3.1.3　椭圆形柱体动水压力的解析解

地震作用下椭圆形柱体与水体的分析模型见图 1.3-1，a 和 b 分别表示椭圆的半长轴和半短轴。此外，椭圆坐标系下水体控制方程见式（1.3-15）。

地震动沿长轴方向作用时的水体与结构交界面边界条件为：

$$\left.\frac{\partial p}{\partial \xi}\right|_{\xi=\xi_0}=-\rho\frac{\partial^2 u}{\partial^2 t}b\cos\eta \tag{3.1-27}$$

地震动沿短轴方向作用时的水体与结构交界面边界条件为：

$$\left.\frac{\partial p}{\partial \xi}\right|_{\xi=\xi_0}=-\rho\frac{\partial^2 u}{\partial^2 t}a\sin\eta \tag{3.1-28}$$

椭圆柱坐标系下，$P(\xi,\ \eta,\ z)$ 可分离变量为：

$$P=R(\xi)G(\eta)Z(z) \tag{3.1-29}$$

将式（3.1-29）代入控制方程式（1.3-15），整理得到 3 个解耦的方程为：

$$Z''+\lambda^2 Z=0 \tag{3.1-30}$$

$$G''+(a_0-2q\cos 2\eta)G=0 \tag{3.1-31}$$

$$R''-(a_0-2q\cosh 2\xi)R=0 \tag{3.1-32}$$

式中，λ 和 a_0 是分离变量常数，q 为一无量纲参数。如果 $k>\lambda$，$q=\mu^2(k^2-\lambda^2)/4$；如果 $k<\lambda$，$q=-q'$，$q'=\mu^2(\lambda^2-k^2)/4$。式（3.1-30）的解见式（3.1-19）。

式（3.1-31）叫作角向马蒂厄方程[1]。第一类角向马蒂厄函数 $ce_n(\eta,\ q)$ 和 $se_n(\eta,\ q)$ 是本节角向马蒂厄方程的解。$ce_n(\eta,\ q)$ 和 $se_n(\eta,\ q)$ 是周期函数，n 是偶数时周期为 π，n 是奇数时周期为 2π。

式（3.1-32）叫作径向马蒂厄方程[1]。当 $q>0$ 时，整数阶径向马蒂厄方程的完全解为：

$$R=\begin{cases}\sum\limits_{n=0}^{\infty}D_n^1 He_n^{(1)}(\xi,\ q)+D_n^2 He_n^{(2)}(\xi,\ q)\\ \sum\limits_{n=0}^{\infty}D_{n+1}^3 Ho_{n+1}^{(1)}(\xi,\ q)+D_{n+1}^4 Ho_{n+1}^{(2)}(\xi,\ q)\end{cases} \tag{3.1-33}$$

式中，D_n^1、D_n^2、D_n^3 和 D_n^4 是任意常数；$He_n^{(1)}(\xi,\ q)$ 和 $Ho_n^{(1)}(\xi,\ q)$ 称为第一类马蒂厄-汉克尔函数，椭圆坐标系中常用来表示向内传播的波；$He_n^{(2)}(\xi,\ q)$ 和 $Ho_n^{(2)}(\xi,\ q)$ 称为第二类马蒂厄-汉克尔函数，椭圆坐标系中常用来表示向外传播的波。当 $q<0$ 时，整数阶径向马蒂厄方程的完全解为：

$$R=\begin{cases}\sum\limits_{n=0}^{\infty}C_n^1 Ie_n(\xi,\ -q')+C_n^2 Ke_n(\xi,\ -q')\\ \sum\limits_{n=0}^{\infty}C_{n+1}^3 Io_{n+1}(\xi,\ -q')+C_{n+1}^4 Ko_{n+1}(\xi,\ -q')\end{cases} \tag{3.1-34}$$

式中，C_n^1、C_n^2、C_n^3 和 C_n^4 是任意常数；函数 $Ie_n(\xi,\ -q')$ 和 $Io_n(\xi,\ -q')$ 称为第一类变形贝塞尔型径向马蒂厄函数，是单调递增函数；函数 $Ke_n(\xi,\ -q')$ 和 $Ko_n(\xi,\ -q')$ 称为第二类变形贝塞尔型径向马蒂厄函数，是单调递减函数。

1. 地震动沿长轴方向作用

当地震动沿长轴方向时，根据无穷远边界条件和交界面边界条件式（3.1-27），控制方程（1. 3-15）的解为：

$$P=\sum_{j=1}^{s-1}d_j ce_1(\eta,q)He_1^{(2)}(\xi,q)\cos\lambda z+\sum_{j=s}^{\infty}d_j ce_1(\eta,-q')Ke_1(\xi,-q')\cos\lambda z \tag{3.1-35}$$

将式（1. 3-15）代入边界条件式（3. 1-27），并在区间 $z=[0,h]$ 和 $\eta=[0,2\pi]$ 积分，可得到如下等式：

$$\int_0^h\int_0^{2\pi}\frac{\partial P}{\partial\xi}\bigg|_{\xi=\xi_0}ce_1(\eta,q)\cos\lambda z\,\mathrm{d}\theta\mathrm{d}z=\rho\omega^2 b\int_0^h U\cos\lambda\mathrm{d}z\int_0^{2\pi}\cos\eta ce_1(\eta,q)\mathrm{d}\theta \tag{3.1-36}$$

由角向马蒂厄函数的正交性以及竖向水层振型函数 $\cos\lambda z$ 的正交性，可得：

$$d_j=\begin{cases}\dfrac{2\rho\omega^2 bA_1^{(1)}\displaystyle\int_0^h U\cos\lambda z\,\mathrm{d}z}{hHe_1^{(2)\prime}(\xi_0,\ q)} & k\geqslant\lambda\\[2ex] \dfrac{2\rho\omega^2 bB_1^{(1)}\displaystyle\int_0^h U\cos\lambda z\,\mathrm{d}z}{hKe'_1(\xi_0,\ -q')} & k<\lambda\end{cases} \tag{3.1-37}$$

式中，$He_1^{(2)\prime}(\xi,\ q)$ 和 $Ke'_1(\xi,\ -q')$ 为函数 $He_1^{(2)}(\xi,\ q)$ 和 $Ke_1(\xi,\ -q')$ 的一阶导数。

地震作用沿长轴方向时，椭圆截面柱体表面沿单位高度上的动水力为：

$$F_x(z)=-\int_0^{2\pi}P(\xi_0,\ \eta,\ z)b\cos\eta\mathrm{d}\eta \tag{3.1-38}$$

将式（3. 1-35）代入式（3. 1-38），整理得到：

$$F_x(z)=-\frac{2\rho\pi b^2\omega^2}{h}\sum_{j=1}^{\infty}S_{xj}\cos\lambda z\int_0^h U\cos\lambda z\,\mathrm{d}z \tag{3.1-39}$$

$$S_{xj}=\begin{cases}\dfrac{[A_1^{(1)}]^2 He_1^{(2)}(\xi_0,\ q)}{He_1^{(2)\prime}(\xi_0,\ q)} & k\geqslant\lambda\\[2ex] \dfrac{[B_1^{(1)}]^2 Ke_1(\xi_0,\ -q')}{Ke'_1(\xi_0,\ -q')} & k<\lambda\end{cases} \tag{3.1-40}$$

2. 地震动沿短轴方向作用

当地震动沿短轴方向时，根据无穷远边界条件和交界面边界条件式（3. 1-28），可求得椭圆截面柱体表面动水压力为：

$$P=\sum_{j=1}^{s-1}d_j se_1(\eta,\ q)Ho_1^{(2)}(\xi,\ q)\cos\lambda z+\sum_{j=s}^{\infty}d_j se_1(\eta,\ -q')Ko_1(\xi,\ -q')\cos\lambda z \tag{3.1-41}$$

$$d_j=\begin{cases}\dfrac{2\rho\omega^2 aB_1^{(1)}\displaystyle\int_0^h U\cos\lambda z\,\mathrm{d}z}{hHo_1^{(2)\prime}(\xi_0,\ q)} & k\geqslant\lambda\\[2ex] \dfrac{2\rho\omega^2 aA_1^{(1)}\displaystyle\int_0^h U\cos\lambda z\,\mathrm{d}z}{hKo'_1(\xi_0,\ -q')} & k<\lambda\end{cases} \tag{3.1-42}$$

式中，$Ho_1^{(2)\prime}(\xi,q)$ 和 $Ko'_1(\xi,\ -q')$ 为函数 $Ho_1^{(2)}(\xi,\ q)$ 和 $Ko_1(\xi,\ -q')$ 的一阶导数。

地震作用沿短轴方向时椭圆截面柱体表面沿单位高度上的动水力为：

$$F_y(z)=-\int_0^{2\pi}P(\xi_0,\ \eta,\ z)a\sin\eta\mathrm{d}\eta \tag{3.1-43}$$

将式（3.1-41）代入式（3.1-43），整理得：

$$F_y(z)=-\frac{2\rho\pi a^2\omega^2}{h}\sum_{j=1}^{\infty}S_{yj}\cos\lambda z\int_0^h U\cos\lambda z\,\mathrm{d}z \tag{3.1-44}$$

$$S_{yj}=\begin{cases}\dfrac{[B_1^{(1)}]^2 Ho_1^{(2)}(\xi_0,\ q)}{Ho_1^{(2)\prime}(\xi_0,\ q)} & k\geqslant\lambda\\[2ex] \dfrac{[A_1^{(1)}]^2 Ko_1(\xi_0,\ -q')}{Ko'_1(\xi_0,\ -q')} & k<\lambda\end{cases} \tag{3.1-45}$$

3.2 二维任意截面结构的数值方法

3.2.1 基于比例边界有限元的频域人工边界条件

1. 比例边界坐标变换

结构-水交界面通常为折线或者倾斜直线，为了建立子结构法中该交界面上的人工边界条件，需要给出倾斜边界的比例边界有限元法。

将无限域水体沿结构-水交界面划分为如图 3.2-1（a）所示的多个无限条形单元，笛卡尔坐标系与比例边界有限元坐标变换如图 3.2-1（b）所示，对于求解域由两条平行线形成的成层无限域问题，其比例边界中心可以选取在无穷远处如图 3.2-1（a）所示，O' 即为比例边界中心，A、B 分别为在交界面上两个结点，亦即单元的两个结点，在交界面处 $\xi=0$。

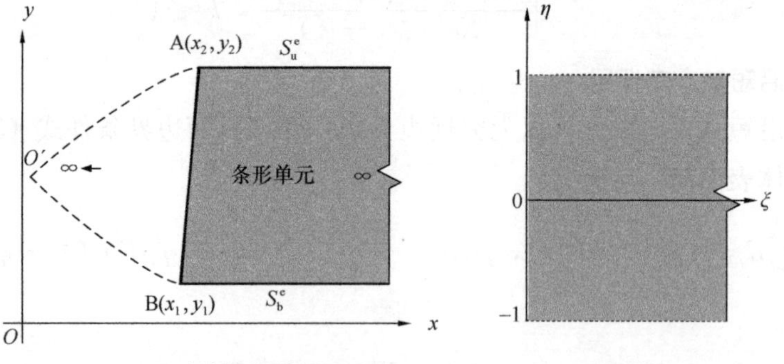

(a) 半离散化的单元　　(b) 坐标变换

图 3.2-1　比例边界坐标变换

单元上任意点的坐标可以用插值的方法表示为：

$$x_b=\boldsymbol{NX} \tag{3.2-1a}$$

$$y_b=\boldsymbol{NY} \tag{3.2-1b}$$

式中，$\boldsymbol{X} = \{x_1 \quad x_2\}^{\mathrm{T}}$ 和 $\boldsymbol{Y} = \{y_1 \quad y_2\}^{\mathrm{T}}$ 表示线性单元中结点的笛卡尔坐标；$\boldsymbol{N} = \{N_1 \quad N_2\} = \left\{\frac{1-\eta}{2} \quad \frac{1+\eta}{2}\right\}$ 为形函数。域内任意一点的比例边界坐标 (ξ, η) 与笛卡尔坐标 (x, y) 之间的关系可表示为：

$$x = \xi + x_{\mathrm{b}} = \xi + \bar{x} + \frac{1}{2}\Delta_x \eta \tag{3.2-2}$$

$$y = \xi + y_{\mathrm{b}} = \xi + \bar{y} + \frac{1}{2}\Delta_y \eta \tag{3.2-3}$$

式中，$\bar{x} = \dfrac{x_1 + x_2}{2}$、$\Delta_x = x_2 - x_1$、$\bar{y} = \dfrac{y_1 + y_2}{2}$ 和 $\Delta_y = y_2 - y_1$。

两种坐标系的导数关系可表示为：

$$\begin{Bmatrix} \dfrac{\partial}{\partial \xi} \\ \dfrac{\partial}{\partial \eta} \end{Bmatrix} = \boldsymbol{J} \begin{Bmatrix} \dfrac{\partial}{\partial x} \\ \dfrac{\partial}{\partial y} \end{Bmatrix} \tag{3.2-4a}$$

式中，雅克比矩阵为：

$$\boldsymbol{J} = \begin{bmatrix} \dfrac{\partial x}{\partial \xi} & \dfrac{\partial y}{\partial \xi} \\ \dfrac{\partial x}{\partial \eta} & \dfrac{\partial y}{\partial \eta} \end{bmatrix} = \begin{bmatrix} 1 & 0 \\ \dfrac{1}{2}\Delta_x & \dfrac{1}{2}\Delta_y \end{bmatrix} \tag{3.2-4b}$$

由式（3.2-4b）可得由比例边界坐标表示的关于笛卡尔坐标 (x, y) 的导数为：

$$\begin{Bmatrix} \dfrac{\partial}{\partial x} \\ \dfrac{\partial}{\partial y} \end{Bmatrix} = \nabla = \boldsymbol{J}^{-1} \begin{Bmatrix} \dfrac{\partial}{\partial \xi} \\ \dfrac{\partial}{\partial \eta} \end{Bmatrix} \tag{3.2-5}$$

将式（3.2-2）和式（3.2-3）代入式（3.2-5），整理得到：

$$\nabla = \boldsymbol{b}_1 \frac{\partial}{\partial \xi} + \boldsymbol{b}_2 \frac{\partial}{\partial \eta} \tag{3.2-6}$$

式中：

$$\boldsymbol{b}_1 = \frac{1}{2\,|\boldsymbol{J}|} \begin{Bmatrix} \Delta_y \\ \Delta_x \end{Bmatrix} \tag{3.2-7a}$$

$$\boldsymbol{b}_2 = \frac{1}{|\boldsymbol{J}|} \begin{Bmatrix} 0 \\ 1 \end{Bmatrix} \tag{3.2-7b}$$

$$|\boldsymbol{J}| = \frac{1}{2}\Delta_y \tag{3.2-7c}$$

可以看出 $|\boldsymbol{J}|$、$\boldsymbol{b}_1$ 和 $\boldsymbol{b}_2$ 与比例边界坐标 (ξ, η) 无关。

域内面积微分 $\mathrm{d}V$ 可以表示为：

$$\mathrm{d}V = |\boldsymbol{J}|\, \mathrm{d}\xi \mathrm{d}\eta \tag{3.2-8}$$

域内的沿长度微分 $\mathrm{d}S$ 可表示为：

$$\mathrm{d}S^{\xi} = \sqrt{\left(\frac{\partial x}{\partial \eta}\right)^2 + \left(\frac{\partial y}{\partial \eta}\right)^2}\, \mathrm{d}\eta = \frac{\Delta_y}{2}\mathrm{d}\eta \tag{3.2-9}$$

2. 控制方程

仅对水体控制方程运用加权余量法得：

$$\int\left(w\,\nabla^2 p - w\,\frac{1}{c^2}\ddot{p}\right)\mathrm{d}V = 0 \tag{3.2-10}$$

式中，$w = w(\xi,\ \eta)$ 表示加权函数。

将式（3.2-6）和式（3.2-8）代入式（3.2-10），加权余量表示的控制方程表示为：

$$\int_0^{+\infty}\int_{-1}^{1}\left\{w\left[\boldsymbol{b}_1^{\mathrm{T}}\boldsymbol{b}_1\,\frac{\partial^2 p}{\partial\xi^2} + (\boldsymbol{b}_1^{\mathrm{T}}\boldsymbol{b}_2 + \boldsymbol{b}_2^{\mathrm{T}}\boldsymbol{b}_1)\,\frac{\partial^2 p}{\partial\xi\partial\eta} + \boldsymbol{b}_2^{\mathrm{T}}\boldsymbol{b}_2\,\frac{\partial^2 p}{\partial\eta^2}\right] - w\,\frac{1}{c^2}\ddot{p}\right\}\mid \boldsymbol{J}\mid \mathrm{d}\eta\mathrm{d}\xi = 0 \tag{3.2-11}$$

对式（3.2-11）中等号左侧的第三项和第四项运用分部积分，并代入对应的上下底面的边界条件，消去对 ξ 的积分，式（3.2-11）可以表示为：

$$\int_{-1}^{1}\left(w\boldsymbol{b}_1^{\mathrm{T}}\boldsymbol{b}_1\,\frac{\partial^2 p}{\partial\xi^2} + w\boldsymbol{b}_1^{\mathrm{T}}\boldsymbol{b}_2\,\frac{\partial^2 p}{\partial\xi\partial\eta} - \frac{\partial w}{\partial\eta}\boldsymbol{b}_2^{\mathrm{T}}\boldsymbol{b}_1\,\frac{\partial p}{\partial\xi} - \frac{\partial w}{\partial\eta}\boldsymbol{b}_2^{\mathrm{T}}\boldsymbol{b}_2\,\frac{\partial p}{\partial\eta} - w\,\frac{1}{c^2}\ddot{p}\right)\mid \boldsymbol{J}\mid \mathrm{d}\eta + wf^{\mathrm{s}}\,\big|_{-1}^{1} = 0 \tag{3.2-12}$$

式中，$f^{\mathrm{s}} = \left(\boldsymbol{b}_2^{\mathrm{T}}\boldsymbol{b}_1\,\dfrac{\partial p}{\partial\xi} + \boldsymbol{b}_2^{\mathrm{T}}\boldsymbol{b}_2\,\dfrac{\partial p}{\partial\eta}\right)\mid \boldsymbol{J}\mid = \dfrac{\partial p}{\partial n}$ 表示作用在条形单元上 $S_{\mathrm{u}}^{\mathrm{e}}$ 下 $S_{\mathrm{b}}^{\mathrm{e}}$ 两个表面的动水压力 p 在法向的偏导。

将动水压力 p 和权函数 w 采用与空间坐标相同的形函数 $\boldsymbol{N}$ 进行插值：

$$p = \boldsymbol{N}\boldsymbol{p}^e \tag{3.2-13}$$

$$w = \boldsymbol{N}\boldsymbol{w} \tag{3.2-14}$$

将式（3.2-13）和式（3.2-14）代入加权余量表示的控制方程（3.2-12），整理可得：

$$\int_{-1}^{1}\left(\boldsymbol{w}^{\mathrm{T}}\boldsymbol{B}_1^{\mathrm{T}}\boldsymbol{B}_1\boldsymbol{p}^e_{,\xi\xi} + \boldsymbol{w}^{\mathrm{T}}\boldsymbol{B}_1^{\mathrm{T}}\boldsymbol{B}_2\boldsymbol{p}^e_{,\xi} - \boldsymbol{w}^{\mathrm{T}}\boldsymbol{B}_2^{\mathrm{T}}\boldsymbol{B}_1\boldsymbol{p}^e_{,\xi} - \boldsymbol{w}^{\mathrm{T}}\boldsymbol{B}_2^{\mathrm{T}}\boldsymbol{B}_2\boldsymbol{p}^e - \frac{1}{c^2}\boldsymbol{w}^{\mathrm{T}}\boldsymbol{N}^{\mathrm{T}}\boldsymbol{N}\ddot{\boldsymbol{p}}^e\right)\mid \boldsymbol{J}\mid \mathrm{d}\eta$$
$$+ \boldsymbol{w}^{\mathrm{T}}\boldsymbol{N}^{\mathrm{T}}f^{\mathrm{s}}\,\big|_{-1}^{1} = 0 \tag{3.2-15}$$

式中，$\boldsymbol{B}_1 = \boldsymbol{b}_1\boldsymbol{N}$，$\boldsymbol{B}_2 = \boldsymbol{b}_2\boldsymbol{N}_{,\eta}$，字母下方的撇号表示偏导，如 $\boldsymbol{p}^e_{,\xi}$ 表示动水压力对 ξ 一阶偏导。

由于权函数 $\boldsymbol{w}^{\mathrm{T}}$ 的任意性，式（3.2-15）可以重新表示为：

$$\int_{-1}^{1}\left(\boldsymbol{B}_1^{\mathrm{T}}\boldsymbol{B}_1\boldsymbol{p}^e_{,\xi\xi} + \boldsymbol{B}_1^{\mathrm{T}}\boldsymbol{B}_2\boldsymbol{p}^e_{,\xi} - \boldsymbol{B}_2^{\mathrm{T}}\boldsymbol{B}_1\boldsymbol{p}^e_{,\xi} - \boldsymbol{B}_2^{\mathrm{T}}\boldsymbol{B}_2\boldsymbol{p}^e - \frac{1}{c^2}\boldsymbol{N}^{\mathrm{T}}\boldsymbol{N}\ddot{\boldsymbol{p}}^e\right)\mid \boldsymbol{J}\mid \mathrm{d}\eta + \boldsymbol{N}^{\mathrm{T}}f^{\mathrm{s}}\,\big|_{-1}^{1} = \boldsymbol{0} \tag{3.2-16}$$

为了书写方便，引入以下系数矩阵：

$$\boldsymbol{E}_0^e = \int_{-1}^{1}\boldsymbol{B}_1^{\mathrm{T}}\boldsymbol{B}_1\mid \boldsymbol{J}\mid \mathrm{d}\eta = \frac{\Delta_x^2 + \Delta_y^2}{12\mid \boldsymbol{J}\mid}\begin{bmatrix}2 & 1\\ 1 & 2\end{bmatrix} \tag{3.2-17a}$$

$$\boldsymbol{E}_1^e = \int_{-1}^{1}\boldsymbol{B}_2^{\mathrm{T}}\boldsymbol{B}_1\mid \boldsymbol{J}\mid \mathrm{d}\eta = \frac{\Delta_x}{4\mid \boldsymbol{J}\mid}\begin{bmatrix}1 & 1\\ -1 & -1\end{bmatrix} \tag{3.2-17b}$$

$$\boldsymbol{E}_2^e = \int_{-1}^{1}\boldsymbol{B}_2^{\mathrm{T}}\boldsymbol{B}_2\mid \boldsymbol{J}\mid \mathrm{d}\eta = \frac{1}{2\mid \boldsymbol{J}\mid}\begin{bmatrix}1 & -1\\ -1 & 1\end{bmatrix} \tag{3.2-17c}$$

$$\boldsymbol{M}_0^e = \frac{1}{c^2}\int_{-1}^{1}\boldsymbol{N}^{\mathrm{T}}\boldsymbol{N}\mid \boldsymbol{J}\mid \mathrm{d}\eta = \frac{\mid \boldsymbol{J}\mid}{3c^2}\begin{bmatrix}2 & 1\\1 & 2\end{bmatrix} \tag{3.2-17d}$$

$$\boldsymbol{f}^e = \boldsymbol{N}^{\mathrm{T}} f^s \mid_{-1}^{1} \tag{3.2-17e}$$

将引进的系数矩阵代入式（3.2-16），可得动水压力表示的比例边界有限元方程为：

$$\boldsymbol{E}_0^e \boldsymbol{p}_{,\xi\xi}^e + (\boldsymbol{E}_1^{e\mathrm{T}} - \boldsymbol{E}_1^e)\boldsymbol{p}_{,\xi}^e - \boldsymbol{E}_2^e \boldsymbol{p}^e - \boldsymbol{M}_0^e \ddot{\boldsymbol{p}}^e + \boldsymbol{f}^e = \boldsymbol{0} \tag{3.2-18}$$

在人工边界处沿深度方向利用上下表面的边界条件对所有单元进行组装，并傅里叶变换到频域，式（3.2-18）可以表示为：

$$\boldsymbol{E}_0 \boldsymbol{P}_{,\xi\xi} + (\boldsymbol{E}_1^{\mathrm{T}} - \boldsymbol{E}_1)\boldsymbol{p}_{,\xi} - \boldsymbol{E}_2 \boldsymbol{P} + \omega^2 \boldsymbol{M}_0 \boldsymbol{P} = \boldsymbol{0} \tag{3.2-19}$$

式中，$\boldsymbol{E}_0$ 和 $\boldsymbol{M}_0$ 是正定矩阵，$\boldsymbol{E}_2$ 是对称阵。

很容易看出微分方程式（3.2-19）的解可以表示为：

$$\boldsymbol{P} = \boldsymbol{\Delta}\mathrm{e}^{-\mathrm{i}k\xi} \tag{3.2-20}$$

式中，i 表示虚数单位；特征值 k 表示波数；$\boldsymbol{\Delta}$ 表示动水压力 $\boldsymbol{P}$ 的幅值。

将式（3.2-20）代入式（3.2-19），得到关于波数 k 的广义特征方程为：

$$[-k^2\boldsymbol{E}_0 - \mathrm{i}k(\boldsymbol{E}_1^{\mathrm{T}} - \boldsymbol{E}_1) - \boldsymbol{E}_2 + \omega^2\boldsymbol{M}_0]\boldsymbol{\Delta} = \boldsymbol{0} \tag{3.2-21}$$

式中，k 是一个特征值，相应的特征向量 $\boldsymbol{\Delta}$ 表示阵型，$\boldsymbol{\Delta}$ 由水-结构相互作用面处的各结点的动水压力的幅值组成。

对于每一个频率 ω，式（3.2-21）可以看作是一个关于波数 k 的二次特征值方程。每一个二次特征值方程可以转换为如下的广义特征值方程：

$$\begin{bmatrix}\mathrm{i}(\boldsymbol{E}_1^{\mathrm{T}} - \boldsymbol{E}_1) & \boldsymbol{E}_2 - \omega^2\boldsymbol{M}_0\\ \boldsymbol{I} & \boldsymbol{0}\end{bmatrix}\boldsymbol{\Phi} = k\begin{bmatrix}-\boldsymbol{E}_0 & \boldsymbol{0}\\ \boldsymbol{0} & \boldsymbol{I}\end{bmatrix}\boldsymbol{\Phi} \tag{3.2-22}$$

式中，$\boldsymbol{I}$ 是单位矩阵，$\boldsymbol{\Phi} = \begin{Bmatrix}k\boldsymbol{\Delta}\\ \boldsymbol{\Delta}\end{Bmatrix}$ 是新定义的特征向量。式（3.2-22）表示的广义特征值方程可以用 MATLAB 中的“eig”函数求解。

在解完广义特征值方程（3.2-21）后，需要从中挑选出满足无限远辐射条件的特征值和特征向量。当 k 是实数时，由式（3.2-20）可知当波数 k 为正数时，表示波的相位沿着正方向传播；当波数 k 为负数时，表示波的相位沿着负方向传播。由 Park[2] 中可知，波的相位传播与能量的传播并不总是相同的。例如，当能量辐射在正无穷远时，需要能量的传播也是沿正轴方向。假设波数 k 是虚数时，即 $\mathrm{Im}(k) \neq 0$，波为消散波。则当波数 k 的实部不为 0，即 $\mathrm{Re}(k) \neq 0$ 时，则为行波；当 $\mathrm{Re}(k) = 0$ 时，则为驻波。当波的传播在无限域时，则波的传播需要满足有界条件。例如，当研究的区域为正无穷远时，则有界条件为在无穷远处满足波是有限的，即 $\mathrm{Im}(k) < 0$。将所有的特征值记为对角矩阵 $\boldsymbol{K} = \mathrm{diag}[k_l]$，特征向量 $\boldsymbol{\Delta}_l$ 组成的矩阵记为 $\boldsymbol{X}$，则动水压力可以表示为：

$$\boldsymbol{P} = \boldsymbol{X}\boldsymbol{E}_x\boldsymbol{\Gamma} \tag{3.2-23}$$

式中，$\boldsymbol{E}_x = \exp(-\mathrm{i}\xi\boldsymbol{K})$；$\boldsymbol{\Gamma}$ 是一个待定向量。

3. 动力刚度关系

为了将交界面上结点力用交界面上的动水压力来表示，而作用在交界面 $S_{\mathrm{i}}^{\mathrm{e}}$ 上的压力可以用动水压力的法向偏导数表示：

$$\frac{\partial p}{\partial n}=\boldsymbol{n}\,\nabla p=\frac{2\mid \boldsymbol{J}\mid}{\sqrt{\Delta_x^2+\Delta_y^2}}\boldsymbol{b}_1^{\mathrm{T}}\left(\boldsymbol{b}_1\frac{\partial p}{\partial \xi}+\boldsymbol{b}_2\frac{\partial p}{\partial \eta}\right) \tag{3.2-24}$$

将式（3.2-13）代入式（3.2-24），应用式（3.2-20）可得到结点力 $\boldsymbol{R}^e=-\int \boldsymbol{N}^{\mathrm{T}}\frac{\partial p}{\partial n}\mathrm{d}S^{\xi}$，将其在交界面处进行组装可以得到交界面上的结点力向量为：

$$\boldsymbol{R}=-(\boldsymbol{E}_0\boldsymbol{P}_{,\xi}+\boldsymbol{E}_1^{\mathrm{T}}\boldsymbol{P}) \tag{3.2-25}$$

将式（3.2-23）代入式（3.2-25），并结合式（3.2-23）消去 $\boldsymbol{E}_x\boldsymbol{\Gamma}$ 可以得到结点力与动水压力之间的关系为：

$$\boldsymbol{R}=-\boldsymbol{S}\boldsymbol{P} \tag{3.2-26}$$

式中，$\boldsymbol{S}=(-\mathrm{i}\boldsymbol{E}_0\boldsymbol{X}\boldsymbol{K}\boldsymbol{X}^{-1}+\boldsymbol{E}_1^{\mathrm{T}})$ 表示动力刚度。

将法向交界面边界条件通过傅里叶变换到频域为：

$$\frac{\partial p}{\partial n}=\omega^2\rho_{\mathrm{w}}u_n \tag{3.2-27}$$

可以看到式（3.2-27）的左侧与式（3.2-24）相同。将边界条件式（3.2-27）沿交界面进行离散，并将其代入式（3.2-26），可得结点力与结构位移之间的关系为：

$$\boldsymbol{R}=\omega^2\rho_{\mathrm{w}}\boldsymbol{T}_n\boldsymbol{u} \tag{3.2-28}$$

式中，$\boldsymbol{T}_n$ 是由 $\int \boldsymbol{N}^{\mathrm{T}}\boldsymbol{n}\bar{\boldsymbol{N}}\mathrm{d}S^{\xi}=\int \mid \boldsymbol{J}\mid \boldsymbol{B}_1^{\mathrm{T}}\bar{\boldsymbol{N}}\mathrm{d}\eta$ 沿交界面装配得到，其中 $\bar{\boldsymbol{N}}=\begin{bmatrix}N_1 & 0 & N_2 & 0\\ 0 & N_1 & 0 & N_2\end{bmatrix}$ 表示结构位移的形函数；$\boldsymbol{u}$ 表示结构交界面结点的位移。

将式（3.2-28）代入式（3.2-26），则可得由交界面位移表示的动水压力的公式为：

$$\boldsymbol{P}=-\omega^2\tilde{\boldsymbol{S}}\boldsymbol{u} \tag{3.2-29}$$

式中，$\tilde{\boldsymbol{S}}=\rho_{\mathrm{w}}\boldsymbol{T}_n\boldsymbol{S}^{-1}$。

3.2.2 人工边界条件与结构有限元耦合

将有限元方程拆分为分块矩阵，应用傅里叶变换，将其变换到频域内得：

$$\left\{-\omega^2\begin{bmatrix}\boldsymbol{M}_{\mathrm{si}} & \boldsymbol{M}_{\mathrm{sb}}\\ \boldsymbol{M}_{\mathrm{bs}} & \boldsymbol{M}_{\mathrm{bb}}\end{bmatrix}+\mathrm{i}\omega\begin{bmatrix}\boldsymbol{C}_{\mathrm{si}} & \boldsymbol{C}_{\mathrm{sb}}\\ \boldsymbol{C}_{\mathrm{bs}} & \boldsymbol{C}_{\mathrm{bb}}\end{bmatrix}+\begin{bmatrix}\boldsymbol{K}_{\mathrm{si}} & \boldsymbol{K}_{\mathrm{sb}}\\ \boldsymbol{K}_{\mathrm{bs}} & \boldsymbol{K}_{\mathrm{bb}}\end{bmatrix}\right\}\begin{bmatrix}\boldsymbol{U}_{\mathrm{s}}\\ \boldsymbol{U}_{\mathrm{b}}\end{bmatrix}=\omega^2\begin{bmatrix}\boldsymbol{M}_{\mathrm{si}} & \boldsymbol{M}_{\mathrm{sb}}\\ \boldsymbol{M}_{\mathrm{bs}} & \boldsymbol{M}_{\mathrm{bb}}\end{bmatrix}\boldsymbol{U}_{\mathrm{g}}+\begin{bmatrix}\boldsymbol{0}\\ \boldsymbol{F}\end{bmatrix} \tag{3.2-30}$$

式中，$\boldsymbol{U}$ 和 $\boldsymbol{F}$ 分别是 $\boldsymbol{u}$ 和 $\boldsymbol{f}$ 在频域的表示；下标 si 表示内域结点自由度；下标 bb 表示结构与水体交界面的结点自由度。

很明显在结构-水的交界面处有关系式为：

$$\boldsymbol{F}=-\boldsymbol{T}_n^{\mathrm{T}}\boldsymbol{P} \tag{3.2-31}$$

将式（3.2-31）和式（3.2-29）代入式（3.2-30），可以得到耦合的有限元方程：

$$\left\{-\omega^2\begin{bmatrix}\boldsymbol{M}_{\mathrm{si}} & \boldsymbol{M}_{\mathrm{sb}}\\ \boldsymbol{M}_{\mathrm{bs}} & \boldsymbol{M}_{\mathrm{bb}}\end{bmatrix}+\mathrm{i}\omega\begin{bmatrix}\boldsymbol{C}_{\mathrm{si}} & \boldsymbol{C}_{\mathrm{sb}}\\ \boldsymbol{C}_{\mathrm{bs}} & \boldsymbol{C}_{\mathrm{bb}}\end{bmatrix}+\begin{bmatrix}\boldsymbol{K}_{\mathrm{si}} & \boldsymbol{K}_{\mathrm{sb}}\\ \boldsymbol{K}_{\mathrm{bs}} & \boldsymbol{K}_{\mathrm{bb}}\end{bmatrix}\right\}\begin{bmatrix}\boldsymbol{U}_{\mathrm{s}}\\ \boldsymbol{U}_{\mathrm{b}}\end{bmatrix} = \omega^2\begin{bmatrix}\boldsymbol{M}_{\mathrm{si}} & \boldsymbol{M}_{\mathrm{sb}}\\ \boldsymbol{M}_{\mathrm{bs}} & \boldsymbol{M}_{\mathrm{bb}}\end{bmatrix}\boldsymbol{U}_{\mathrm{g}}+\begin{bmatrix}\boldsymbol{0}\\ \omega^2\boldsymbol{M}_{\mathrm{a}}\end{bmatrix}(\boldsymbol{U}_{\mathrm{s}}+\boldsymbol{U}_{\mathrm{g}}) \tag{3.2-32}$$

式中，$\boldsymbol{M}_{\mathrm{a}}=\boldsymbol{T}_n^{\mathrm{T}}\widetilde{\boldsymbol{S}}$。

3.2.3　数值算例

图 3.2-2 为三种不同结构形式下无限域水体子结构模型：竖直结构、倾斜结构和一个典型的重力坝，其中重力坝的尺寸与 Tsai and Lee[3] 中的相同。在图 3.2-2 的三个参考点的位置分别为：在竖直和倾斜的模型中三个参考点的纵坐标分别是 $y_{\mathrm{A}}=h$、$y_{\mathrm{B}}=h/2$ 和 $y_{\mathrm{C}}=0$；在重力坝模型中三个参考点的纵坐标分别是 $y_{\mathrm{A}}=60\mathrm{m}$，$y_{\mathrm{B}}=20\mathrm{m}$ 和 $y_{\mathrm{C}}=0$。当考虑结构的柔性时，如图 3.2-2 所示，图中 A 点为参考点，将本节提出的方法与第 2 章整体方法结果进行比较。结构的密度、弹性模量、泊松比和阻尼比分别为：2500kg/m^3、30GPa、0.3 和 0.02。倾斜结构的倾角为 θ，放坡堤上底的宽度为 b，结构的高度为 H，水深为 h。

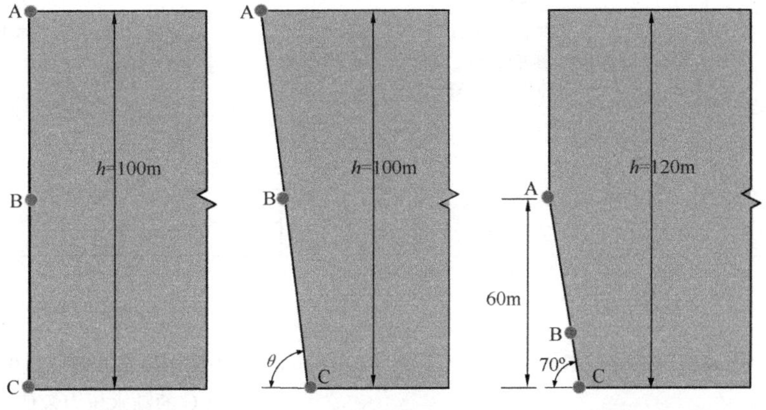

图 3.2-2　不同结构形式下的无限域水体子结构模型

倾斜模型在验证动水力时选取了 $\theta=65°$、$75°$ 和 $85°$ 三个不同倾角的模型，θ 是指在图 3.2-2（b）中所示的倾角。图 3.2-3～图 3.2-5 分别是竖直模型、倾斜模型和重力坝模型在三个参考点位置处动水压力的幅值对比图，其中竖直模型的参考解为解析解[4]，倾斜模型和重力坝模型的参考解则为整体方法计算的解。综合以上 3 个图可以看出，本节提出的计算坝-水相互的子结构方法与参考解吻合较好。

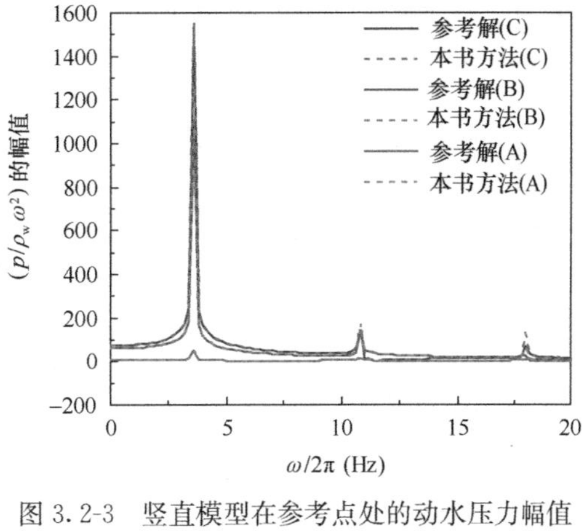

图 3.2-3　竖直模型在参考点处的动水压力幅值

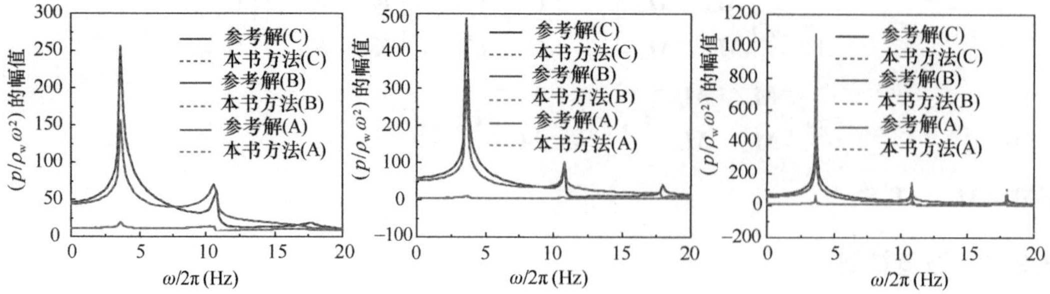

(a) 倾角θ=65°　(b) 倾角θ=75°　(c) 倾角θ=85°

图 3.2-4　不同倾角倾斜模型上参考点的动水压力幅值

图 3.2-6 以竖直模型为例分析了不同网格尺寸时本书方法与解析解的对比，可以看出随网格的细化本书方法的精度提高，当网格尺寸为 $\Delta_y \leqslant 5$ 时，已经具有足够的精度，在本节之后的分析中，网格的尺寸选为 $\Delta_y = 2$。图 3.2-7 是竖直模型和倾角为 75°的倾斜模型

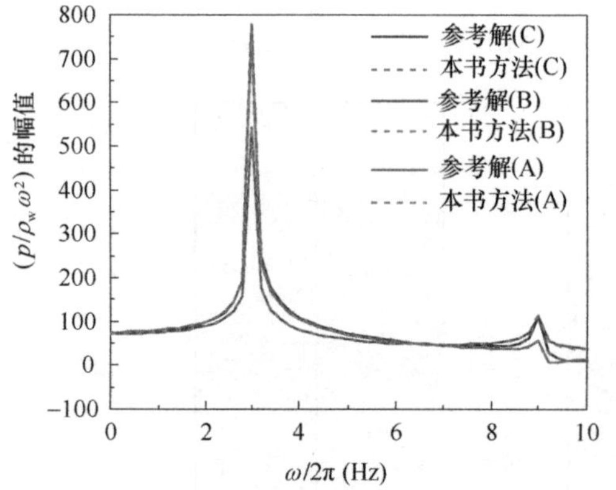

图 3.2-5　重力坝模型的动水压力幅值

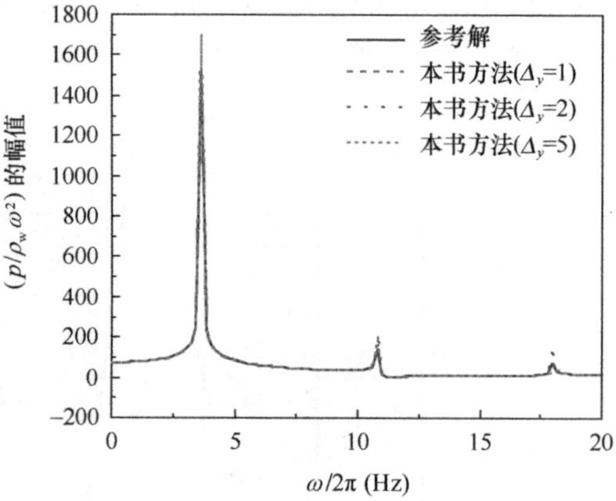

图 3.2-6　不同网格尺寸时竖直模型上参考点 C 的动水压力幅值

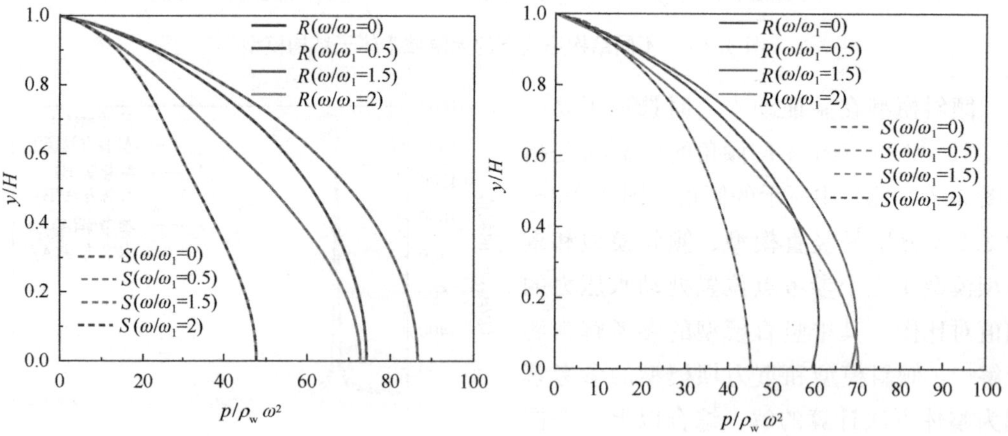

(a) 竖直模型　(b) 斜入射模型 θ=75°

图 3.2-7　竖直和倾斜模型交接面上动水压力的分布图（R：参考解，S：本书方法）

在交界面处的动水压力分布对比图。由图 3.2-7 中可以看出本节提出方法与参考解吻合较好，具有较高的精度，并且可以看出随倾角的改变，作用在结构上的动水压力分布也会有差异，因此分析不同形式的结构-水相互作用很有意义。

3.3　三维竖向等截面柱体结构的数值方法

地震作用下竖向等截面柱体结构-水相互作用系统如图 3.3-1 所示。柱体结构可以看作线弹性材料。柱体结构在沿 z 轴方向为均匀等截面结构。水体为水平成层的等高无限域均匀介质。假设地震运动为沿平行 x 轴方向的振动，相应的位移时程为 $u_g(t)$，柱体的高度为 H，水深 h，本章中将柱体结构用一维线性梁单元模拟。柱体结构-水相互作用系统处于初始静止状态。

依据上述对分离变量法的求解，动水压力采用分离变量法可以写成：

$$P(x, y, z, \omega) = \widetilde{P}_j(x, y, \omega)\cos\lambda_j z \tag{3.3-1}$$

式中，$\widetilde{P}_j$ 表示在 xy-平面内的模态动水压力。同理结构的位移可以用 xy-平面内模态位移来表示：

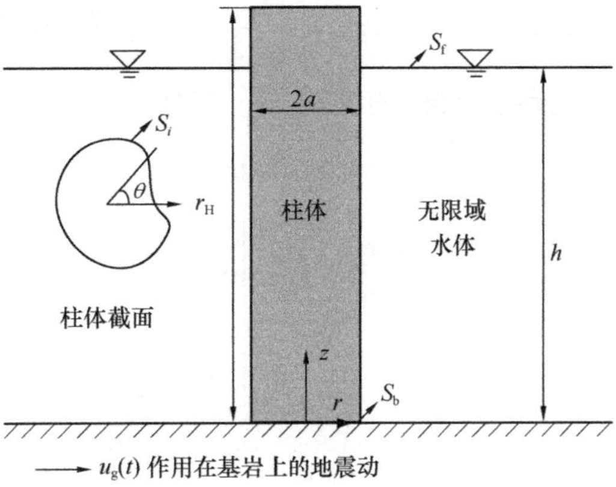

图 3.3-1　地震作用下等截面柱体结构-水相互作用示意图

$$U_x(x, y, z, \omega) = \sum_{j=1}^{\infty} U_j\cos\lambda_j z \tag{3.3-2}$$

式中，$U_j = \dfrac{2}{h}\int_0^h U_x\cos\lambda_j z\,\mathrm{d}z$ 表示结构在 xy-平面内的模态位移。

引入变量 $P_j = P_j(x, y, \omega)$，记 $\widetilde{P}_j = P_j U_j$，并称 P_j 为模态动水力，可以表示动水力的放大系数。则动水压力可以表示为：

$$P(x, y, z, \omega) = \sum_{j=1}^{\infty} P_j U_j\cos\lambda_j z \tag{3.3-3}$$

将式（3.3-3）代入水体控制方程及相应的无穷远和交界面边界条件，可得关于 P_j 定解问题为：

$$\frac{\partial P_j}{\partial n} = \omega^2\rho_w n_x \tag{3.3-4}$$

$$P_j\,|_{r=\infty} = 0 \tag{3.3-5}$$

由此，可以将三维柱体-水相互作用问题转化为二维波在无限域介质中的传播问题。

3.3.1　基于比例边界有限元的频域人工边界条件

1. 比例边界坐标变换

对于二维无限域介质中的波传播问题，Song 等[5] 提出了一种比例边界有限元法

(SBFEM)，本节基于该方法推导了竖向等截面柱体结构-水相互作用问题的子结构方法。以柱体结构与水的交界面为边界建立如图 3.3-2（a）所示的比例边界坐标和笛卡尔直角坐标系，将相似中心选在直角坐标系的原点处。径向坐标是一个比例坐标，当 $\xi \geqslant 1$ 时表示无限域，环向坐标 η 为绕柱体结构与水相互作用面的 S_i 逆时针旋转得到的曲线。笛卡尔坐标与比例边界坐标的变换如图 3.3-2（b）所示，则边界上任意一点的坐标（x_b，y_b）可以用单元的两个结点坐标表示为：

$$x_b = \boldsymbol{N}\boldsymbol{X} \tag{3.3-6}$$

$$y_b = \boldsymbol{N}\boldsymbol{Y} \tag{3.3-7}$$

式中，$\boldsymbol{N} = \{N_1 \quad N_2\} = \left\{\dfrac{1-\eta}{2} \quad \dfrac{1+\eta}{2}\right\}$ 表示形函数，$\boldsymbol{X} = \{x_1 \quad x_2\}^{\mathrm{T}}$，$\boldsymbol{Y} = \{y_1 \quad y_2\}^{\mathrm{T}}$ 分别由边界结点笛卡尔的 x 和 y 坐标。

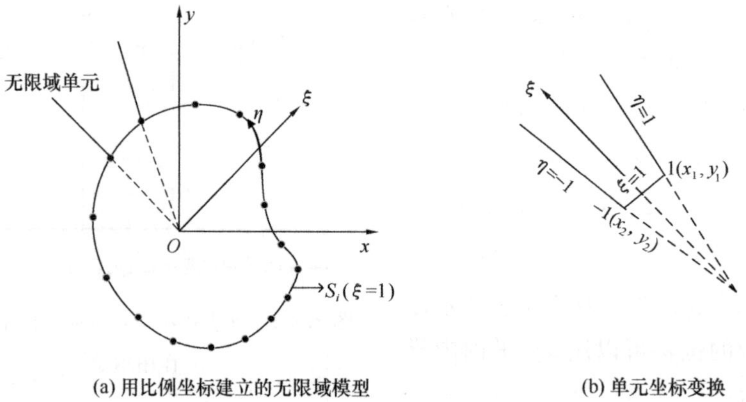

(a) 用比例坐标建立的无限域模型　　　　　(b) 单元坐标变换

图 3.3-2　笛卡尔坐标系与比例边界坐标变换

因此，域内任意一点的笛卡尔坐标可以用比例边界坐标表示为：

$$x = \xi x_b \tag{3.3-8}$$

$$y = \xi y_b \tag{3.3-9}$$

笛卡尔坐标和比例边界坐标的空间导数的转换可以表示为：

$$\begin{Bmatrix} \dfrac{\partial}{\partial \xi} \\ \dfrac{\partial}{\partial \eta} \end{Bmatrix} = \hat{\boldsymbol{J}}(\xi,\eta) \begin{Bmatrix} \dfrac{\partial}{\partial x} \\ \dfrac{\partial}{\partial y} \end{Bmatrix} \tag{3.3-10}$$

式中，$\hat{\boldsymbol{J}}(\xi,\eta)$ 是雅克比（Jacobian）矩阵，可以用下式表示：

$$\hat{\boldsymbol{J}}(\xi,\eta) = \begin{bmatrix} x_b & y_b \\ \xi x_{b,\eta} & \xi y_{b,\eta} \end{bmatrix} = \begin{bmatrix} 1 & \\ & \xi \end{bmatrix} \boldsymbol{J} \tag{3.3-11}$$

式中，$\boldsymbol{J} = \begin{bmatrix} x_b & y_b \\ x_{b,\eta} & y_{b,\eta} \end{bmatrix}$；$x_{b,\eta} = \boldsymbol{N}_{,\eta}\boldsymbol{X} = \dfrac{1}{2}\Delta_x$；$y_{b,\eta} = \boldsymbol{N}_{,\eta}\boldsymbol{Y} = \dfrac{1}{2}\Delta_y$，字母右下角的撇号表示对自变量的导数；$\Delta_x = x_2 - x_1$，$\Delta_y = y_2 - y_1$。

相应的由比例坐标转换到笛卡尔坐标的表达式为：

$$\begin{Bmatrix}\dfrac{\partial}{\partial x}\\[2ex] \dfrac{\partial}{\partial y}\end{Bmatrix}=\hat{\boldsymbol{J}}(\xi,\ \eta)^{-1}\begin{Bmatrix}\dfrac{\partial}{\partial \xi}\\[2ex] \dfrac{\partial}{\partial \eta}\end{Bmatrix}=\boldsymbol{b}_1\frac{\partial}{\partial \xi}+\frac{1}{\xi}\boldsymbol{b}_2\frac{\partial}{\partial \eta} \tag{3.3-12}$$

式中：

$$\boldsymbol{b}_1=\frac{1}{2\,|\,\boldsymbol{J}\,|}\begin{Bmatrix}\Delta_y\\ -\Delta_x\end{Bmatrix} \tag{3.3-13}$$

$$\boldsymbol{b}_2=\frac{1}{|\,\boldsymbol{J}\,|}\begin{Bmatrix}-y_{\mathrm{b}}\\ x_{\mathrm{b}}\end{Bmatrix} \tag{3.3-14}$$

为了方便下文的应用，注意到 $(\boldsymbol{b}_2\,|\,\boldsymbol{J}\,|)_{,\eta}=-\boldsymbol{b}_1\,|\,\boldsymbol{J}\,|$。

域内体积微元 $\mathrm{d}V$ 和常数 ξ 表示的微元曲线分别表示为：

$$\mathrm{d}V=|\,\hat{\boldsymbol{J}}(\xi,\eta)\,|\,\mathrm{d}\xi\mathrm{d}\eta=\xi\,|\,\boldsymbol{J}\,|\,\mathrm{d}\xi\mathrm{d}\eta \tag{3.3-15}$$

$$\mathrm{d}S=\sqrt{x_{\mathrm{b},\eta}^2+y_{\mathrm{b},\eta}^2}\,\mathrm{d}\eta=\frac{1}{2}\xi\sqrt{\Delta_x^2+\Delta_y^2}\,\mathrm{d}\eta \tag{3.3-16}$$

2. 加权余量法

为了得到比例边界有限元方程，对控制方程使用伽辽金加权余量法。将水体控制方程左右同时乘以任意权函数 w，并在域内进行积分得：

$$\int w\left[\frac{\partial^2 P_j}{\partial x^2}+\frac{\partial^2 P_j}{\partial y^2}+\left(\frac{\omega^2}{c^2}-\lambda^2\right)P_j\right]\mathrm{d}V=0 \tag{3.3-17}$$

在一个微元内将式（3.3-12）和式（3.3-15）代入式（3.3-17），整理得到：

$$\int_1^{+\infty}\int_{-1}^{1}\begin{Bmatrix}w\boldsymbol{b}_1^{\mathrm{T}}\dfrac{\partial}{\partial\xi}\left(\xi\boldsymbol{b}_1\dfrac{\partial P_j}{\partial\xi}+\boldsymbol{b}_2\dfrac{\partial P_j}{\partial\eta}\right)+w\boldsymbol{b}_2^{\mathrm{T}}\dfrac{\partial}{\partial\eta}\left(\boldsymbol{b}_1\dfrac{\partial P_j}{\partial\xi}+\dfrac{1}{\xi}\boldsymbol{b}_2\dfrac{\partial P_j}{\partial\eta}\right)\\ +w\xi\left(\dfrac{\omega^2}{c^2}-\lambda^2\right)P_j\end{Bmatrix}|\,\boldsymbol{J}\,|\,\mathrm{d}\eta\mathrm{d}\xi=0 \tag{3.3-18}$$

对式（3.3-18）中等号左侧的第二项进行分部积分和格林函数得：

$$\begin{aligned}\boldsymbol{I}&=\int_1^{+\infty}\int_{-1}^{1}w\boldsymbol{b}_2^{\mathrm{T}}\frac{\partial}{\partial\eta}\left(\boldsymbol{b}_1\frac{\partial P_j}{\partial\xi}+\frac{1}{\xi}\boldsymbol{b}_2\frac{\partial P_j}{\partial\eta}\right)|\,\boldsymbol{J}\,|\,\mathrm{d}\eta\mathrm{d}\xi\\ &=\int_1^{+\infty}\left(w\boldsymbol{b}_2^{\mathrm{T}}\left(\boldsymbol{b}_1\frac{\partial P_j}{\partial\xi}+\frac{1}{\xi}\boldsymbol{b}_2\frac{\partial P_j}{\partial\eta}\right)|\,\boldsymbol{J}\,|\right)\Bigg|_{-1}^{1}\mathrm{d}\xi\\ &\quad-\int_1^{+\infty}\int_{-1}^{1}\frac{\partial w}{\partial\eta}\boldsymbol{b}_2^{\mathrm{T}}\left(\boldsymbol{b}_1\frac{\partial P_j}{\partial\xi}+\frac{1}{\xi}\boldsymbol{b}_2\frac{\partial P_j}{\partial\eta}\right)|\,\boldsymbol{J}\,|\,\mathrm{d}\eta\mathrm{d}\xi\\ &\quad+\int_1^{+\infty}\int_{-1}^{1}w\boldsymbol{b}_1^{\mathrm{T}}\left(\boldsymbol{b}_1\frac{\partial P_j}{\partial\xi}+\frac{1}{\xi}\boldsymbol{b}_2\frac{\partial P_j}{\partial\eta}\right)|\,\boldsymbol{J}\,|\,\mathrm{d}\eta\mathrm{d}\xi\end{aligned} \tag{3.3-19}$$

将式（3.3-19）代入式（3.3-18）并考虑式（3.3-15）得：

$$\int_{1}^{+\infty}\left[\begin{array}{l}\int_{-1}^{1}\left(w\xi \boldsymbol{b}_1^{\mathrm{T}}\frac{\partial}{\partial\xi}\left(\boldsymbol{b}_1\frac{\partial P_j}{\partial\xi}+\frac{1}{\xi}\boldsymbol{b}_2\frac{\partial P_j}{\partial\eta}\right)+w\xi\left(\frac{\omega^2}{c^2}-\lambda^2\right)P_j\right)|\boldsymbol{J}|\,\mathrm{d}\eta\\+\left(w\boldsymbol{b}_2^{\mathrm{T}}\left(\boldsymbol{b}_1\frac{\partial P_j}{\partial\xi}+\frac{1}{\xi}\boldsymbol{b}_2\frac{\partial P_j}{\partial\eta}\right)|\boldsymbol{J}|\right)\Big|_{-1}^{1}\\-\int_{-1}^{1}\frac{\partial w}{\partial\eta}\boldsymbol{b}_2^{\mathrm{T}}\left(\boldsymbol{b}_1\frac{\partial P_j}{\partial\xi}+\frac{1}{\xi}\boldsymbol{b}_2\frac{\partial P_j}{\partial\eta}\right)|\boldsymbol{J}|\,\mathrm{d}\eta\\+\int_{-1}^{1}w\boldsymbol{b}_1^{\mathrm{T}}\left(\boldsymbol{b}_1\frac{\partial P_j}{\partial\xi}+\frac{1}{\xi}\boldsymbol{b}_2\frac{\partial P_j}{\partial\eta}\right)|\boldsymbol{J}|\,\mathrm{d}\eta\end{array}\right]\mathrm{d}\xi=0 \tag{3.3-20}$$

对动水压力 P_j 和权函数 w 采用与空间坐标同样的插值函数进行插值得：

$$P_j=\boldsymbol{N}\boldsymbol{P}_j^e \tag{3.3-21}$$

$$w=\boldsymbol{N}\boldsymbol{w} \tag{3.3-22}$$

将式（3.3-21）和式（3.3-22）代入式（3.3-20），并在等式两边同时乘以 ξ，可得：

$$\int_{1}^{+\infty}\boldsymbol{w}^{\mathrm{T}}\left\{\begin{array}{l}\int_{-1}^{1}\left(\begin{array}{l}\xi^2\boldsymbol{B}_1^{\mathrm{T}}\boldsymbol{B}_1\boldsymbol{P}_{j,\xi\xi}^e+\xi\boldsymbol{B}_1^{\mathrm{T}}\boldsymbol{B}_2\boldsymbol{P}_{j,\xi}^e-\boldsymbol{B}_1^{\mathrm{T}}\boldsymbol{B}_2\boldsymbol{P}_{j,\xi}^e\\+\xi^2\left(\frac{\omega^2}{c^2}-\lambda^2\right)\boldsymbol{N}^{\mathrm{T}}\boldsymbol{N}\boldsymbol{P}_j^e\end{array}\right)|\boldsymbol{J}|\,\mathrm{d}\eta\\+[\boldsymbol{B}_2^{\mathrm{T}}(\xi\boldsymbol{B}_1\boldsymbol{P}_{j,\xi}^e+\boldsymbol{B}_2\boldsymbol{P}_j^e)\,|\boldsymbol{J}|\,]|_{-1}^{1}-\int_{-1}^{1}\boldsymbol{B}_2^{\mathrm{T}}(\xi\boldsymbol{B}_1\boldsymbol{P}_{j,\xi}^e+\boldsymbol{B}_2\boldsymbol{P}_j^e)\,|\boldsymbol{J}|\,\mathrm{d}\eta\\+\int_{-1}^{1}\boldsymbol{B}_1^{\mathrm{T}}(\xi\boldsymbol{B}_1\boldsymbol{P}_{j,\xi}^e+\boldsymbol{B}_2\boldsymbol{P}_j^e)\,|\boldsymbol{J}|\,\mathrm{d}\eta\end{array}\right\}\mathrm{d}\xi=0 \tag{3.3-23}$$

式中，$\boldsymbol{B}_1=\boldsymbol{b}_1\boldsymbol{N}$；$\boldsymbol{B}_2=\boldsymbol{b}_2\boldsymbol{N}_{,\eta}$；$\boldsymbol{P}_{j,\xi\xi}^e$ 表示动水压力 $\boldsymbol{P}_j^e$ 对 ξ 的二阶导数。

为使对于任意权函数 $\boldsymbol{w}$ 积分式（3.3-23）均成立，则须使 ξ 方向被积函数等于零。即：

$$\boldsymbol{E}_0^e\xi^2\boldsymbol{P}_{j,\xi\xi}^e+(\boldsymbol{E}_0^e-\boldsymbol{E}_1^e+\boldsymbol{E}_1^{e\mathrm{T}})\xi\boldsymbol{P}_{j,\xi}^e-\boldsymbol{E}_2^e\boldsymbol{P}_j^e+\left(\frac{\omega^2}{c^2}-\lambda^2\right)\boldsymbol{M}_0^e\xi^2\boldsymbol{P}_j^e+\xi\boldsymbol{F}^{w}=\boldsymbol{0} \tag{3.3-24}$$

式中，$\boldsymbol{E}_0^e$、$\boldsymbol{E}_1^e$、$\boldsymbol{E}_2^e$ 和 $\boldsymbol{M}_0^e$ 为引进的系数矩阵，其表达式为：

$$\boldsymbol{E}_0^e=\int_{-1}^{1}\boldsymbol{B}_1^{\mathrm{T}}\boldsymbol{B}_1\,|\boldsymbol{J}|\,\mathrm{d}\eta=\frac{\Delta_x^2+\Delta_y^2}{12\,|\boldsymbol{J}|}\begin{bmatrix}2&1\\1&2\end{bmatrix} \tag{3.3-25a}$$

$$\begin{aligned}\boldsymbol{E}_1^e&=\int_{-1}^{1}\boldsymbol{B}_2^{\mathrm{T}}\boldsymbol{B}_1\,|\boldsymbol{J}|\,\mathrm{d}\eta\\&=\frac{\Delta_x^2+\Delta_y^2}{24\,|\boldsymbol{J}|}\begin{bmatrix}-1&1\\1&-1\end{bmatrix}-\frac{\Delta_y(y_1+y_2)+\Delta_x(x_1+x_2)}{8\,|\boldsymbol{J}|}\begin{bmatrix}-1&-1\\1&1\end{bmatrix}\end{aligned} \tag{3.3-25b}$$

$$\boldsymbol{E}_2^e=\int_{-1}^{1}\boldsymbol{B}_2^{\mathrm{T}}\boldsymbol{B}_2\,|\boldsymbol{J}|\,\mathrm{d}\eta=\frac{3(y_1+y_2)^2+3(x_1+x_2)^2+\Delta_x^2+\Delta_y^2}{24\,|\boldsymbol{J}|}\begin{bmatrix}1&-1\\-1&1\end{bmatrix} \tag{3.3-25c}$$

$$\boldsymbol{M}_0^e=\int_{-1}^{1}\boldsymbol{N}^{\mathrm{T}}\boldsymbol{N}\,|\boldsymbol{J}|\,\mathrm{d}\eta=\frac{|\boldsymbol{J}|}{3}\begin{bmatrix}2&1\\1&2\end{bmatrix} \tag{3.3-25d}$$

$$\boldsymbol{F}^{\tau e}=\begin{Bmatrix}(\boldsymbol{B}_2^{\mathrm{T}}(\boldsymbol{B}_1\boldsymbol{P}_{j,\xi}^e+\boldsymbol{B}_2\boldsymbol{P}_j^e)\mid\boldsymbol{J}\mid)_{\eta=-1}\\(\boldsymbol{B}_2^{\mathrm{T}}(\boldsymbol{B}_1\boldsymbol{P}_{j,\xi}^e+\boldsymbol{B}_2\boldsymbol{P}_j^e)\mid\boldsymbol{J}\mid)_{\eta=1}\end{Bmatrix}\tag{3.3-25e}$$

可以看到引入的系数矩阵 $\boldsymbol{E}_0^e$、$\boldsymbol{E}_1^e$、$\boldsymbol{E}_2^e$ 和 $\boldsymbol{M}_0^e$ 均与径向坐标 ξ 无关。为了模拟波在整个无限域的传播，在域内要进行集成，并应用相应的边界条件可以得到关于动水压力 P_j 的比例边界有限元方程：

$$\boldsymbol{E}_0\xi^2\boldsymbol{P}_{j,\xi\xi}+(\boldsymbol{E}_0-\boldsymbol{E}_1+\boldsymbol{E}_1^{\mathrm{T}})\xi\boldsymbol{P}_{j,\xi}-\boldsymbol{E}_2\boldsymbol{P}_j+\left(\frac{\omega^2}{c^2}-\lambda^2\right)\boldsymbol{M}_0\xi^2\boldsymbol{P}_j+\xi\boldsymbol{F}^{\tau}=\boldsymbol{0}\tag{3.3-26}$$

式中，$\boldsymbol{E}_0$、$\boldsymbol{E}_1$、$\boldsymbol{E}_2$、$\boldsymbol{M}_0$ 和 $\boldsymbol{F}^{\tau}$ 分别由 $\boldsymbol{E}_0^e$、$\boldsymbol{E}_1^e$、$\boldsymbol{E}_2^e$、$\boldsymbol{M}_0^e$ 和 $\boldsymbol{F}^{\tau e}$ 装配得到。

式（3.3-26）即为频域动水压力表示的比例边界有限方程。它是关于径向坐标 ξ 的二阶线性非齐次微分方程组，而动水压力 $\boldsymbol{P}_j$ 是径向坐标 ξ 的一元函数。

3. **动力刚度方程**

与传统的有限元法相似，需要得到在一个确定 ξ 坐标处的结点力与位移的关系。结点内力幅值 $\boldsymbol{Q}(\xi)$ 可以用动水压力的法向导数表示，用虚功原理可以表示为：

$$\boldsymbol{w}^{\mathrm{T}}\boldsymbol{Q}^e(\xi)=\int_{S_i}w\frac{\partial P_j}{\partial n}\mathrm{d}S\tag{3.3-27}$$

在任意一个 ξ 为常数的面上，法向向量可以表示为：

$$n^{\xi}=\frac{1}{\sqrt{\Delta_x^2+\Delta_y^2}}\begin{Bmatrix}\Delta_y\\-\Delta_x\end{Bmatrix}=\frac{2\mid\boldsymbol{J}\mid}{\sqrt{\Delta_x^2+\Delta_y^2}}\boldsymbol{b}_1\tag{3.3-28}$$

将式（3.3-16）、式（3.3-21）、式（3.3-22）和式（3.3-28）代入式（3.3-27）可得结点内力：

$$\boldsymbol{Q}^e(\xi)=\xi\int_{S_i}\boldsymbol{N}^{\mathrm{T}}B_1^{\mathrm{T}}\left(\boldsymbol{B}_1\frac{\partial\boldsymbol{P}_j^e}{\partial\xi}+\frac{1}{\xi}\boldsymbol{B}_2\frac{\partial\boldsymbol{P}_j^e}{\partial\eta}\right)\mid\boldsymbol{J}\mid\mathrm{d}\eta\tag{3.3-29}$$

对于无限域问题，结点力 $\boldsymbol{R}(\xi)$ 与结点内力 $\boldsymbol{Q}(\xi)$ 方向相反，因此结点力可以表示为：

$$\boldsymbol{R}^e(\xi)=-\boldsymbol{Q}^e(\xi)=-\xi\int_{S_i}\boldsymbol{N}^{\mathrm{T}}\boldsymbol{B}_1^{\mathrm{T}}\left(\boldsymbol{B}_1\frac{\partial\boldsymbol{P}_j^e}{\partial\xi}+\frac{1}{\xi}\boldsymbol{B}_2\frac{\partial\boldsymbol{P}_j^e}{\partial\eta}\right)\mid\boldsymbol{J}\mid\mathrm{d}\eta\tag{3.3-30}$$

将式（3.3-29）代入式（3.3-30），同样沿边界在域内进行组装得：

$$\boldsymbol{R}(\xi)=-\boldsymbol{E}_0\xi\boldsymbol{P}_{j,\xi}-\boldsymbol{E}_1^{\mathrm{T}}\boldsymbol{P}_j\tag{3.3-31}$$

结点力与动水压力的关系可以表示为：

$$\boldsymbol{R}(\xi)=\boldsymbol{S}(\omega,\xi)\boldsymbol{P}_j(\xi)\tag{3.3-32}$$

式中，$\boldsymbol{S}(\omega,\xi)$ 为动力刚度矩阵。

将式（3.3-32）代入式（3.3-31）可得：

$$\boldsymbol{S}(\omega,\xi)\boldsymbol{P}_j(\xi)=-\boldsymbol{E}_0\xi\boldsymbol{P}_{j,\xi}-\boldsymbol{E}_1^{\mathrm{T}}\boldsymbol{P}_j\tag{3.3-33}$$

将式（3.3-33）等号两侧同时对 ξ 求微分可得：

$$\boldsymbol{S}(\omega,\xi)_{,\xi}\boldsymbol{P}_j(\xi)+\boldsymbol{S}(\omega,\xi)\boldsymbol{P}_j(\xi)_{,\xi}=-\boldsymbol{E}_0\xi\boldsymbol{P}_{j,\xi\xi}-\boldsymbol{E}_1^{\mathrm{T}}\boldsymbol{P}_{j,\xi}\tag{3.3-34}$$

将式（3.3-34）两侧同乘以 ξ 并与式（3.3-33）进行叠加可得：

$$\boldsymbol{S}(\omega,\ \xi)_{,\xi}\boldsymbol{P}_j(\xi)+\boldsymbol{S}(\omega,\ \xi)\boldsymbol{P}_j(\xi)_{,\xi}=\boldsymbol{S}(\omega,\ \xi)\boldsymbol{P}_j(\xi)+\boldsymbol{E}_1^{\mathrm{T}}\boldsymbol{P}_j-\boldsymbol{E}_1^{\mathrm{T}}\boldsymbol{P}_{j,\xi} \quad (3.3\text{-}35)$$

由式（3.3-33）可以解得 $\xi\boldsymbol{P}_{j,\xi}=-\boldsymbol{E}_0^{-1}[\boldsymbol{S}(\omega,\ \xi)-\boldsymbol{E}_1^{\mathrm{T}}]\boldsymbol{P}_j$，将其代入式（3.3-35）可以得到：

$$[\boldsymbol{S}(\omega,\ \xi)+\boldsymbol{E}_1]\boldsymbol{E}_0^{-1}[\boldsymbol{S}(\omega,\ \xi)+\boldsymbol{E}_1^{\mathrm{T}}]-\xi\boldsymbol{S}(\omega,\ \xi)_{,\xi}-\boldsymbol{E}_2+\left(\frac{\omega^2}{c^2}-\lambda^2\right)\boldsymbol{M}_0=\boldsymbol{0} \quad (3.3\text{-}36)$$

式（3.3-36）是比例边界有限元的动力刚度方程，由该方程可以得到动力刚度 $\boldsymbol{S}(\omega,\ \xi)$。由于 $\xi\boldsymbol{S}(\omega,\ \xi)_{,\xi}=\omega\xi\boldsymbol{S}(\omega,\ \xi)_{,\omega\xi}$，并且系数矩阵 $\boldsymbol{E}_0^e$、$\boldsymbol{E}_1^e$、$\boldsymbol{E}_2^e$ 和 $\boldsymbol{M}_0^e$ 均与径向坐标 ξ 和圆频率 ω 无关。这就证实了在一个确定的面上，即 ξ 为一常数时，动力刚度 $\boldsymbol{S}(\omega,\ \xi)$ 是无量纲频率 a_0 的函数，即：

$$a_0=\frac{\omega\xi r_0}{c} \quad (3.3\text{-}37)$$

对于二元问题满足 $\boldsymbol{S}(\omega,\ \xi)=\boldsymbol{S}(a_0)$，则以下表达式成立：

$$a_0\boldsymbol{S}(a)_{,a_0}=\xi\boldsymbol{S}(\omega,\ \xi)_{,\xi}=\omega\boldsymbol{S}(\omega,\ \xi)_{,\omega} \quad (3.3\text{-}38)$$

因此对于无限域问题，在边界 $\xi=1$ 处，动力刚度满足：

$$[\boldsymbol{S}(\omega_0)+\boldsymbol{E}_1]\boldsymbol{E}_0^{-1}[\boldsymbol{S}(\omega_0)+\boldsymbol{E}_1^{\mathrm{T}}]-\omega_0\boldsymbol{S}(\omega_0)_{,\omega_0}-\boldsymbol{E}_2+\omega_0{}^2\boldsymbol{M}_0=\boldsymbol{0} \quad (3.3\text{-}39)$$

式中，$\omega_0=-\mathrm{i}\lambda\sqrt{1-(\omega/\lambda c)^2}$。式（3.3-39）为以 ω_0 为自变量的一阶非线性常微分方程组。

Song 等已经推出了动力刚度的渐近幂级数解[6-7]。但是幂级数解只有高频解，低频和中频则需要由式（3.3-39）数值积分求得。为了减小由数值积分带来的计算难题，Song 和 Bazyar 提出了动力刚度的 Padé 级数解[8]。由 Padé 级数得到的动力刚度矩阵在整个频域都能收敛，并且可以在任意指定的频率计算得到对应的动力刚度矩阵。

4. 动力刚度的连分式解

连分式与 Padé 级数有着相似的性质，而连分式的收敛范围和收敛速度都比幂级数要高很多。在本书中，以连分式作为动力刚度矩阵的解。

动力刚度矩阵的连分式形式解可以表示为：

$$\boldsymbol{S}=\boldsymbol{g}_0+\mathrm{i}\omega_0\boldsymbol{h}_0-\mathrm{i}\omega_0\boldsymbol{S}_1^{-1} \quad (3.3\text{-}40\mathrm{a})$$

$$\boldsymbol{S}_j^{-1}=\boldsymbol{g}_j+\mathrm{i}\omega_0\boldsymbol{h}_j-\boldsymbol{S}_{j+1}^{-1} \quad (3.3\text{-}40\mathrm{b})$$

将式（3.3-40a）代入动力刚度矩阵方程式（3.3-39）可得关于 $\mathrm{i}\omega_0$ 降幂排列的方程为：

$$\begin{aligned}&(\mathrm{i}\omega_0)^2(\boldsymbol{h}_0\boldsymbol{E}_0^{-1}\boldsymbol{h}_0-\boldsymbol{M}_0)+(\mathrm{i}\omega_0)[\boldsymbol{h}_0\boldsymbol{E}_0^{-1}(\boldsymbol{g}_0+\boldsymbol{E}_1^{\mathrm{T}})+(\boldsymbol{g}_0+\boldsymbol{E}_1)\boldsymbol{E}_0^{-1}\boldsymbol{h}_0-\boldsymbol{h}_0]\\&+(\boldsymbol{g}_0+\boldsymbol{E}_1)\boldsymbol{E}_0^{-1}(\boldsymbol{g}_0+\boldsymbol{E}_1^{\mathrm{T}})+\boldsymbol{E}_2-(\boldsymbol{g}_0+\boldsymbol{E}_1)\boldsymbol{E}_0^{-1}\boldsymbol{S}_1^{-1}-(\mathrm{i}\omega_0)\boldsymbol{h}_0\boldsymbol{E}_0^{-1}\boldsymbol{S}_1^{-1}\\&-\boldsymbol{S}_1^{-1}\boldsymbol{E}_0^{-1}(\boldsymbol{g}_0+\boldsymbol{E}_1^{\mathrm{T}})-\boldsymbol{S}_1^{-1}\boldsymbol{E}_0^{-1}(\mathrm{i}\omega_0)\boldsymbol{h}_0+\boldsymbol{S}_1^{-1}\boldsymbol{E}_0^{-1}\boldsymbol{S}_1^{-1}-\omega_0\boldsymbol{S}_{1,\omega_0}^{-1}=\boldsymbol{0}\end{aligned} \quad (3.3\text{-}41)$$

为了使式（3.3-41）成立，则需要式中的每一项都为零。令式（3.3-41）关于 $\mathrm{i}\omega_0$ 的二次项和一次项为零得：

$$\boldsymbol{h}_0\boldsymbol{E}_0^{-1}\boldsymbol{h}_0-\boldsymbol{M}_0=0 \quad (3.3\text{-}42\mathrm{a})$$

$$\boldsymbol{h}_0\boldsymbol{E}_0^{-1}(\boldsymbol{g}_0+\boldsymbol{E}_1^{\mathrm{T}})+(\boldsymbol{g}_0+\boldsymbol{E}_1)\boldsymbol{E}_0^{-1}\boldsymbol{h}_0-\boldsymbol{h}_0=0 \quad (3.3\text{-}42\mathrm{b})$$

式（3.3-42a）是关于 $\boldsymbol{h}_0$ 的黎卡提方程，在 MATLAB 中可以直接用“care”函数求解。式（3.3-42b）是关于 $\boldsymbol{g}_0$ 的李雅普诺夫方程，在 MATLAB 中用“lyap”函数求解。

式（3.3-41）的余项则为 $\boldsymbol{S}_1$ 的方程，可以写成以下形式：

$$\boldsymbol{S}_1\boldsymbol{V}_1^1\boldsymbol{S}_1+(\boldsymbol{V}_2^1+i\omega_0\boldsymbol{V}_3^1)\boldsymbol{S}_1+\boldsymbol{S}_1(\boldsymbol{V}_4^1+\mathrm{i}\omega_0\boldsymbol{V}_5^1)+\boldsymbol{V}_6-\omega_0\boldsymbol{S}_{1,\omega_0}=\boldsymbol{0} \tag{3.3-43}$$

其中：

$$\boldsymbol{V}_1^1=(\boldsymbol{g}_0+\boldsymbol{E}_1)\boldsymbol{E}_0^{-1}(\boldsymbol{g}_0+\boldsymbol{E}_1^{\mathrm{T}})+\boldsymbol{E}_2 \tag{3.3-44a}$$

$$\boldsymbol{V}_2^1=-\boldsymbol{E}_0^{-1}(\boldsymbol{g}_0+\boldsymbol{E}_1^{\mathrm{T}}) \tag{3.3-44b}$$

$$\boldsymbol{V}_3^1=-\boldsymbol{E}_0^{-1}\boldsymbol{h}_0 \tag{3.3-44c}$$

$$\boldsymbol{V}_4^1=-(\boldsymbol{g}_0+\boldsymbol{E}_1)\boldsymbol{E}_0^{-1} \tag{3.3-44d}$$

$$\boldsymbol{V}_5^1=-\boldsymbol{h}_0\boldsymbol{E}_0^{-1} \tag{3.3-44e}$$

$$\boldsymbol{V}_6^1=\boldsymbol{E}_0^{-1} \tag{3.3-44f}$$

同样将式（3.3-40b）代入式（3.3-43），可得 $\mathrm{i}\omega_0$ 降幂排列：

$$\begin{aligned}&(\mathrm{i}\omega_0)^2(\boldsymbol{h}_j\boldsymbol{V}_1^j\boldsymbol{h}_j+\boldsymbol{V}_3^j\boldsymbol{h}_j+\boldsymbol{h}_j\boldsymbol{V}_5^j)\\&+(\mathrm{i}\omega_0)(\boldsymbol{h}_j\boldsymbol{V}_1^j\boldsymbol{g}_j+\boldsymbol{g}_j\boldsymbol{V}_1^j\boldsymbol{h}_j+\boldsymbol{V}_2^j\boldsymbol{h}_j+\boldsymbol{V}_3^j\boldsymbol{g}_j+\boldsymbol{h}_j\boldsymbol{V}_4{}^j+\boldsymbol{g}_j\boldsymbol{V}_5^j-\boldsymbol{h}_j)\\&+\boldsymbol{g}_j\boldsymbol{V}_1^j\boldsymbol{g}+\boldsymbol{V}_6^j+\boldsymbol{V}_2^j\boldsymbol{g}_j+\boldsymbol{g}_j\boldsymbol{V}_4^j-\boldsymbol{S}_{j+1}^{-1}[\boldsymbol{V}_1^j(\boldsymbol{g}_j+\mathrm{i}\omega_0\boldsymbol{h}_j)+\boldsymbol{V}_4^j+\mathrm{i}\omega_0\boldsymbol{V}_5^j]\\&-[(\boldsymbol{g}_j+\mathrm{i}\omega_0\boldsymbol{h}_j)\boldsymbol{V}_1^j+\boldsymbol{V}_2^j+\mathrm{i}\omega_0\boldsymbol{V}_3^j]\boldsymbol{S}_{j+1}^{-1}+\boldsymbol{S}_{j+1}^{-1}\boldsymbol{V}_1^j\boldsymbol{S}_{j+1}^{-1}+\omega_0\boldsymbol{S}_{j+1,\omega_0}^{-1}=\boldsymbol{0}\end{aligned} \tag{3.3-45}$$

同样要使式（3.3-45）成立，则须式（3.3-45）中的每一项同时为零。令式（3.3-45）关于 $\mathrm{i}\omega_0$ 的二次项和一次项分别为零得：

$$\boldsymbol{h}_j\boldsymbol{V}_1^j\boldsymbol{h}_j+\boldsymbol{V}_3^j\boldsymbol{h}_j+\boldsymbol{h}_j\boldsymbol{V}_5^j=\boldsymbol{0} \tag{3.3-46a}$$

$$\boldsymbol{h}_j\boldsymbol{V}_1^j\boldsymbol{g}_j+\boldsymbol{g}_j\boldsymbol{V}_1^j\boldsymbol{h}_j+\boldsymbol{V}_2^j\boldsymbol{h}_j+\boldsymbol{V}_3^j\boldsymbol{g}_j+\boldsymbol{h}_j\boldsymbol{V}_4^j+\boldsymbol{g}_j\boldsymbol{V}_5^j-\boldsymbol{h}_j=0 \tag{3.3-46b}$$

将式（3.3-46a）分别左乘和右乘 $\boldsymbol{h}_j^{-1}$ 可以得到关于 $\boldsymbol{h}_j^{-1}$ 的李雅普诺夫方程，在 MATLAB 中用“lyap”函数可以直接求解。在解得 h_j 后代入式（3.3-46b）可以得到关于 g_j 的李雅普诺夫方程，同样在 MATLAB 可以直接求解。

式（3.3-46）的余项则为关于 $\boldsymbol{S}_{j+1}$ 的方程，可以写成以下形式：

$$\begin{aligned}&\boldsymbol{S}_{j+1}\boldsymbol{V}_1^{j+1}\boldsymbol{S}_{j+1}+(\boldsymbol{V}_2^{j+1}+\mathrm{i}\omega_0\boldsymbol{V}_3^{j+1})\boldsymbol{S}_{j+1}+\boldsymbol{S}_{j+1}(\boldsymbol{V}_4^{j+1}+\mathrm{i}\omega_0\boldsymbol{V}_5^{j+1})+\\&\boldsymbol{V}_6^{j+1}-\omega_0\boldsymbol{S}_{j+1,\omega_0}=\boldsymbol{0}\end{aligned} \tag{3.3-47}$$

式中：

$$\boldsymbol{V}_1^{j+1}=\boldsymbol{g}_j\boldsymbol{V}_1^j\boldsymbol{g}_j+\boldsymbol{V}_2^j\boldsymbol{g}_j+\boldsymbol{g}_j\boldsymbol{V}_4^j+\boldsymbol{V}_6^j \tag{3.3-48a}$$

$$\boldsymbol{V}_2^{j+1}=-\boldsymbol{V}_1^j\boldsymbol{g}_j-\boldsymbol{V}_4^j \tag{3.3-48b}$$

$$\boldsymbol{V}_3^{j+1}=-\boldsymbol{V}_1^j\boldsymbol{h}_j-\boldsymbol{V}_5^j \tag{3.3-48c}$$

$$\boldsymbol{V}_4^{j+1}=-\boldsymbol{g}_j\boldsymbol{V}_1^j-\boldsymbol{V}_2^j \tag{3.3-48d}$$

$$\boldsymbol{V}_5^{j+1}=-\boldsymbol{h}_j\boldsymbol{V}_1^j-\boldsymbol{V}_3^j \tag{3.3-48e}$$

$$\boldsymbol{V}_6^{j+1}=\boldsymbol{V}_1^j \tag{3.3-48f}$$

综上，连分式（3.3-40）中的系数矩阵 $\boldsymbol{g}_0$、$\boldsymbol{h}_0$、$\boldsymbol{g}_j$ 和 $\boldsymbol{h}_j$ 可以分别用式（3.3-42）和式（3.3-46）求解。

5. 动力压力公式

对边界条件式（3.3-4）采用相同的伽辽金加权余量法，并且变换到比例边界坐标系中可得：

$$\boldsymbol{E}_0^e \xi \boldsymbol{P}_{j,\xi}^e + \boldsymbol{E}_1^{eT} \boldsymbol{P}_j^e = -\omega^2 \boldsymbol{M}_1^e \boldsymbol{n}_x^e \tag{3.3-49}$$

式中：

$$\boldsymbol{n}_x^e = (n_{x1} \quad n_{x2})^{\mathrm{T}} \tag{3.3-50a}$$

$$\boldsymbol{M}_1^e = \rho_{\mathrm{w}} \int_{-1}^{1} \bar{\boldsymbol{N}}^{\mathrm{T}} \boldsymbol{N} \mathrm{d}\eta \tag{3.3-50b}$$

式中，$\bar{\boldsymbol{N}}$ 表示结构有限元法用到的形函数，$\boldsymbol{M}_1^e$ 是集中的质量矩阵：

$$\boldsymbol{M}_1^e = \frac{\rho_{\mathrm{w}} l_{\mathrm{e}}}{2} \begin{bmatrix} 1 & 0 \\ 0 & 1 \end{bmatrix} \tag{3.3-51}$$

将式（3.3-49）在边界上进行组装，可得整体的边界条件为：

$$\boldsymbol{E}_0 \xi \boldsymbol{P}_{j,\xi} + \boldsymbol{E}_1^{\mathrm{T}} \boldsymbol{P}_j = -\omega^2 \boldsymbol{M}_1 \boldsymbol{n}_x \tag{3.3-52}$$

式中，$\boldsymbol{M}_1$ 和 $\boldsymbol{n}_x$ 分别由 $\boldsymbol{M}_1^e$ 和 $\boldsymbol{n}_x^e$ 装配得到。

对比式（3.3-52）和式（3.3-31），可以看出式（3.3-52）的左侧即为结点内力 $\boldsymbol{Q}(\xi)$。将式（3.3-31）代入式（3.3-52）可得用动力刚度矩阵表达的动水压力为：

$$\boldsymbol{P}_j = \omega^2 \left[\boldsymbol{S}(\omega_0)\right]^{-1} \boldsymbol{M}_1 \boldsymbol{n}_x \tag{3.3-53}$$

则任意形状竖向等截面柱体上沿高度分布的动水力可以表示为：

$$f_j = -\int_S \boldsymbol{P}_j \cdot \boldsymbol{n}_x \mathrm{d}s \tag{3.3-54}$$

3.3.2 人工边界条件与结构有限元耦合

将柱体结构用悬臂梁模拟，并且只考虑水平方向的自由度，可以用梁的有限元建立简化的柱体结构模型。对柱体结构进行离散后，有限元方程可以写成如下分块矩阵的形式：

$$\begin{bmatrix} \boldsymbol{M}_{\mathrm{O}} & \boldsymbol{0} \\ \boldsymbol{0} & \boldsymbol{M}_{\mathrm{I}} \end{bmatrix} \begin{Bmatrix} \ddot{\boldsymbol{u}}_{\mathrm{O}} \\ \ddot{\boldsymbol{u}}_{\mathrm{I}} \end{Bmatrix} + \begin{bmatrix} \boldsymbol{C}_{\mathrm{O}} & \boldsymbol{C}_{\mathrm{OI}} \\ \boldsymbol{C}_{\mathrm{IO}} & \boldsymbol{C}_{\mathrm{I}} \end{bmatrix} \begin{Bmatrix} \dot{\boldsymbol{u}}_{\mathrm{O}} \\ \dot{\boldsymbol{u}}_{\mathrm{I}} \end{Bmatrix} + \begin{bmatrix} \boldsymbol{K}_{\mathrm{O}} & \boldsymbol{K}_{\mathrm{OI}} \\ \boldsymbol{K}_{\mathrm{IO}} & \boldsymbol{K}_{\mathrm{I}} \end{bmatrix} \begin{Bmatrix} \boldsymbol{u}_{\mathrm{O}} \\ \boldsymbol{u}_{\mathrm{I}} \end{Bmatrix} = \begin{Bmatrix} \boldsymbol{0} \\ \boldsymbol{f}_{\mathrm{I}} \end{Bmatrix} \tag{3.3-55}$$

式中，字母的下标 I 表示柱体结构没入水中的部分，下标 O 则表示暴露在水表面以上部分的离散单元；$\boldsymbol{u}$ 表示结构的绝对位移，字母上方的点表示对时间的偏导数；$\boldsymbol{M}$、$\boldsymbol{C}$ 和 $\boldsymbol{K}$ 则分别表示结构的集中质量矩阵、阻尼矩阵和刚度矩阵；$\boldsymbol{f}_{\mathrm{I}}$ 则表示由结构与水的相互作用引起的作用在结构上的动水力。

将式（3.3-55）应用傅里叶变换转换到频域内可以表示为：

$$-\omega^2 \begin{bmatrix} \boldsymbol{M}_{\mathrm{O}} & \boldsymbol{0} \\ \boldsymbol{0} & \boldsymbol{M}_{\mathrm{I}} \end{bmatrix} \begin{Bmatrix} \boldsymbol{U}_{\mathrm{O}} \\ \boldsymbol{U}_{\mathrm{I}} \end{Bmatrix} + (\mathrm{i}\omega) \begin{bmatrix} \boldsymbol{C}_{\mathrm{O}} & \boldsymbol{C}_{\mathrm{OI}} \\ \boldsymbol{C}_{\mathrm{IO}} & \boldsymbol{C}_{\mathrm{I}} \end{bmatrix} \begin{Bmatrix} \boldsymbol{U}_{\mathrm{O}} \\ \boldsymbol{U}_{\mathrm{I}} \end{Bmatrix} + \begin{bmatrix} \boldsymbol{K}_{\mathrm{O}} & \boldsymbol{K}_{\mathrm{OI}} \\ \boldsymbol{K}_{\mathrm{IO}} & \boldsymbol{K}_{\mathrm{I}} \end{bmatrix} \begin{Bmatrix} \boldsymbol{U}_{\mathrm{O}} \\ \boldsymbol{U}_{\mathrm{I}} \end{Bmatrix} = \begin{Bmatrix} \boldsymbol{0} \\ \boldsymbol{F}_{\mathrm{I}} \end{Bmatrix} \tag{3.3-56}$$

结构没入水中的部分可以离散为 N 个结点，相应的坐标列向量为：

$$\boldsymbol{z}_{\mathrm{I}} = \{z_1 \quad z_2 \quad \cdots \quad z_N\}^{\mathrm{T}} \tag{3.3-57a}$$

侧向位移列向量为：

$$\boldsymbol{U}_{\mathrm{I}} = \{U_{\mathrm{I1}} \quad U_{\mathrm{I2}} \quad \cdots \quad U_{\mathrm{IN}}\}^{\mathrm{T}} \tag{3.3-57b}$$

有限元形函数列向量为：

$$\boldsymbol{N}_Z(z) = \{N_1(z) \quad N_2(z) \quad \cdots \quad N_N(z)\} \tag{3.3-57c}$$

悬臂梁的 z 坐标和侧向位移可以用差值的形式表示为：

$$z = \boldsymbol{N}_z(z)\,\boldsymbol{z}_{\mathrm{I}} \tag{3.3-58a}$$

$$U_x = \boldsymbol{N}_z(z)\,\boldsymbol{U}_{\mathrm{I}} \tag{3.3-58b}$$

定义 $N \times N$ 维对称的形函数矩阵为：

$$\boldsymbol{W} = \int_0^h [\boldsymbol{N}_z(z)]^{\mathrm{T}} \boldsymbol{N}_z(z)\mathrm{d}z \tag{3.3-59}$$

采用分段线性形函数进行差值并采用结点积分可以得到用对角阵表示的形函数矩阵为：

$$\boldsymbol{W} = \frac{1}{2}\begin{bmatrix} \Delta z_1 & 0 & \cdots & 0 & 0 \\ 0 & \Delta z_2 & \cdots & 0 & 0 \\ \vdots & \vdots & \ddots & \vdots & \vdots \\ 0 & 0 & \cdots & \Delta z_{N-1} & 0 \\ 0 & 0 & \cdots & 0 & \Delta z_N \end{bmatrix} \tag{3.3-60}$$

式中，$\Delta z_j = z_{j+1} - z_j$ 。

定义 N 维的模态向量为：

$$\boldsymbol{\phi}_j = \{\cos(\lambda_j z_1) \quad \cos(\lambda_j z_2) \quad \cdots \quad \cos(\lambda_j z_N)\}^{\mathrm{T}} \tag{3.3-61}$$

模态可以用差值的方法表示为：

$$\varphi_j = \cos(\lambda_j z) = \boldsymbol{N}_z \boldsymbol{\phi}_j \tag{3.3-62}$$

由前边的定义可知模态位移可以表示为：

$$U_j = \frac{2}{h}\int_0^h U_x \varphi_j \mathrm{d}z \tag{3.3-63}$$

将式（3.3-58）和式（3.3-63）代入式（3.3-62）可得离散的模态位移为：

$$U_j = \frac{2}{h}[\boldsymbol{\phi}_j]^{\mathrm{T}} \boldsymbol{W}\boldsymbol{U}_{\mathrm{I}} \tag{3.3-64}$$

无限域水体对悬臂梁的相互作用力列向量可以表示为：

$$\boldsymbol{F}_{\mathrm{I}} = \int_0^h \boldsymbol{N}^{\mathrm{T}} F \mathrm{d}z \tag{3.3-65}$$

在交界面处连续的动水力可以用沿交界面的积分来表示：

$$F = \sum_{j=1}^{\infty} -\int_S \boldsymbol{P}_j \cdot \boldsymbol{n}_x \mathrm{d}s U_j \cos\lambda_j z = \sum_{j=1}^{\infty} f_j U_j \cos\lambda_j z \tag{3.3-66}$$

式中，公式中间点号表示向量的内积。

将式（3.3-66）和式（3.3-64）代入式（3.3-65），整理可得柱体结构与无限域水体相互作用力与结构位移的关系为：

$$\boldsymbol{F}_{\mathrm{I}} = -\widetilde{\boldsymbol{S}}\boldsymbol{U}_{\mathrm{I}} \tag{3.3-67}$$

式中：

$$\widetilde{\boldsymbol{S}} = \frac{2}{h}\sum_{j=1}^{\infty} f_j \boldsymbol{W}\boldsymbol{\phi}_j \boldsymbol{\phi}_j^{\mathrm{T}} \boldsymbol{W} \tag{3.3-68}$$

3.3.3 数值算例

本节柱体结构的密度、弹性模量和泊松比分别是 2500kg/m^3，30000MPa 和 0.05。地震动均沿 x 轴方向运动。引入两个表示结构几何形状的无量纲参数：长细比 $L=2b/H$，长宽比 $R_s=a/b$。

以圆形、椭圆形、矩形和圆端形柱体结构为例验证本书动水力的有效性，柱体的截面形状如图 3.3-3 所示，精确解为扩展的有限元网格解，网格单元边长大小为 5m。图 3.3-4～图 3.3-7分别为圆形、椭圆形、矩形和圆端形截面的刚性柱体上沿高度分布的动水力的实部和虚部随着无量纲频率 ω_0 的变化曲线。由图中可以看出，本书提出的竖向等截面柱体上动水力计算方法的解与精确解吻合很好。

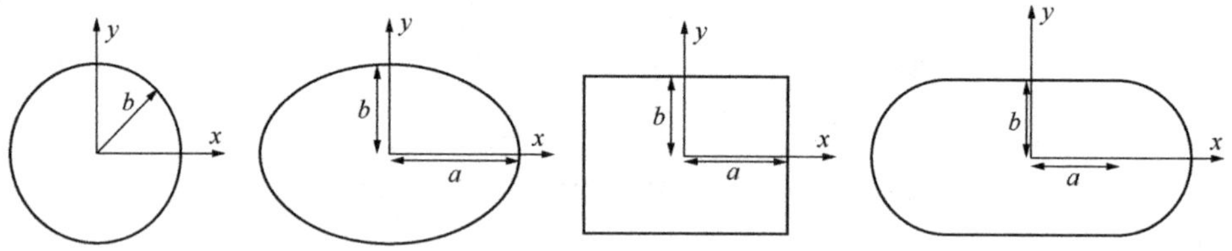

(a) 圆形截面　(b) 椭圆形截面　(c) 矩形截面　(d) 圆端形截面

图 3.3-3　柱体结构的截面形状

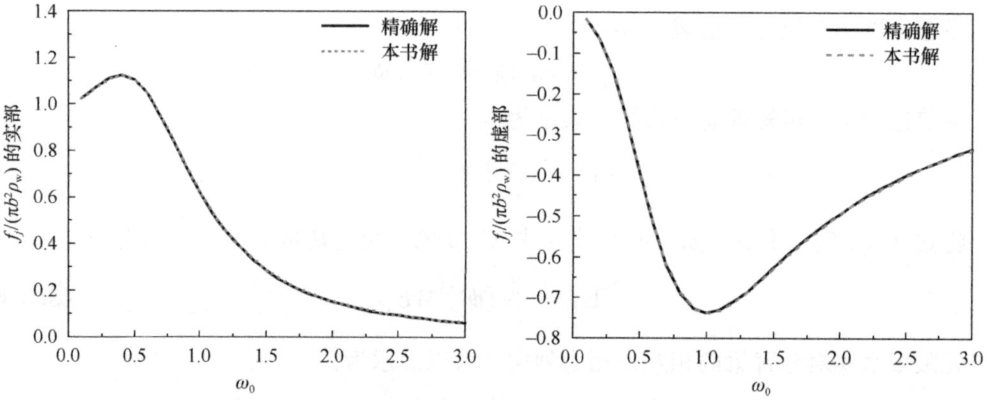

图 3.3-4　圆形截面刚性柱体上沿高度分布的动水力

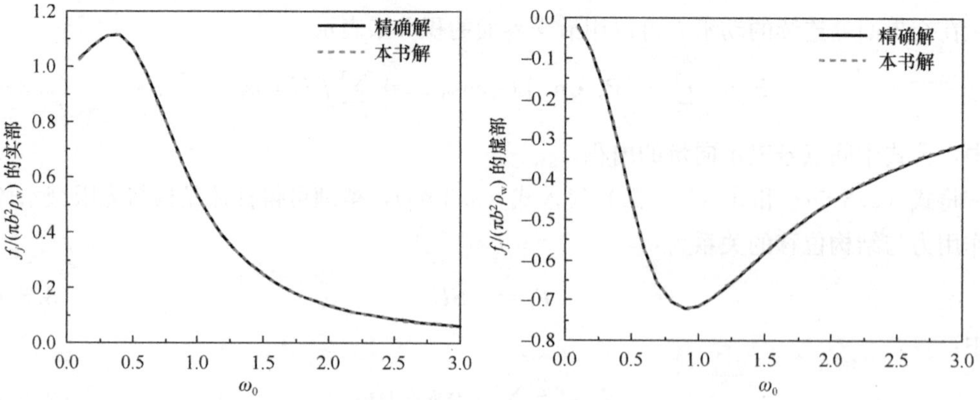

图 3.3-5　椭圆形截面刚性柱体上沿高度分布的动水力

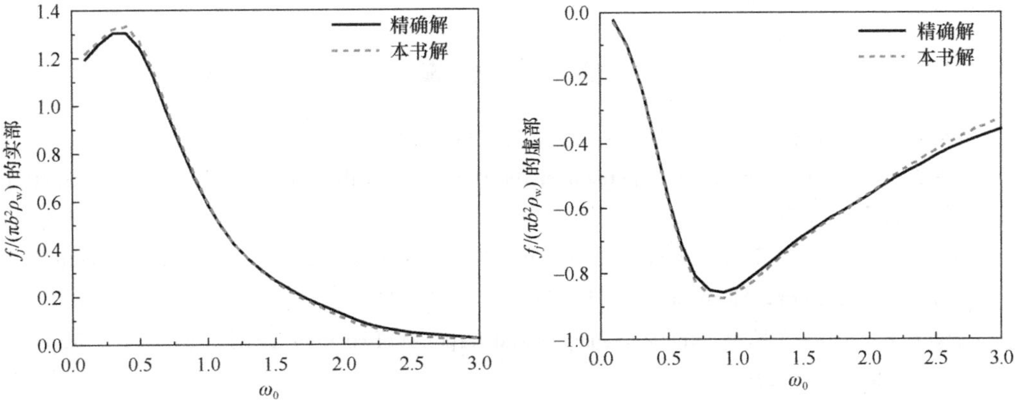

图 3.3-6　矩形截面刚性柱体上沿高度分布的动水力

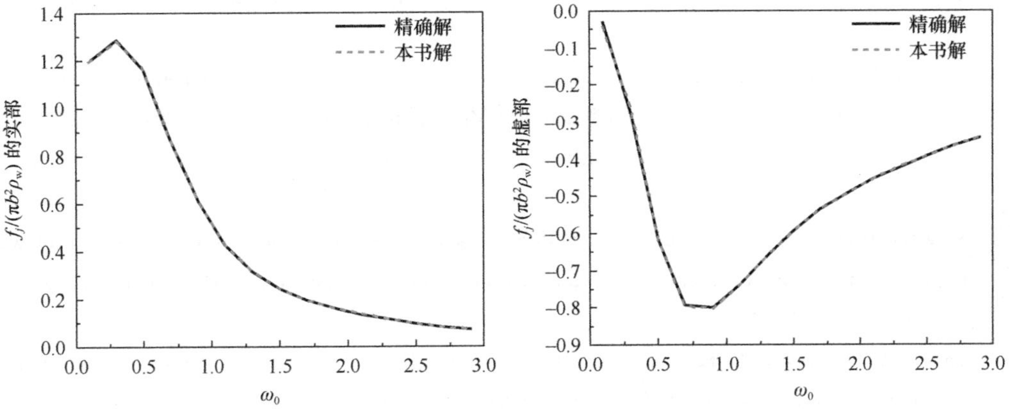

图 3.3-7　圆端形截面刚性柱体上沿高度分布的动水力

以柔性圆柱与水的动力相互作用为例，将按本书方法解得的结构位移与参考解[9]进行对比以验证本书方法的精度与有效性。结构完全没入水中，即水深与结构高度相同，$H=h=80\text{m}$；选取 $L=0.2$ 和 0.4 的两个圆形柱体。在刚性地基施加本书第 1.3 节提到的狄拉克脉冲。图 3.3-8 为本书方法计算的圆柱顶点位移时程与参考解的对比图，由图中可以看

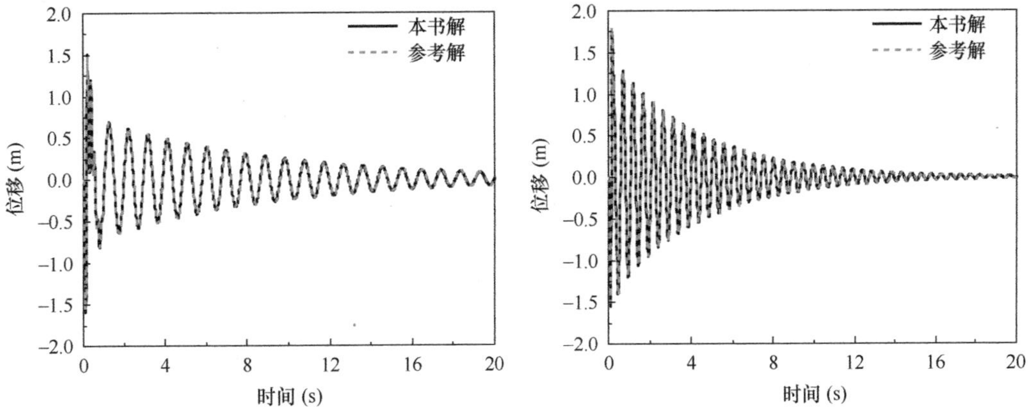

(a) L=0.2　　(b) L=0.4

图 3.3-8　圆柱顶点位移时程本书解与参考解对比

出，本书解与参考解吻合较好。

参考文献

[1] 熊天信．马蒂厄函数理论基础及应用[M]. 北京：科学出版社，2014.

[2] Park J, Kausel E. Numerical dispersion in the thin-layer method[J]. Computers and Structures. 2004, 82(7-8): 607-625.

[3] Tsai C S, Lee G C. Time-domain analyses of dam-reservoir system. II: substructure method[J]. Journal of Engineering Mechanics, 1991, 117(9): 2007-2026.

[4] Fenves G, Chopra A K. Earthquake analysis and response of concrete gravity dams[M]. Report No UCB/EERC-84/10, 1984.

[5] Song C, Wolf J P. The scaled boundary finite-element method-alias consistent infinitesimal finite-element cell method-forelastodynamics[J]. Computer Methods in Applied Mechanics and Engineering, 1997, 147(3-4): 329-355.

[6] Song C, Wolf J P. Consistent infinitesimal finite-element cell method: three-dimensional vector wave equation[J]. International Journal for Numerical Method in Engineering, 1996, 39: 2189-2208.

[7] Song C. The Scaled Boundary Finite Element Method: Introduction to Theory and Implementation [M]. John Wiley & Sons Ltd, 2018.

[8] Song C, Bazyar M H. A boundary condition in Padé series for frequency-domain solution of wave propagation in unbounded domains[J]. International Journal for Numerical Methods in Engineering, 2007, 69(11): 2330-2358.

[9] Liaw C Y, Chopra A K. Earthquake analysis of axisymmetric towers partially submerged in water [J]. Earthquake Engineering & Structural Dynamics, 1975, 3(3): 233-248.

第 4 章　时域子结构方法

地震作用下结构与水体动力相互作用时域子结构分析方法的思路是：建立水体的等效模型，用其代替水体与结构相连；确定地震作用，将其作用于结构进行结构动力反应分析。时域子结构分析方法可考虑结构的非线性。本章基于结构动水力的解析解或数值解，建立结构位移和动水力之间的动力刚度关系；对于可压缩水体，在精确频域公式的基础上，通过有理近似方法建立坝面与柱体表面动水压力的高阶精度时域公式；对于不可压缩水体，提出动水力的精确附加质量模型。通过二次开发在有限元软件 ABAQUS 中实现提出的时域子结构方法，并采用数值算例验证了理论与程序编制的正确性。

4.1　坝-水相互作用的时域子结构模型

4.1.1　动水压力-坝面位移的动力刚度系数

直立坝面动水压力可以写为模态展开形式：

$$P=\sum_{j=1}^{\infty}P_jY_j \tag{4.1-1}$$

$$P_j=S_jU_j\quad(j=1,2,\cdots) \tag{4.1-2}$$

$$U_j=\int_0^h UY_j\mathrm{d}y \tag{4.1-3}$$

$$S_j(\omega)=-\frac{\rho_{\mathrm{w}}\omega^2}{\sqrt{\lambda_j^2-\dfrac{\omega^2}{c^2}}} \tag{4.1-4}$$

式中，S_j 为模态动力刚度系数，$Y_j=\cos\lambda_j y$，$\lambda=\dfrac{(2j-1)\pi}{2h}$。

为了使时域公式适用于具有不同物理和几何常数的问题，引入如下无量纲频率：

$$\bar{\omega}=\frac{\omega}{c\lambda_j} \tag{4.1-5}$$

和无量纲动力刚度系数：

$$\bar{S}=\frac{S_j(\omega)}{\rho_{\mathrm{w}}c^2\lambda_j}=-\frac{\bar{\omega}^2}{\sqrt{1-\bar{\omega}^2}} \tag{4.1-6}$$

式（4.1-1）～式（4.1-3）构成频域内在坝-水交界面处由坝体水平位移计算坝面动水压力的精确公式。

4.1.2 时间局部化

采用第 2 章的有理近似方法，无量纲模态动力刚度系数式（4.1-6）的有理函数近似式可以写为：

$$S_j(\omega) \approx \widetilde{S}_j(\overline{\omega}) = S_0 \frac{p_0 + p_1 \mathrm{i}\overline{\omega} + \cdots + p_{N+1}(\mathrm{i}\overline{\omega})^{N+1}}{q_0 + q_1 \mathrm{i}\overline{\omega} + \cdots + q_N(\mathrm{i}\overline{\omega})^N} \tag{4.1-7}$$

式中，$S_0 = \rho_w c^2 \lambda_j$；i 是虚数单位；$N$ 是有理函数逼近的阶数；p_j 和 q_j 是有理函数的参数。通常，令 p_0/q_0 等于无量纲动力刚度系数的低阶频率极限值，p_{N+1}/q_N 等于无量纲动力刚度系数的高阶频率极限值的虚部，这样可以保证有理近似结果是高低频双渐近精确的。表 4.1-1为 $N=6$ 时 p_j 和 q_j 的值，有理函数值与精确值的比较如图 4.1-1 所示，由图中可以看出，有理函数近似式具有较高的精度。

无量纲模态动力刚度系数的有理函数近似式的参数（N=6） **表 4.1-1**

参数	值	参数	值
p_0	0	q_0	1
p_1	0	q_1	2.21546529923811
p_2	1	q_2	4.12007810385719
p_3	2.24547890658832	q_3	4.66897021292974
p_4	3.51659995337275	q_4	4.54545836890719
p_5	3.82009771039596	q_5	2.43885475348521
p_6	2.44255841037839	q_6	1.41979314298775
p_7	1.41979314298775		

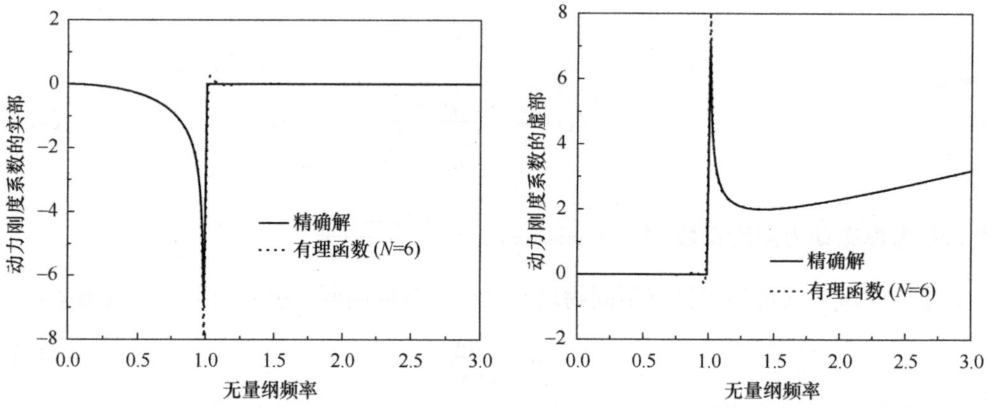

图 4.1-1 无量纲动力刚度系数

用有理函数近似式（4.1-7）代替精确的动力刚度系数式（4.1-6）后，式（4.1-2）在时域内形成高阶微分方程，通过引入辅助变量对时间高阶线性系统进行等价降阶变换，式（4.1-2）转化为如图 4.1-2 所示的时域高阶弹簧-阻尼-质量模型，模型的运动方程为：

$$p_j(t) = (C_{j,0} + C_{j,1})\dot{u}_j(t) + K_{j,0}u_j(t) - C_{j,1}\dot{u}_{j,1}(t) \tag{4.1-8a}$$

$$M_{j,l}\ddot{u}_{j,l}(t)+(C_{j,l}+C_{j,l+1})\dot{u}_{j,l}(t)=C_{j,l}\dot{u}_{j,l-1}(t)+C_{j,l+1}\dot{u}_{j,l+1}(t),\ l=1,\cdots,N-1 \tag{4.1-8b}$$

$$M_{j,N}\ddot{u}_{j,N}(t)+C_{j,N}\dot{u}_{j,N}(t)=C_{j,N}\dot{u}_{j,N-1}(t) \tag{4.1-8c}$$

式中，$p_j(t)$ 是模态动水压力的时域值；$u_j(t)$ 是模态位移的时域值；$u_{j,l}(t)$ 是为了避免出现变量的高阶时间导数而引入的辅助变量，相应于高阶弹簧-阻尼-质量模型的辅助自由度；$K_{j,0}$、$C_{j,l}$ $(l=0,\cdots,N)$ 和 $M_{j,l}$ $(l=1,\cdots,N)$ 分别是弹簧、阻尼器和质量常数。

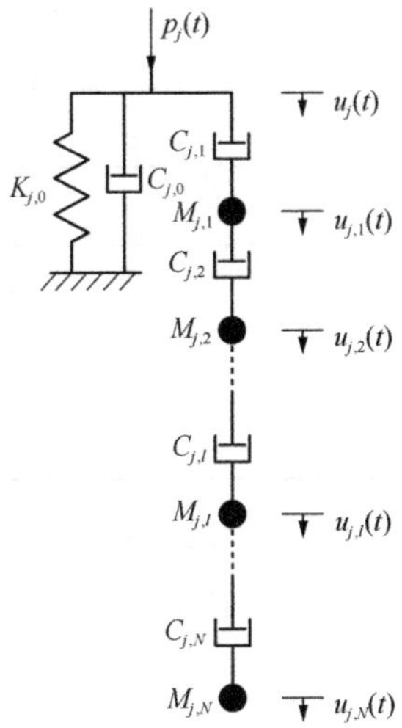

图 4.1-2　高阶弹簧-阻尼-质量模型

式（4.1-7）和式（4.1-8）联立可以写为如下矩阵形式，即：

$$\boldsymbol{M}_j\ddot{\boldsymbol{u}}_j(t)+\boldsymbol{C}_j\dot{\boldsymbol{u}}_j(t)=-\boldsymbol{p}_j(t) \tag{4.1-9a}$$

式中：

$$\boldsymbol{u}_j(t)=\{u_{j,1}(t)\quad u_{j,2}(t)\quad\cdots\quad u_{j,N}(t)\}^{\mathrm{T}} \tag{4.1-9b}$$

$$\boldsymbol{p}_j(t)=\{-C_{j,1}\dot{u}_j(t)\quad 0\quad 0\}^{\mathrm{T}} \tag{4.1-9c}$$

$$\boldsymbol{M}_j=\begin{bmatrix} M_{j,1} & 0 & 0 & \cdots & 0 & 0\\ 0 & M_{j,2} & 0 & \cdots & 0 & 0\\ 0 & 0 & M_{j,3} & \cdots & 0 & 0\\ \vdots & \vdots & \vdots & \ddots & \vdots & \vdots\\ 0 & 0 & 0 & \cdots & M_{j,N-1} & 0\\ 0 & 0 & 0 & \cdots & 0 & M_{j,N}\end{bmatrix} \tag{4.1-9d}$$

$$\boldsymbol{C}_j=\begin{bmatrix} C_{j,1}+C_{j,2} & -C_{j,2} & 0 & \cdots & 0 & 0\\ -C_{j,2} & C_{j,2}+C_{j,3} & -C_{j,3} & \cdots & 0 & 0\\ 0 & -C_{j,3} & C_{j,3}+C_{j,4} & \cdots & 0 & 0\\ \vdots & \vdots & \vdots & \ddots & \vdots & \vdots\\ 0 & 0 & 0 & \cdots & C_{j,N-1}+C_{j,N} & -C_{j,N}\\ 0 & 0 & 0 & \cdots & -C_{j,N} & C_{j,N}\end{bmatrix} \tag{4.1-9e}$$

弹簧、阻尼器和质量参数可以采用与介质材料和几何参数无关的无量纲参数表示，由下面公式确定：

$$K_{j,0}=\rho_{\mathrm{w}}c^2\lambda_j k_0 \tag{4.1-10}$$

$$C_{j,l}=\rho_{\mathrm{w}}cc_l\qquad l=0,\cdots,N \tag{4.1-11}$$

$$M_{j,l}=\frac{\rho_{\mathrm{w}}}{\lambda_j}m_l\qquad l=1,\cdots,N \tag{4.1-12}$$

式中，ρ_{w} 和 c 分别是库水密度和水中波速；k_0、c_l 和 m_l 分别为无量纲弹簧、阻尼和质量参数，$N=6$ 阶有理函数的值见表 4.1-2。

高阶弹簧-阻尼-质量模型的无量纲参数（$N=6$）　　表 4.1-2

参数	值	参数	值
c_0	$-8.231193504570911\times10^{-12}$	k_0	0
c_1	$0.000100000000001\times10^4$	m_1	$-3.833489937001267\times10^2$
c_2	$-7.573834321340320\times10^4$	m_2	$3.836050759494681\times10^2$
c_3	$-0.000018128405788\times10^4$	m_3	$-0.000274380826594\times10^2$
c_4	$0.000014797748690\times10^4$	m_4	$0.007864642000000\times10^2$
c_5	$0.000005054271857\times10^4$	m_5	$0.001119506783913\times10^2$
c_6	$-0.000030959146088\times10^4$	m_6	$-0.001270590450560\times10^2$

式（4.1-1）和式（4.1-2）的时域表达式以及式（4.1-9）构成在坝-水交界面处坝面水平位移计算坝面动水压力的高阶精度时域公式。实际计算中取前 M 阶模态，即 $j=1,2,\cdots,M$。

4.1.3 动水压力的有限元实现

线弹性坝体的有限元方程可以按坝-水交界面结点水平自由度（下标 B）和其余坝体自由度（下标 I）写为如下分块形式：

$$\begin{bmatrix}\boldsymbol{M}_{\mathrm{I}} & \boldsymbol{0}\\ \boldsymbol{0} & \boldsymbol{M}_{\mathrm{B}}\end{bmatrix}\begin{Bmatrix}\ddot{\boldsymbol{u}}_{\mathrm{I}}(t)\\ \ddot{\boldsymbol{u}}_{\mathrm{B}}(t)\end{Bmatrix}+\begin{bmatrix}\boldsymbol{C}_{\mathrm{I}} & \boldsymbol{C}_{\mathrm{IB}}\\ \boldsymbol{C}_{\mathrm{BI}} & \boldsymbol{C}_{\mathrm{B}}\end{bmatrix}\begin{Bmatrix}\dot{\boldsymbol{u}}_{\mathrm{I}}(t)\\ \dot{\boldsymbol{u}}_{\mathrm{B}}(t)\end{Bmatrix}+\begin{bmatrix}\boldsymbol{K}_{\mathrm{I}} & \boldsymbol{K}_{\mathrm{IB}}\\ \boldsymbol{K}_{\mathrm{BI}} & \boldsymbol{K}_{\mathrm{B}}\end{bmatrix}\begin{Bmatrix}\boldsymbol{u}_{\mathrm{I}}(t)\\ \boldsymbol{u}_{\mathrm{B}}(t)\end{Bmatrix}=\begin{Bmatrix}\boldsymbol{0}\\ \boldsymbol{f}_{\mathrm{B}}(t)\end{Bmatrix}$$

（4.1-13）

式中，$\boldsymbol{u}(t)$ 是绝对位移列向量；变量上方的点表示时间导数；$\boldsymbol{M}$、$\boldsymbol{C}$ 和 $\boldsymbol{K}$ 分别是质量矩阵、阻尼矩阵和刚度矩阵。

式（4.1-13）在坝基处满足强制地震动 $u_g(t)$ 的位移边界条件。假设坝-水交界面有 H 个有限元结点，在下标为 B 的离散向量中 H 个水平自由度按照结点 y 坐标增加的顺序排列。坝体受到水的作用力：

$$\boldsymbol{f}_{\mathrm{B}}(t)=-\int_0^h \boldsymbol{N}^{\mathrm{T}}(y)p(y,t)\mathrm{d}y \tag{4.1-14}$$

式中，$\boldsymbol{N}(y)$ 是坝-水交界面结点的一维有限元形函数行向量，上标 T 表示矩阵转置。

坝-水交界面上采用与式（4.1-13）和式（4.1-14）相同的离散点和形函数，水平位移和模态函数可以插值为：

$$u_x(0,y,t)=\boldsymbol{N}(y)\boldsymbol{u}_{\mathrm{B}}(t) \tag{4.1-15}$$

$$\cos(\lambda_j y)=\boldsymbol{N}(y)\boldsymbol{Y}_j \qquad j=1,\cdots,M \tag{4.1-16}$$

式中，$\boldsymbol{Y}_j=\{\cos(\lambda_j y_1)\quad \cos(\lambda_j y_2)\quad \cdots\quad \cos(\lambda_j y_H)\}^{\mathrm{T}}$ 是模态函数在坝-水交界面结点处（$y_1\sim y_H$是结点纵坐标）的离散值列向量。

将式（4.1-15）和式（4.1-16）代入式（4.1-3）的时域表达式，进一步代入式（4.1-8a）和式（4.1-8b），将结果代入式（4.1-1）后再代入式（4.1-14），整理得：

$$\boldsymbol{f}_{\mathrm{B}}(t)=-\left\{\boldsymbol{C}_{\mathrm{B}}^{\infty}\dot{\boldsymbol{u}}_{\mathrm{B}}(t)+\boldsymbol{K}_{\mathrm{B}}^{\infty}\boldsymbol{u}_{\mathrm{B}}(t)+\sum_{j=1}^{M}\left[\boldsymbol{C}_{\mathrm{B}j}^{\infty}\dot{\boldsymbol{u}}_{j}(t)\right]\right\} \tag{4.1-17}$$

$$\boldsymbol{C}_{\mathrm{B}}^{\infty}=\frac{2}{h}\boldsymbol{W}\sum_{j=1}^{M}\left[(C_{j,0}+C_{j,1})\boldsymbol{Y}_{j}\boldsymbol{Y}_{j}^{\mathrm{T}}\right]\boldsymbol{W} \tag{4.1-18}$$

$$\boldsymbol{K}_{\mathrm{B}}^{\infty}=\frac{2}{h}\boldsymbol{W}\sum_{j=1}^{M}(\boldsymbol{K}_{j,0}\boldsymbol{Y}_{j}\boldsymbol{Y}_{j}^{\mathrm{T}})\boldsymbol{W} \tag{4.1-19}$$

$$\boldsymbol{C}_{\mathrm{B}j}^{\infty}=-C_{j,1}\boldsymbol{W}\boldsymbol{I}_{j} \tag{4.1-20}$$

式中，$\boldsymbol{u}_j(t)=\{u_{j,1}(t)\quad u_{j,2}(t)\quad\cdots\quad u_{j,N}(t)\}^{\mathrm{T}}$ 是辅助函数列向量；$\boldsymbol{W}=\int_0^h\boldsymbol{N}^{\mathrm{T}}(y)\boldsymbol{N}(y)\mathrm{d}y$ 是形函数矩阵，当采用集中离散时为对角矩阵；矩阵 $\boldsymbol{I}_j$ 的第一列为 $\boldsymbol{Y}_j$，其余元素为零。阻尼矩阵 $\boldsymbol{C}_{\mathrm{B}}^{\infty}$ 和刚度矩阵 $\boldsymbol{K}_{\mathrm{B}}^{\infty}$ 是 $H\times H$ 阶的对称满阵。

将式（4.1-7）和式（4.1-8）写为矩阵形式，并且方程两边乘以 $h/2$，整理得：

$$\boldsymbol{M}_{j}^{\infty}\ddot{\boldsymbol{u}}_{j}(t)+\boldsymbol{C}_{j}^{\infty}\dot{\boldsymbol{u}}_{j}(t)+\boldsymbol{C}_{j\mathrm{B}}^{\infty}\dot{\boldsymbol{u}}_{\mathrm{B}}(t)=\boldsymbol{0}\quad j=1,\cdots,M \tag{4.1-21}$$

式中：

$$\boldsymbol{M}_{j}^{\infty}=\frac{h}{2}\begin{bmatrix}M_{j,1}&0&0&\cdots&0&0\\0&M_{j,2}&0&\cdots&0&0\\0&0&M_{j,3}&\cdots&0&0\\\vdots&\vdots&\vdots&\ddots&\vdots&\vdots\\0&0&0&\cdots&M_{j,N-1}&0\\0&0&0&\cdots&0&M_{j,N}\end{bmatrix} \tag{4.1-22}$$

$$\boldsymbol{C}_{j}^{\infty}=\frac{h}{2}\begin{bmatrix}C_{j,1}+C_{j,2}&-C_{j,2}&0&\cdots&0&0\\-C_{j,2}&C_{j,2}+C_{j,3}&-C_{j,3}&\cdots&0&0\\0&-C_{j,3}&C_{j,3}+C_{j,4}&\cdots&0&0\\\vdots&\vdots&\vdots&\ddots&\vdots&\vdots\\0&0&0&\cdots&C_{j,N-1}+C_{j,N}&-C_{j,N}\\0&0&0&\cdots&-C_{j,N}&C_{j,N}\end{bmatrix} \tag{4.1-23}$$

$$\boldsymbol{C}_{j\mathrm{B}}^{\infty}=\boldsymbol{C}_{\mathrm{B}j}^{\infty\mathrm{T}} \tag{4.1-24}$$

将式（4.1-17）代入式（4.1-13）后，联立式（4.1-13）和式（4.1-21），得到坝-水系统有限元方程：

$$\boldsymbol{M}\ddot{\boldsymbol{u}}(t)+\boldsymbol{C}\dot{\boldsymbol{u}}(t)+\boldsymbol{K}\boldsymbol{u}(t)=\boldsymbol{0} \tag{4.1-25}$$

式中，全部自由度构成的列向量为：

$$\boldsymbol{u}(t)=\left\{\boldsymbol{u}_{\mathrm{I}}^{\mathrm{T}}(t)\quad\boldsymbol{u}_{\mathrm{B}}^{\mathrm{T}}(t)\quad\boldsymbol{u}_{1}^{\mathrm{T}}(t)\quad\boldsymbol{u}_{2}^{\mathrm{T}}(t)\quad\cdots\quad\boldsymbol{u}_{M}^{\mathrm{T}}(t)\right\}^{\mathrm{T}} \tag{4.1-26}$$

对角的总质量矩阵为：

$$\boldsymbol{M}=\begin{bmatrix}\boldsymbol{M}_{\mathrm{I}} & \mathbf{0} & \mathbf{0} & \mathbf{0} & \cdots & \mathbf{0} & \mathbf{0}\\ \mathbf{0} & \boldsymbol{M}_{\mathrm{B}} & \mathbf{0} & \mathbf{0} & \cdots & \mathbf{0} & \mathbf{0}\\ \mathbf{0} & \mathbf{0} & \boldsymbol{M}_{1}^{\infty} & \mathbf{0} & \cdots & \mathbf{0} & \mathbf{0}\\ \mathbf{0} & \mathbf{0} & \mathbf{0} & \boldsymbol{M}_{2}^{\infty} & \cdots & \mathbf{0} & \mathbf{0}\\ \vdots & \vdots & \vdots & \vdots & \ddots & \vdots & \vdots\\ \mathbf{0} & \mathbf{0} & \mathbf{0} & \mathbf{0} & \cdots & \boldsymbol{M}_{M-1}^{\infty} & \mathbf{0}\\ \mathbf{0} & \mathbf{0} & \mathbf{0} & \mathbf{0} & \cdots & \mathbf{0} & \boldsymbol{M}_{M}^{\infty}\end{bmatrix} \tag{4.1-27}$$

对称的总阻尼矩阵为：

$$\boldsymbol{C}=\begin{bmatrix}\boldsymbol{C}_{\mathrm{I}} & \boldsymbol{C}_{\mathrm{IB}} & \mathbf{0} & \mathbf{0} & \cdots & \mathbf{0} & \mathbf{0}\\ \boldsymbol{C}_{\mathrm{BI}} & \boldsymbol{C}_{\mathrm{B}}+\boldsymbol{C}_{\mathrm{B}}^{\infty} & \boldsymbol{C}_{\mathrm{B1}}^{\infty} & \boldsymbol{C}_{\mathrm{B2}}^{\infty} & \cdots & \boldsymbol{C}_{\mathrm{B}(M-1)}^{\infty} & \boldsymbol{C}_{\mathrm{B}M}^{\infty}\\ \mathbf{0} & \boldsymbol{C}_{1\mathrm{B}}^{\infty} & \boldsymbol{C}_{1}^{\infty} & \mathbf{0} & \cdots & \mathbf{0} & \mathbf{0}\\ \mathbf{0} & \boldsymbol{C}_{2\mathrm{B}}^{\infty} & \mathbf{0} & \boldsymbol{C}_{2}^{\infty} & \cdots & \mathbf{0} & \mathbf{0}\\ \vdots & \vdots & \vdots & \vdots & \ddots & \vdots & \vdots\\ \mathbf{0} & \boldsymbol{C}_{(M-1)\mathrm{B}}^{\infty} & \mathbf{0} & \mathbf{0} & \cdots & \boldsymbol{C}_{M-1}^{\infty} & \mathbf{0}\\ \mathbf{0} & \boldsymbol{C}_{M\mathrm{B}}^{\infty} & \mathbf{0} & \mathbf{0} & \cdots & \mathbf{0} & \boldsymbol{C}_{M}^{\infty}\end{bmatrix} \tag{4.1-28}$$

对称的总刚度矩阵为：

$$\boldsymbol{K}=\begin{bmatrix}\boldsymbol{K}_{\mathrm{I}} & \boldsymbol{K}_{\mathrm{IB}} & \mathbf{0} & \mathbf{0} & \cdots & \mathbf{0} & \mathbf{0}\\ \boldsymbol{K}_{\mathrm{BI}} & \boldsymbol{K}_{\mathrm{B}}+\boldsymbol{K}_{\mathrm{B}}^{\infty} & \mathbf{0} & \mathbf{0} & \cdots & \mathbf{0} & \mathbf{0}\\ \mathbf{0} & \mathbf{0} & \mathbf{0} & \mathbf{0} & \cdots & \mathbf{0} & \mathbf{0}\\ \mathbf{0} & \mathbf{0} & \mathbf{0} & \mathbf{0} & \cdots & \mathbf{0} & \mathbf{0}\\ \vdots & \vdots & \vdots & \vdots & \ddots & \vdots & \vdots\\ \mathbf{0} & \mathbf{0} & \mathbf{0} & \mathbf{0} & \cdots & \mathbf{0} & \mathbf{0}\\ \mathbf{0} & \mathbf{0} & \mathbf{0} & \mathbf{0} & \cdots & \mathbf{0} & \mathbf{0}\end{bmatrix} \tag{4.1-29}$$

式（4.1-25）是具有非对角阻尼矩阵的集中质量动力学运动方程，可以采用文献[1]、[2] 的显式时间积分方法进行求解。

4.1.4 ABAQUS 二次开发

空间离散的高阶精度时域动水压力公式与坝体有限元方程耦合计算有两个思路：一是动水压力公式（4.1-17）和式（4.1-21）与坝体有限元方程（4.1-13）交替求解；二是形成耦合方程（4.1-25）之后再时间积分求解。第一个思路在商用有限元软件中需要每一时步重启动计算，计算效率低，例如文献 [3] 的 ABAQUS 实现采用了该思路。从式（4.1-25）～式（4.1-29）可见，第二个思路的有限元实现需要扩展自由度并且修改坝体有限元方程矩阵，自己编程实现或者利用开源有限元程序较容易实现，例如文献 [4] 的 OpenSees 实现采用了该思路。本节基于第二个思路给出高阶精度时域动水压力公式在商用有限元软件 ABAQUS 中的实现方法。

由于商用软件的封装性，难以直接修改有限元矩阵，本书利用将矩阵转化为物理模型的方式在有限元建模阶段实现动水压力公式，之后的求解过程中无需重启动等任何特别处理。

从式（4.1-25）～式（4.1-29）可见，实现动水压力公式需要在坝体有限元模型基础上进行如下操作：式（4.1-26）表明，需要在坝体有限元模型基础上新建立 $M\times N$ 个辅助自由度；质量矩阵式（4.1-27）表明，与辅助自由度对应的质量矩阵是对角的，需要在每个辅助自由度上设置一个集中质量；阻尼矩阵式（4.1-28）是对称的，带有上标 ∞ 的系数表示需要在坝体有限元矩阵基础上增加的元素，对于矩阵中相应于自由度 i 和 j 的元素，示意表示为：

$$\begin{bmatrix} C_1 & \cdots & C_3 \\ \vdots & \ddots & \vdots \\ C_3 & \cdots & C_2 \end{bmatrix} = \begin{bmatrix} -C_3 & \cdots & -(-C_3) \\ \vdots & \ddots & \vdots \\ -(-C_3) & \cdots & -C_3 \end{bmatrix} + \begin{bmatrix} C_1+C_3 & \cdots & 0 \\ \vdots & \ddots & \vdots \\ 0 & \cdots & C_2+C_3 \end{bmatrix} \tag{4.1-30}$$

式（4.1-30）中的四个元素可以等价为如下物理模型系统：在两个自由度 i 和 j 之间连接一个阻尼系数为 $-C_3$ 的阻尼器，在自由度 i 和 j 上分别设置远端固定的系数为 C_1+C_3 和 C_2+C_3 的阻尼器。阻尼矩阵式（4.1-28）中带有上标 ∞ 的全部系数可以采用该方式转化为物理模型在有限元建模阶段实现。刚度矩阵式（4.1-29）也可以采用相同的方式实现，此时物理模型由阻尼器变为弹簧。

上述实现方式表明，在商用有限元软件中，高阶精度时域动水压力公式可以转化为由一定数量的集中质量单元、阻尼器单元和弹簧单元按照一定连接方式形成的物理模型系统，在有限元建模阶段实现。大量单元的连接操作可以通过自编 Fortran 程序书写 ABAQUS-inp 文件的方式实现。从表 4.1-2 可见，高阶弹簧-阻尼-质量模型具有负值常数，导致矩阵式（4.1-27）～式（4.1-29）中由动水压力公式引入的矩阵元素可能为负值，而 ABAQUS 的集中质量单元、阻尼器单元和弹簧单元不允许负值，因而作者利用用户单元子程序（UEL）开发了允许负值的三类单元，从而在 ABAQUS 中实现了高阶精度时域动水压力公式。

4.1.5 数值算例验证

为验证高阶精度时域动水压力公式的有效性，首先分析刚性坝体地震动水压力问题。库水深度 $h=150\text{m}$，水的密度为 $\rho_w=1000\text{kg/m}^3$，水中波速为 $c=1438\text{m/s}$。

图 4.1-3 和图 4.1-4 分别给出刚性坝面底部的动水压力时程和刚性坝面底部动水压力时程峰值时刻坝面动水压力的分布。两图中的动水压力公式结果是采用提出的动水压力公式在 ABAQUS 中计算的结果，具体做法是：建立一个与水深等高度的矩形坝体，采用相同尺寸的矩形有限单元离散，单元高度为 15m，坝体所有结点施加图 1.3-2 所示位移时程来模拟刚性坝体运动，其中 $A=1$、$T=0.5\text{s}$；上游坝面施加动水压力公式（$M=5$，$N=6$），计算后提取坝体上游面底部结点的反力时程并除以单元高度的一半作为动水压力结果。

从图 4.1-3 和图 4.1-4 可以看到，动水压力公式的计算结果与参考解较好吻合，说明动水压力公式及其 ABAQUS 实现的有效性。

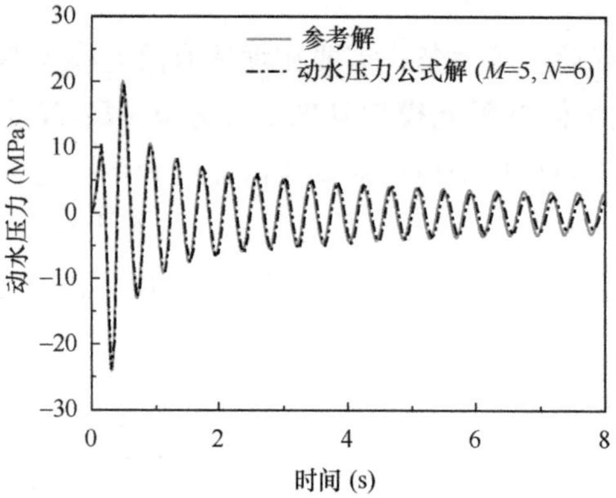

图 4.1-3　刚性坝面底部动水压力时程

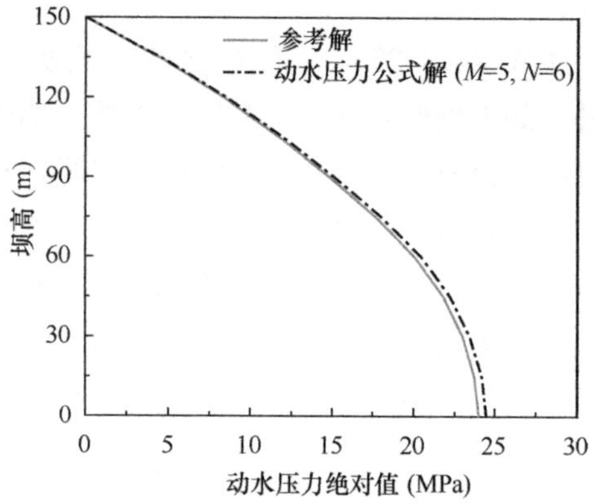

图 4.1-4　动水压力时程峰值时刻（0.31s）坝面动水压力分布

4.2　柱-水相互作用的时域子结构模型

4.2.1　动水压力-坝面位移的动力刚度系数

1. 圆形桥墩动力刚度关系

将圆形桥墩动水力公式（3.1-26）重写为如下动力刚度关系，即：

$$F = \sum_{m=1}^{\infty} F_m \phi_m \tag{4.2-1}$$

$$F_m = -SU_m \tag{4.2-2}$$

$$U_m = \frac{2}{h}\int_0^h U\phi_m \mathrm{d}z \tag{4.2-3}$$

$$S = S_0 \frac{b^2 \bar{\omega}^2 H_1^{(2)}(-\mathrm{i}b\sqrt{1-\bar{\omega}^2})}{(-\mathrm{i}b\sqrt{1-\bar{\omega}^2})H^{(2)\prime}{}_1(-\mathrm{i}b\sqrt{1-\bar{\omega}^2})} \tag{4.2-4}$$

式中，S 为模态动力刚度系数；$b=\lambda_m a$；$\phi_m=\cos\lambda_m y$；$\lambda_m=\dfrac{(2m-1)\pi}{2h}$；$S_0=\pi\rho c^2$；$\bar{\omega}=\dfrac{\omega}{\lambda_m c}$。

2. 方形桥墩动力刚度关系

通过第 3.3 节中动水压力的计算方法可得到方形截面桥墩的动水力为：

$$F = \sum_{m=1}^{\infty} F_m \phi_m \tag{4.2-5}$$

$$F_m = -SU_m \tag{4.2-6}$$

$$S = S_0 \frac{b^2 \bar{\omega}^2 H_1^{(2)}(-\mathrm{i}b\sqrt{1-\bar{\omega}^2})}{(-\mathrm{i}b\sqrt{1-\bar{\omega}^2})H^{(2)\prime}{}_1(-\mathrm{i}b\sqrt{1-\bar{\omega}^2})} \tag{4.2-7}$$

式中，a 为方形截面边长；$b=\lambda_m a\alpha_0$，$\alpha_0=1.145$，$\beta_0=1.186$；$S_0=4\rho c^2\beta_0/\alpha_0^2$。

4.2.2　时间局部化

在频域内建立模态动力刚度系数的有理函数近似式，将动力系统线性化。动力刚度系数式（4.2-4）和式（4.2-7）可表示为如下有理函数近似式，即：

$$S\approx\widetilde{S}=S_0\frac{p_0+p_1(\mathrm{i}\bar{\omega})+\cdots+p_{N+1}(\mathrm{i}\bar{\omega})^{N+1}}{q_0+q_1(\mathrm{i}\bar{\omega})+\cdots+q_N(\mathrm{i}\bar{\omega})^N}\tag{4.2-8}$$

式中，N 表示有理函数的阶数，阶数越高，精度也越高；$p_n(n=0,\cdots,N+1)$ 和 $q_n(n=0,\cdots,N)$ 是待定的实常数。

由式（4.2-4）和式（4.2-7）可以看出，精确动力刚度系数与圆柱和方柱几何尺寸 a/h 和模态阶数 m 相关。因此，直接对式（4.2-4）和式（4.2-7）进行有理函数近似需要多次识别，即对不同的 a/h 值和其前 M 阶模态都要进行有理函数近似。并且，数值计算表明有理函数需要比较高的阶数才能使精确动力刚度系数式（4.2-8）达到较高的精度。有理函数近似阶数增加，所需要的时间是几何增长的。参照第 2.4 节方法，可将动力刚度系数式（4.2-4）和式（4.2-7）重写为如下形式：

$$S=\frac{-S_0b^2\bar{\omega}^2}{S_2}\tag{4.2-9}$$

$$S_2=-\frac{yH^{(2)\prime}_1(y)}{H_1^{(2)}(y)}\tag{4.2-10}$$

$$y=-\mathrm{i}bS_1\tag{4.2-11}$$

$$S_1=\sqrt{1-x^2}\tag{4.2-12}$$

$$x=\bar{\omega}\tag{4.2-13}$$

S_1 和 S_2 可以近似表示为如下有理函数，即：

$$S_1\approx\frac{p_0^{(1)}+p_1^{(1)}(\mathrm{i}x)+\cdots+p_{N_1+1}^{(1)}(\mathrm{i}x)^{N_1+1}}{q_0^{(1)}+q_1^{(1)}(\mathrm{i}x)+\cdots+q_{N_1}^{(1)}(\mathrm{i}x)^{N_1}}\tag{4.2-14}$$

$$S_2\approx\frac{p_0^{(2)}+p_1^{(2)}(\mathrm{i}y)+\cdots+p_{N_2+1}^{(2)}(\mathrm{i}y)^{N_2+1}}{q_0^{(2)}+q_1^{(2)}(\mathrm{i}y)+\cdots+q_{N_2}^{(2)}(\mathrm{i}y)^{N_2}}\tag{4.2-15}$$

式中，N_1 和 N_2 是有理函数的阶数；$p_0^{(1)}=q_0^{(1)}=1$，$p_{N_2+1}^{(1)}=q_{N_2}^{(1)}$，$p_0^{(2)}=1$，$q_0^{(2)}=1$，$p_{N_2+1}^{(2)}=q_{N_2}^{(2)}$；$N_1=5$ 时 $p_n^{(1)}$、$q_n^{(1)}$ 的值见表 2.3-1，$N_2=3$ 时 $p_n^{(2)}$ 和 $q_n^{(2)}$ 值见表 2.4-1。

m 和 a/h 取不同值时，对应的动力刚度系数 S 的有理函数近似可通过式（4.2-9）～式（4.2-13）获得，有理函数的阶数为 $N=N_1N_2+N_1+N_2$。相应的有理函数的系数可通过软件 MATLAB 符号运算得到。

有理函数式（4.2-8）替代动力刚度系数式（4.2-4）和式（4.2-7）后，通过引入辅助变量对时间高阶线性系统进行等价降阶变换，式（4.2-8）转换为如图 4.2-1 所示的弹簧-阻尼-质量集中参数模型。该模型的动力方程可表示为：

$$\boldsymbol{M}_m\ddot{\boldsymbol{u}}_m+\boldsymbol{C}_m\dot{\boldsymbol{u}}_m+\boldsymbol{K}_m\boldsymbol{u}_m+\boldsymbol{f}_m=0\tag{4.2-16}$$

式中：

$$\boldsymbol{u}_m = \{u_m \quad u_{m,1} \quad \cdots \quad u_{m,N}\}^{\mathrm{T}} \tag{4.2-17}$$

$$\boldsymbol{f}_m = \{f_m \quad 0 \quad \cdots \quad 0\}^{\mathrm{T}} \tag{4.2-18}$$

$$\boldsymbol{M}_m = \begin{bmatrix} 0 & 0 & 0 & \cdots & 0 & 0 \\ 0 & M_{m,1} & 0 & \cdots & 0 & 0 \\ 0 & 0 & M_{m,2} & \cdots & 0 & 0 \\ \vdots & \vdots & \vdots & \ddots & \vdots & \vdots \\ 0 & 0 & 0 & \cdots & M_{m,N-1} & 0 \\ 0 & 0 & 0 & \cdots & 0 & M_{m,N} \end{bmatrix} \tag{4.2-19a}$$

$$\boldsymbol{C}_m = \begin{bmatrix} C_{m,0}+C_{m,1} & -C_{m,1} & 0 & \cdots & 0 & 0 \\ -C_{m,1} & C_{m,1}+C_{m,2} & -C_{m,2} & \cdots & 0 & 0 \\ 0 & -C_{m,2} & C_{m,2}+C_{m,3} & \cdots & 0 & 0 \\ \vdots & \vdots & \vdots & \ddots & \vdots & \vdots \\ 0 & 0 & 0 & \cdots & C_{m,N-1}+C_{m,N} & -C_{m,N} \\ 0 & 0 & 0 & \cdots & -C_{m,N} & C_{m,N} \end{bmatrix} \tag{4.2-19b}$$

$$\boldsymbol{K}_m = \begin{bmatrix} K_{m,0} & 0 & 0 & \cdots & 0 & 0 \\ 0 & 0 & 0 & \cdots & 0 & 0 \\ 0 & 0 & 0 & \cdots & 0 & 0 \\ \vdots & \vdots & \vdots & \ddots & \vdots & \vdots \\ 0 & 0 & 0 & \cdots & 0 & 0 \\ 0 & 0 & 0 & \cdots & 0 & 0 \end{bmatrix} \tag{4.2-19c}$$

式中，$u_m(t)$ 和 $f_m(t)$ 是 $U_m(\omega)$ 和 $F_m(\omega)$ 的时域值；$u_{m,n}(t)$ 是对应于弹簧-阻尼-质量模型中辅助自由度的辅助变量；$K_{m,0}$、$C_{m,n}$ 和 $M_{m,n}$ 是待定的实常数（正负都可），$n=1,\cdots,N$。

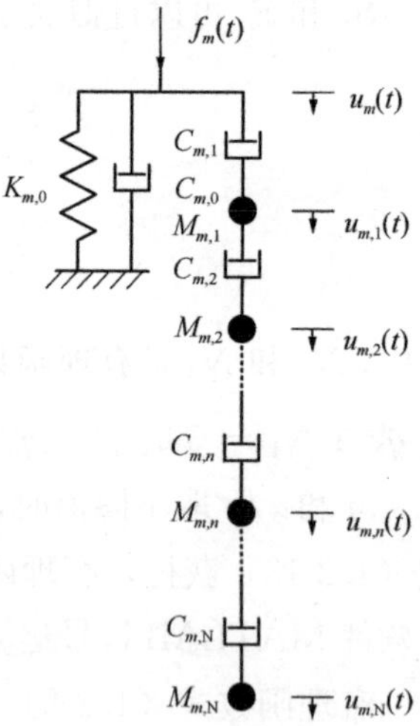

图 4.2-1 弹簧-阻尼-质量集中参数模型

式（4.2-19）中，弹簧、阻尼和质量参数表示如下：

$$K_{m,0} = S_0 k_{m,0} \tag{4.2-20a}$$

$$C_{m,n} = \frac{S_0}{\lambda_m c} c_{m,n} \quad n=0,\cdots,N \tag{4.2-20b}$$

$$M_{m,n} = \frac{S_0}{\lambda_m^2 c^2} m_{m,n} \quad n=1,\cdots,N \tag{4.2-20c}$$

式中，$k_{m,0}$，$c_{m,n}$ 和 $m_{m,n}$ 分别为相应于无量纲频率 $\bar{\omega}$ 的无量纲弹簧、阻尼和质量参数。弹簧-阻尼-质量模型的动力刚度系数为一连分式；有理函数近似可以通过反复应用多项式除法展开为连分式。因此，通过两个模型连分式的比较可以得到无量纲弹簧、阻尼和质量常数。计算程序是在 MATLAB 中编程实现的。

4.2.3　动水力的有限元实现

柔性圆柱与水体相互作用系统采用有限元离散后可表示为如下有限元方程，其中圆柱的位移向量 $\boldsymbol{u}(t)$ 分为水中部分 $\boldsymbol{u}_{\mathrm{B}}$ 和无水部分 $\boldsymbol{u}_{\mathrm{I}}$，即：

$$\begin{bmatrix}\boldsymbol{M}_{\mathrm{I}} & 0\\ 0 & \boldsymbol{M}_{\mathrm{B}}\end{bmatrix}\begin{Bmatrix}\ddot{\boldsymbol{u}}_{\mathrm{I}}\\ \ddot{\boldsymbol{u}}_{\mathrm{B}}\end{Bmatrix}+\begin{bmatrix}\boldsymbol{C}_{\mathrm{I}} & \boldsymbol{C}_{\mathrm{IB}}\\ \boldsymbol{C}_{\mathrm{BI}} & \boldsymbol{C}_{\mathrm{B}}\end{bmatrix}\begin{Bmatrix}\dot{\boldsymbol{u}}_{\mathrm{I}}\\ \dot{\boldsymbol{u}}_{\mathrm{B}}\end{Bmatrix}+\begin{bmatrix}\boldsymbol{K}_{\mathrm{I}} & \boldsymbol{K}_{\mathrm{IB}}\\ \boldsymbol{K}_{\mathrm{BI}} & \boldsymbol{K}_{\mathrm{B}}\end{bmatrix}\begin{Bmatrix}\boldsymbol{u}_{\mathrm{I}}\\ \boldsymbol{u}_{\mathrm{B}}\end{Bmatrix}=\begin{Bmatrix}\boldsymbol{0}\\ \boldsymbol{f}_{\mathrm{B}}\end{Bmatrix} \tag{4.2-21}$$

式中，下标 I 表示与圆柱水下结点相关，下标 B 表示与圆柱无水结点相关；$\boldsymbol{M}$、$\boldsymbol{C}$ 和 $\boldsymbol{K}$ 分别是圆柱的集中质量矩阵、阻尼矩阵和刚度矩阵；动水力向量 $\boldsymbol{f}_{\mathrm{B}}(t)$ 为：

$$\boldsymbol{f}_{\mathrm{B}}(t)=\int_0^h \boldsymbol{N}^{\mathrm{T}} f\mathrm{d}z \tag{4.2-22}$$

式中，f 为频域动水力 F 的时域形式；$\boldsymbol{N}(z)$ 为全局形函数向量；上标 T 表示矩阵的转置。水体的模态取前 M 阶。有限元离散后有：

$$\boldsymbol{f}_{\mathrm{B}}(t)=-\left[\boldsymbol{C}_{\mathrm{B}}^{\infty}\,\dot{\boldsymbol{u}}_{\mathrm{B}}(t)+\boldsymbol{K}_{\mathrm{B}}^{\infty}\,\boldsymbol{u}_{\mathrm{B}}(t)+\sum_{m=1}^{M}\left[\boldsymbol{C}_{\mathrm{B}m}^{\infty}\,\dot{\boldsymbol{u}}_m(t)\right]\right] \tag{4.2-23}$$

式中

$$\boldsymbol{C}_{\mathrm{B}}^{\infty}=\frac{2}{h}\boldsymbol{W}\sum_{m=1}^{M}\left[(C_{m,0}+C_{m,1})\,\boldsymbol{\Phi}_m\boldsymbol{\Phi}_m^{\mathrm{T}}\right]\boldsymbol{W} \tag{4.2-24a}$$

$$\boldsymbol{C}_{\mathrm{B}m}^{\infty}=-C_{m,1}\boldsymbol{W}\boldsymbol{I}_m \tag{4.2-24b}$$

$$\boldsymbol{K}_{\mathrm{B}}^{\infty}=\frac{2}{h}\boldsymbol{W}\sum_{m=1}^{M}(K_{m,0}\,\boldsymbol{\Phi}_m\boldsymbol{\Phi}_m^{\mathrm{T}})\boldsymbol{W} \tag{4.2-24c}$$

$$\boldsymbol{W}=\int_0^h \boldsymbol{N}^{\mathrm{T}}(z)\boldsymbol{N}(z)\mathrm{d}z \tag{4.2-25}$$

式中，$m=1,\cdots,M$；$\boldsymbol{I}_m$ 是一零矩阵，除第一列为 $\boldsymbol{\Phi}_m$；$\boldsymbol{C}_{\mathrm{B}}^{\infty}$ 和 $\boldsymbol{K}_{\mathrm{B}}^{\infty}$ 为满秩的对称矩阵；$\boldsymbol{\Phi}_m$ 为圆柱结点的 m 阶水层振型函数向量；$\boldsymbol{u}_{\mathrm{B}}(t)$ 为圆柱结点向量。

将式（4.2-16）、式（4.2-23）和式（4.2-21）联立后，可得到圆柱与水体相互作用系统的有限元方程为：

$$\boldsymbol{M}\ddot{\boldsymbol{u}}+\boldsymbol{C}\dot{\boldsymbol{u}}+\boldsymbol{K}\boldsymbol{u}=0 \tag{4.2-26}$$

式中

$$\boldsymbol{u}=\{\boldsymbol{u}_{\mathrm{I}}^{\mathrm{T}}\quad \boldsymbol{u}_{\mathrm{B}}^{\mathrm{T}}\quad \boldsymbol{u}_1^{\infty\mathrm{T}}\quad \boldsymbol{u}_2^{\infty\mathrm{T}}\quad \cdots\quad \boldsymbol{u}_M^{\infty\mathrm{T}}\}^{\mathrm{T}} \tag{4.2-27}$$

$$\boldsymbol{u}_m^{\infty}=\{u_{m,1}\quad u_{m,2}\quad \cdots\quad u_{m,N}\}^{\mathrm{T}} \tag{4.2-28}$$

$$\boldsymbol{C}_{\mathrm{B}m}^{\infty}=\boldsymbol{C}_{mB}^{\infty\mathrm{T}} \tag{4.2-29}$$

$$\boldsymbol{M}=\begin{bmatrix}\boldsymbol{M}_{\mathrm{I}} & \boldsymbol{0} & \boldsymbol{0} & \boldsymbol{0} & \cdots & \boldsymbol{0} & \boldsymbol{0}\\ \boldsymbol{0} & \boldsymbol{M}_{\mathrm{B}} & \boldsymbol{0} & \boldsymbol{0} & \cdots & \boldsymbol{0} & \boldsymbol{0}\\ \boldsymbol{0} & \boldsymbol{0} & \boldsymbol{M}_1^{\infty} & \boldsymbol{0} & \cdots & \boldsymbol{0} & \boldsymbol{0}\\ \boldsymbol{0} & \boldsymbol{0} & \boldsymbol{0} & \boldsymbol{M}_2^{\infty} & \cdots & \boldsymbol{0} & \boldsymbol{0}\\ \vdots & \vdots & \vdots & \vdots & \ddots & \vdots & \vdots\\ \boldsymbol{0} & \boldsymbol{0} & \boldsymbol{0} & \boldsymbol{0} & \cdots & \boldsymbol{M}_{M-1}^{\infty} & \boldsymbol{0}\\ \boldsymbol{0} & \boldsymbol{0} & \boldsymbol{0} & \boldsymbol{0} & \cdots & \boldsymbol{0} & \boldsymbol{M}_M^{\infty}\end{bmatrix} \tag{4.2-30a}$$

$$
\boldsymbol{C}=\begin{bmatrix}
\boldsymbol{C}_{\mathrm{I}} & \boldsymbol{C}_{\mathrm{IB}} & \mathbf{0} & \mathbf{0} & \cdots & \mathbf{0} & \mathbf{0} \\
\boldsymbol{C}_{\mathrm{BI}} & \boldsymbol{C}_{\mathrm{B}}+\boldsymbol{C}_{\mathrm{B}}^{\infty} & \boldsymbol{C}_{\mathrm{B1}}^{\infty} & \boldsymbol{C}_{\mathrm{B2}}^{\infty} & \cdots & \boldsymbol{C}_{\mathrm{B}(M-1)}^{\infty} & \boldsymbol{C}_{\mathrm{B}M}^{\infty} \\
\mathbf{0} & \boldsymbol{C}_{1\mathrm{B}}^{\infty} & \boldsymbol{C}_{1}^{\infty} & \mathbf{0} & \cdots & \mathbf{0} & \mathbf{0} \\
\mathbf{0} & \boldsymbol{C}_{2\mathrm{B}}^{\infty} & \mathbf{0} & \boldsymbol{C}_{2}^{\infty} & \cdots & \mathbf{0} & \mathbf{0} \\
\vdots & \vdots & \vdots & \vdots & \ddots & \vdots & \vdots \\
\mathbf{0} & \boldsymbol{C}_{(M-1)\mathrm{B}}^{\infty} & \mathbf{0} & \mathbf{0} & \cdots & \boldsymbol{C}_{M-1}^{\infty} & \mathbf{0} \\
\mathbf{0} & \boldsymbol{C}_{M\mathrm{B}}^{\infty} & \mathbf{0} & \mathbf{0} & \cdots & \mathbf{0} & \boldsymbol{C}_{M}^{\infty}
\end{bmatrix} \tag{4.2-30b}
$$

$$
\boldsymbol{K}=\begin{bmatrix}
\boldsymbol{K}_{\mathrm{I}} & \boldsymbol{K}_{\mathrm{IB}} & \mathbf{0} & \mathbf{0} & \cdots & \mathbf{0} & \mathbf{0} \\
\boldsymbol{K}_{\mathrm{BI}} & \boldsymbol{K}_{\mathrm{B}}+\boldsymbol{K}_{\mathrm{B}}^{\infty} & \mathbf{0} & \mathbf{0} & \cdots & \mathbf{0} & \mathbf{0} \\
\mathbf{0} & \mathbf{0} & \mathbf{0} & \mathbf{0} & \cdots & \mathbf{0} & \mathbf{0} \\
\mathbf{0} & \mathbf{0} & \mathbf{0} & \mathbf{0} & \cdots & \mathbf{0} & \mathbf{0} \\
\vdots & \vdots & \vdots & \vdots & \ddots & \vdots & \vdots \\
\mathbf{0} & \mathbf{0} & \mathbf{0} & \mathbf{0} & \cdots & \mathbf{0} & \mathbf{0} \\
\mathbf{0} & \mathbf{0} & \mathbf{0} & \mathbf{0} & \cdots & \mathbf{0} & \mathbf{0}
\end{bmatrix} \tag{4.2-30c}
$$

$$
\boldsymbol{C}_{m}^{\infty}=\frac{h}{2}\begin{bmatrix}
C_{m,1}+C_{m,2} & -C_{m,2} & 0 & \cdots & 0 & 0 \\
-C_{m,2} & C_{m,2}+C_{m,3} & -C_{m,3} & \cdots & 0 & 0 \\
0 & -C_{m,3} & C_{m,3}+C_{m,4} & \cdots & 0 & 0 \\
\vdots & \vdots & \vdots & \ddots & \vdots & \vdots \\
0 & 0 & 0 & \cdots & C_{m,N-1}+C_{m,N} & -C_{m,N} \\
0 & 0 & 0 & \cdots & -C_{m,N} & C_{m,N}
\end{bmatrix} \tag{4.2-31}
$$

如果基于现有商业有限元软件分析本节的圆柱与水体的相互作用模型，需要将提出的动水力公式在有限元软件中实现。基于第 4.1.4 节开发的附加质量、阻尼和弹簧单元子程序，可实现提出的圆柱动水力的高阶精度时域简化公式在 ABAQUS 中的应用。

4.2.4 数值算例验证

本节中圆柱 a/h 分别取为 0.1 和 0.25，水深取 80m，水体的模态取为 6 阶。基于软件 ABAQUS，通过研究脉冲作用柔性桥墩的位移反应，以验证所提出的方法。柔性圆柱的密度和弹性模量分别为 $\rho=2500\text{kg/m}^3$ 和 $E=30\text{GPa}$。采用均匀网格划分圆柱，单元长度为 8m。脉冲荷载如图 1.3-2 所示，持时 0.2s。图 4.2-2 为采用所提出的方法和声固耦合法计算得到的柱顶位移反应的比较，可以看出两种方法的计算结果基本一致。

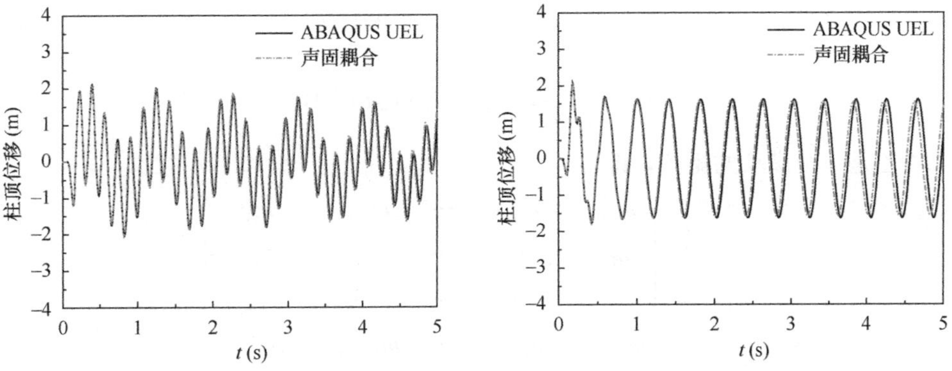

(a) 2a/h=0.2　　(b) 2a/h=0.5

图 4.2-2　ABAQUS 二次开发与声固耦合方法的比较

4.3　基于不可压缩水体的附加质量模型

4.3.1　直立坝面、圆形和椭圆形桥墩

基于解析方法，可推导水体不可压缩时直立坝面、圆形和椭圆形桥墩动水力的表达式为：

$$f = \sum_{m=1}^{\infty} f_m \phi_m \tag{4.3-1}$$

$$f_m = -M_m \ddot{u}_m \tag{4.3-2}$$

$$\ddot{u}_m = \frac{2}{h}\int_0^h \ddot{u}\phi_m \mathrm{d}z \tag{4.3-3}$$

式中，M_m 表示附加质量系数；$\phi_m = \cos\lambda_m z$；$\lambda_m = \dfrac{(2m-1)\pi}{2h}$；$z$ 表示竖向坐标。

对于直立坝面：

$$M_m = \frac{\rho_{\mathrm{w}}}{\lambda_m} \tag{4.3-4}$$

对于圆形桥墩：

$$M_m = -\rho\pi a^2 \frac{K_1(\lambda_m a)}{\lambda_m a K'_1(\lambda_m a)} \tag{4.3-5}$$

式中，a 表示桥墩截面半径。

对于椭圆形桥墩，地震作用沿长轴和短轴方向时：

$$M_{mx} = -\rho\pi b^2 \frac{[B_1^{(1)}]^2 Ke_1(\xi_0, -q)}{Ke'_1(\xi_0, -q)} \tag{4.3-6a}$$

$$M_{my} = -\rho\pi a^2 \frac{[A_1^{(1)}]^2 Ko_1(\xi_0, -q)}{Ko'_1(\xi_0, -q)} \tag{4.3-6b}$$

式中参数定义详见 4.2 节。

通过有限元离散后，动水力向量 $\boldsymbol{f}_{\mathrm{B}}(t)$ 为：

$$f_{\mathrm{B}}(t) = \int_0^h \boldsymbol{N}^{\mathrm{T}} f \mathrm{d}z = -\boldsymbol{M}_{\mathrm{B}}^{add} \ddot{\boldsymbol{u}}_{\mathrm{B}} \tag{4.3-7}$$

$$\boldsymbol{M}_{\mathrm{B}}^{add} = \frac{2}{h} \boldsymbol{W} \Big[\sum_{m=1}^{\infty} M_m \boldsymbol{\Phi}_m \boldsymbol{\Phi}_m^{\mathrm{T}} \Big] \boldsymbol{W} \tag{4.3-8}$$

其中，$\boldsymbol{M}_{\mathrm{B}}^{add}$ 是一个满秩的矩阵，即：

$$\boldsymbol{M}_{\mathrm{B}}^{add} = \begin{bmatrix} m_{1,1} & m_{1,2} & \cdots & m_{1,L-1} & m_{1,L} \\ m_{2,1} & m_{2,2} & \cdots & m_{2,L-1} & m_{2,L} \\ \vdots & \vdots & \ddots & \vdots & \vdots \\ m_{L-1,1} & m_{L-1,2} & \cdots & m_{L-1,L-1} & m_{L-1,L} \\ m_{L,1} & m_{L,2} & \cdots & m_{L,L-1} & m_{L,L} \end{bmatrix} \tag{4.3-9}$$

式中，$m_{i,j} = m_{j,i}$。

4.3.2　竖向等截面柱体

地震作用下动水压力 $p(x,y,z,t)$ 可以表示为：

$$p(x,y,z,t) = \sum_{m=1}^{\infty} P_m(x,y) \cos\lambda_m z \mathrm{e}^{\mathrm{i}\omega t} \tag{4.3-10}$$

水体与结构交界面边界条件为：

$$\frac{\partial p}{\partial \boldsymbol{n}} = -\rho_{\mathrm{w}} \frac{\partial^2 u}{\partial t^2} \cos\alpha \tag{4.3-11}$$

式中，$\boldsymbol{n}$ 表示柱体表面任意点的单位外法线向量；α 表示 $\boldsymbol{n}$ 与 x 轴方向的夹角。

对于任意截面桥墩动水压力 $P_j(x,y)$ 可通过有限元方法求解，无限域水体采用圆柱形精确人工边界条件模拟，桥墩示意图及分析模型如图 4.3-1 所示。

(a) 任意截面桥墩示意图　　　　　　　　　(b) 分析模型

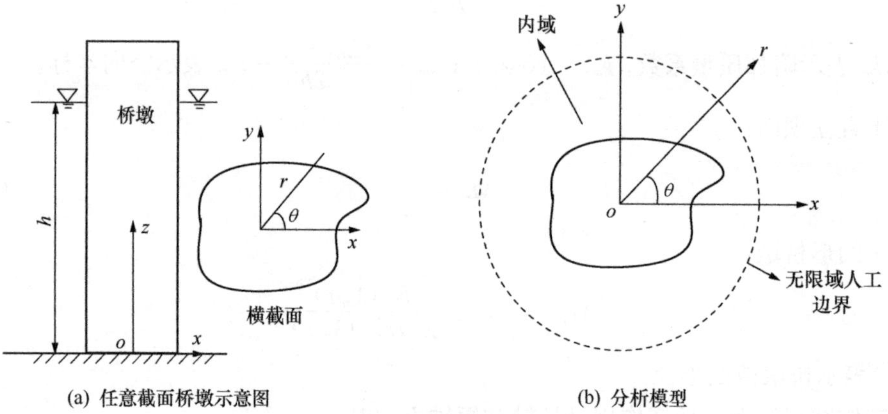

图 4.3-1　任意截面桥墩与水体相互作用

直角坐标系下，将式（4.3-10）代入可压缩水体控制方程式（1.3-8），整理得：

$$\frac{\partial^2 P_m}{\partial x^2} + \frac{\partial^2 P_m}{\partial y^2} - \lambda_m^2 P_m = 0 \tag{4.3-12}$$

$$\frac{\partial P_m}{\partial \boldsymbol{n}} = G_m \cos\alpha \tag{4.3-13}$$

式中，$G_m = \rho_w \omega^2 U_m$，$U_m = \frac{2}{h}\int_0^h U\cos\lambda_m z\,dz$。

内域有限元方程为：

$$(\boldsymbol{K} + \lambda_m^2 \boldsymbol{M})\boldsymbol{P}_m = \boldsymbol{F}_m \tag{4.3-14}$$

式中，质量矩阵、刚度矩阵和荷载列向量分别为：

$$\boldsymbol{M} = \iint \boldsymbol{N}^{\mathrm{T}}(x,y)\boldsymbol{N}(x,y)\mathrm{d}V \tag{4.3-15}$$

$$\boldsymbol{K} = \iint \left(\frac{\partial \boldsymbol{N}^{\mathrm{T}}(x,y)}{\partial x}\frac{\partial \boldsymbol{N}(x,y)}{\partial x} + \frac{\partial \boldsymbol{N}^{\mathrm{T}}(x,y)}{\partial y}\frac{\partial \boldsymbol{N}(x,y)}{\partial y}\right)\mathrm{d}V_{\mathrm{e}} \tag{4.3-16}$$

$$\boldsymbol{F}_m = \int \boldsymbol{N}^{\mathrm{T}}(x,y)\frac{\partial P_m}{\partial n}\mathrm{d}L_{\mathrm{e}} \tag{4.3-17}$$

通过分离变量可得到圆形人工边界条件的解析解为：

$$r\frac{\partial P_m}{\partial r} = \sum_{i=1}^{\infty}\frac{\partial P_{m,i}}{\partial r}T_i(\theta) \tag{4.3-18}$$

$$\frac{\partial P_{j,i}}{\partial r} = -S_i P_{j,i} \tag{4.3-19}$$

$$S_i = -\frac{R_0\lambda_m K_n{}'(R_0\lambda_m)}{K_n(R_0\lambda_m)} \tag{4.3-20}$$

$$P_{j,i} = \frac{\delta_i}{2\pi}\int_0^{2\pi}P_j T_i(\theta)\mathrm{d}\theta \quad \delta_i = \begin{cases}1 & i=1\\ 2 & i=2,3,\cdots\end{cases} \tag{4.3-21}$$

$$\boldsymbol{\Phi}(\theta) = \{T_i(\theta)\} = \{1,\sin\theta,\cos\theta,\cdots\sin n\theta,\cos n\theta,\cdots\} \quad i=1,2,3,\cdots \tag{4.3-22}$$

式中，$n = \left[\frac{i}{2}\right]$，[ ]表示取整数。

通过有限元离散，可以得到人工边界处力的列向量为：

$$\boldsymbol{F}_{\mathrm{B}} = -(\boldsymbol{S}_{\mathrm{B}}^{\infty}\boldsymbol{p}) \tag{4.3-23}$$

$$\boldsymbol{S}_{\mathrm{B}}^{\infty} = \boldsymbol{W}\left[\sum_{i=1}^{\infty}\boldsymbol{T}_i\boldsymbol{T}_i^{\mathrm{T}}S_i\frac{\delta_i}{2\pi}\right]\boldsymbol{W} \tag{4.3-24}$$

内域有限元方程可以写为（按边界点B和内点I分块形式）：

$$\begin{bmatrix}\boldsymbol{S}_{\mathrm{I}} & \boldsymbol{S}_{\mathrm{IB}}\\ \boldsymbol{S}_{\mathrm{BI}} & \boldsymbol{S}_{\mathrm{B}}\end{bmatrix}\begin{Bmatrix}\boldsymbol{P}_{m,\mathrm{I}}\\ \boldsymbol{P}_{m,\mathrm{B}}\end{Bmatrix} = \begin{Bmatrix}\boldsymbol{F}_{\mathrm{I}}\\ \boldsymbol{F}_{\mathrm{B}}\end{Bmatrix} \tag{4.3-25}$$

式中，总刚度矩阵 $\boldsymbol{S} = (K + \lambda_m^2 M)$ 分块为 $\boldsymbol{S}_{\mathrm{I}}$、$\boldsymbol{S}_{\mathrm{IB}}$、$\boldsymbol{S}_{\mathrm{BI}}$ 和 $\boldsymbol{S}_{\mathrm{B}}$。

将式（4.3-23）代入式（4.3-25）后可整理得到：

$$\begin{bmatrix}\boldsymbol{S}_{\mathrm{I}} & \boldsymbol{S}_{\mathrm{IB}}\\ \boldsymbol{S}_{\mathrm{BI}} & \boldsymbol{S}_{\mathrm{B}} + \boldsymbol{S}_{\mathrm{B}}^{\infty}\end{bmatrix}\begin{Bmatrix}\boldsymbol{P}_{j,\mathrm{I}}\\ \boldsymbol{P}_{j,\mathrm{B}}\end{Bmatrix} = \begin{Bmatrix}\boldsymbol{F}_{\mathrm{I}}\\ \boldsymbol{0}\end{Bmatrix} \tag{4.3-26}$$

矩形、圆端形和其他截面形式桥墩可通过本节方法确定附加质量系数。对于圆端形桥墩，地震动沿短边运动时：

$$M_m = -\rho\pi a^2\frac{\beta_1 K_1(\alpha_1 r_0)}{\alpha_1 r_0 K_1'(\alpha_1 r_0)} \tag{4.3-27}$$

$$\alpha_1 = -0.92\,(b/a)^{-0.547} + 1.92 \tag{4.3-28a}$$

$$\beta_1 = -0.544\,(b/a)^{-0.756} + 1.544 \tag{4.3-28b}$$

地震动沿长边运动时：

$$M_m = -\rho\pi b^2 \frac{\beta_1 K_1(\alpha_1 r_0)}{\alpha_1 r_0 K'_1(\alpha_1 r_0)} \tag{4.3-29}$$

$$\alpha_2 = 0.162\,(b/a)^{-0.735} + 0.837 \tag{4.3-30a}$$

$$\beta_2 = -0.17\,(b/a)^{-1.302} + 1.167 \tag{4.3-30b}$$

对于矩形桥墩：

$$M_m = -4\rho a^2 \frac{\beta_3 K_1(\alpha_3 \lambda_m a)}{\alpha_3 \lambda_m a K'_1(\alpha_3 \lambda_m a)} \tag{4.3-31}$$

$$\alpha_3 = 0.76e^{-1.932a/b} + 1.1e^{-0.0378a/b} \tag{4.3-32a}$$

$$\beta_3 = 0.454e^{-1.66a/b} + 1.132e^{-0.0317a/b} \tag{4.3-32b}$$

式中，$2a$ 表示桥墩短边尺寸；$2b$ 表示桥墩长边尺寸，如图 4.3-2 所示。

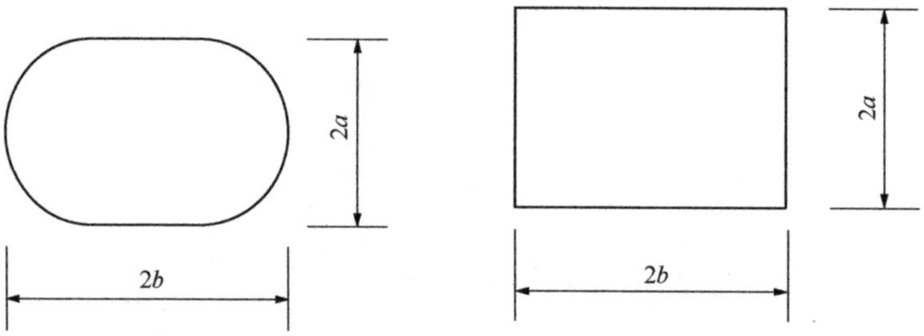

(a) 圆端形截面　　(b) 矩形截面

图 4.3-2　截面尺寸

4.3.3　三维复杂截面柱体

人工边界参照水体可压缩时第 4.2 节中的有限元方法。采用八结点实体单元离散整个水域，将整个水域的结点分为四部分：水面结点（S_1），通过下标 1 表示；水-柱体交界面结点（S_2），通过下标 2 表示；人工边界结点（S_4），通过下标 4 表示；其余结点（S_3），通过下标 3 表示。则整个水体内域的有限元方程为：

$$\begin{bmatrix} \boldsymbol{H}_{11} & \boldsymbol{H}_{12} & \boldsymbol{H}_{13} & \boldsymbol{H}_{14} \\ \boldsymbol{H}_{21} & \boldsymbol{H}_{22} & \boldsymbol{H}_{23} & \boldsymbol{H}_{24} \\ \boldsymbol{H}_{31} & \boldsymbol{H}_{32} & \boldsymbol{H}_{33} & \boldsymbol{H}_{34} \\ \boldsymbol{H}_{41} & \boldsymbol{H}_{42} & \boldsymbol{H}_{43} & \boldsymbol{H}_{44} \end{bmatrix} \begin{Bmatrix} \boldsymbol{P}_1 \\ \boldsymbol{P}_2 \\ \boldsymbol{P}_3 \\ \boldsymbol{P}_4 \end{Bmatrix} = \begin{Bmatrix} \boldsymbol{F}_1 \\ \boldsymbol{F}_2 \\ \boldsymbol{F}_3 \\ \boldsymbol{F}_4 \end{Bmatrix} \tag{4.3-33}$$

式中，$\boldsymbol{F}$ 为力向量，其中 $\boldsymbol{F}_3 = \{\boldsymbol{0}\}$；$\boldsymbol{P}$ 为动水压力向量，$\boldsymbol{P}_1 = \{\boldsymbol{0}\}$；$\boldsymbol{H}$ 为内域水体刚度矩阵。根据水-柱体交界面边界条件，$\boldsymbol{F}_2$ 为：

$$\boldsymbol{F}_2 = \int_{S_2} \boldsymbol{N}_{S_2}^{\mathrm{T}} \frac{\partial P_{\mathrm{e}}}{\partial n_{\mathrm{s}}} \mathrm{d}S = -\int_{S_2} \boldsymbol{N}_{S_2}^{\mathrm{T}} \boldsymbol{N}_{S_2} \mathrm{d}S \, \ddot{\boldsymbol{U}}_1(t) = -\rho_{\mathrm{w}} \boldsymbol{M}^1 \ddot{\boldsymbol{U}}_1(t) \tag{4.3-34}$$

式中，$\boldsymbol{M}^1 = \int_{S_1} \boldsymbol{N}_{S_1}^{\mathrm{T}} \boldsymbol{N}_{S_1} \mathrm{d}S$，$\boldsymbol{N}_{S_1}$ 为交界面形函数向量，$\ddot{\boldsymbol{U}}_1$ 表示柱面结点的位移向量。

人工边界处力向量 $\boldsymbol{F}_4$ 为：

$$\boldsymbol{F}_4=\int_0^h\int_0^{2\pi}r\frac{\partial P_4}{\partial r}\mathrm{d}\theta\mathrm{d}z=-\boldsymbol{H}_{\mathrm{B}}^{\infty}\boldsymbol{P}_4 \tag{4.3-35}$$

式中，$\boldsymbol{H}_{\mathrm{B}}^{\infty}$ 为无限域水体的动力刚度矩阵：

$$\boldsymbol{H}_{\mathrm{B}}^{\infty}=\boldsymbol{W}\sum_{i=1}^{I}\sum_{j=0}^{J}\boldsymbol{T}_{i,j}\boldsymbol{T}_{i,j}^{\mathrm{T}}S_{i,j}\boldsymbol{W} \tag{4.3-36}$$

式中，$\boldsymbol{W}=\int_{S_4}\boldsymbol{N}_{S_4}^{\mathrm{T}}\boldsymbol{N}_{S_4}\mathrm{d}S$，$\boldsymbol{N}_{S_4}$ 为人工边界单元形函数向量；$\boldsymbol{T}_{i,j}$ 为 (i,j) 阶模态向量，$T_{i,j}=\phi_i\psi_j$，ϕ_i，ψ_j 和 $S_{i,j}$ 表达式为：

$$\psi_j=\cos k_j z \tag{4.3-37}$$

$$\phi_i=\begin{cases}\cos(n\theta) & i\text{ 是奇数}\\ \sin(n\theta) & i\text{ 是偶数}\end{cases} \tag{4.3-38}$$

$$S_{i,j}=\frac{\delta}{\pi h}\frac{\lambda RK_n{}'(k_jR)}{K_n(k_jR)} \tag{4.3-39}$$

$$\delta=\begin{cases}1 & i=1\\ 2 & i=2,3,\cdots\end{cases} \tag{4.3-40}$$

式中，h 表示水深，$n=\left[\frac{i}{2}\right]$ 表示取整数，$k_j=\frac{(2j-1)\pi}{2h}$。

将式（4.3-35）代入式（4.3-33）可得：

$$\begin{bmatrix}\boldsymbol{H}_{11} & \boldsymbol{H}_{12} & \boldsymbol{H}_{13} & \boldsymbol{H}_{14}\\ \boldsymbol{H}_{21} & \boldsymbol{H}_{22} & \boldsymbol{H}_{23} & \boldsymbol{H}_{24}\\ \boldsymbol{H}_{31} & \boldsymbol{H}_{32} & \boldsymbol{H}_{33} & \boldsymbol{H}_{34}\\ \boldsymbol{H}_{41} & \boldsymbol{H}_{42} & \boldsymbol{H}_{43} & \boldsymbol{H}_{44}+\boldsymbol{H}_{\mathrm{B}}^{\infty}\end{bmatrix}\begin{Bmatrix}\boldsymbol{0}\\ \boldsymbol{P}_2\\ \boldsymbol{P}_3\\ \boldsymbol{P}_4\end{Bmatrix}=\begin{Bmatrix}\boldsymbol{0}\\ \boldsymbol{F}_2\\ \boldsymbol{0}\\ \boldsymbol{0}\end{Bmatrix} \tag{4.3-41}$$

由式（4.3-41）可知，整个水域的动水压力通过以上公式求解：

$$\begin{Bmatrix}\boldsymbol{P}_2\\ \boldsymbol{P}_3\\ \boldsymbol{P}_4\end{Bmatrix}=\begin{bmatrix}\boldsymbol{H}_{22} & \boldsymbol{H}_{23} & \boldsymbol{H}_{24}\\ \boldsymbol{H}_{32} & \boldsymbol{H}_{33} & \boldsymbol{H}_{34}\\ \boldsymbol{H}_{42} & \boldsymbol{H}_{43} & \boldsymbol{H}_{44}+\boldsymbol{H}_{\mathrm{B}}^{\infty}\end{bmatrix}^{-1}\begin{Bmatrix}\boldsymbol{F}_2\\ \boldsymbol{0}\\ \boldsymbol{0}\end{Bmatrix}=\begin{bmatrix}\boldsymbol{G}_{11} & \boldsymbol{G}_{12} & \boldsymbol{G}_{13}\\ \boldsymbol{G}_{21} & \boldsymbol{G}_{22} & \boldsymbol{G}_{23}\\ \boldsymbol{G}_{31} & \boldsymbol{G}_{32} & \boldsymbol{G}_{33}\end{bmatrix}\begin{Bmatrix}\boldsymbol{F}_2\\ \boldsymbol{0}\\ \boldsymbol{0}\end{Bmatrix} \tag{4.3-42}$$

由式（4.3-42）可得：

$$\boldsymbol{P}_2=-\rho_{\mathrm{w}}\boldsymbol{G}_{11}\boldsymbol{M}^1\ddot{\boldsymbol{U}}_1(t) \tag{4.3-43}$$

作用在柱体的动水力可以表示为：

$$\boldsymbol{F}_2=-\int_{S_2}\boldsymbol{N}_{S_2}^{\mathrm{T}}p_2\mathrm{d}S=-\int_{S_2}\boldsymbol{N}_{S_2}^{\mathrm{T}}\boldsymbol{N}_{S_2}\mathrm{d}S\boldsymbol{P}_2 \tag{4.3-44}$$

将式（4.3-43）代入式（4.3-44）可得：

$$\boldsymbol{F}_2=-\rho_{\mathrm{w}}\boldsymbol{M}^1\boldsymbol{G}_{11}\boldsymbol{M}^1\ddot{\boldsymbol{U}}_1(t)=-\boldsymbol{M}_{\mathrm{B}}^{add}\ddot{\boldsymbol{U}}_1(t) \tag{4.3-45}$$

4.3.4　ABAQUS 二次开发

式（4.3-33）难以直接在商业有限元软件中实现，可通过将该矩阵转化为附加质量单元的方法在商业有限元软件中实现，即：

$$\boldsymbol{M}_{\mathrm{B}}^{add}=\begin{bmatrix} m_1 & 0 & 0 & 0 & 0 \\ 0 & m_2 & \cdots & 0 & 0 \\ \vdots & \vdots & \ddots & \vdots & \vdots \\ 0 & 0 & \cdots & m_{L-1} & 0 \\ 0 & 0 & \cdots & 0 & m_L \end{bmatrix}+\sum_{i=1}^{L}\sum_{j=i+1}^{L}\boldsymbol{m}_{i,j}^{e} \tag{4.3-46}$$

$$m_i=m_{i,1}+m_{i,2}+\cdots+m_{i,L-1}+m_{i,L} \tag{4.3-47}$$

$$\boldsymbol{m}_{i,j}^{e}=\begin{bmatrix} -m_{i,j} & m_{i,j} \\ m_{i,j} & -m_{i,j} \end{bmatrix} \tag{4.3-48}$$

式中，L 表示边界结点的数目；$\boldsymbol{m}_{i,j}^{e}$ 表示结点为 i，j 的质量矩阵。当忽略式（4.3-46）的后一项时，附加质量可以直接在 ABAQUS 中采用附加质量块的方法实现，有负值的单元质量矩阵 $\boldsymbol{m}_{i,j}^{e}$ 通过单元二次开发的形式在 ABAQUS 中实现。

参 考 文 献

［1］ 杜修力，王进廷．阻尼弹性结构动力计算的显式差分法[J]. 工程力学，2000，17(5)：37-43.

［2］ Wang J T，Zhang C，Du X L. An explicit integration scheme for solving dynamic problems of solid and porous media[J]. Journal of Earthquake Engineering，2008，12：293-311.

［3］ 王翔．高阶双渐近透射边界及其在大坝-库水相互作用中的应用[D]. 北京：清华大学，2010.

［4］ 高毅超，徐艳杰，金峰，等．基于高阶双渐近透射边界的大坝-库水动力相互作用直接耦合分析模型[J]. 地球物理学报，2013，56(12)：4189-4196.

第 5 章　水-多柱体相互作用的解析方法

本章主要介绍了地震作用下水与多柱体间相互作用的解析方法。针对圆柱和任意光滑截面柱体的地震动水压力问题，首先根据多柱体辐射波柱间多次绕射的特征进行波场分解，明确波场组成及相关控制方程和边界条件；其次，推导给出任意一柱体辐射波和散射波压力（包括第一次散射波及低次散射波引发的高次散射波）的解析计算公式；再次，综合以上分析提出总动水压力的计算方法，并利用数值方法进行了验证；最后，以某柱体阵列在地震作用下动水压力问题为算例给出了相关分析结果。

5.1　多个圆柱的地震动水压力解析解

5.1.1　波场分解

地震作用下水-多圆柱相互作用分析模型如图 5.1-1 和图 5.1-2 所示，假设所有圆柱刚性，i 号圆柱半径为 a_i，底端固定在深度为 h 的水体中，水体无旋、无黏性并且不可压缩。此时，地面沿 x 方向的加速度为 $\ddot{u}_g(t)=U_g e^{i\omega t}$，$U_g$ 表示频域下结构的刚体位移，t 代表时间，ω 为频率。

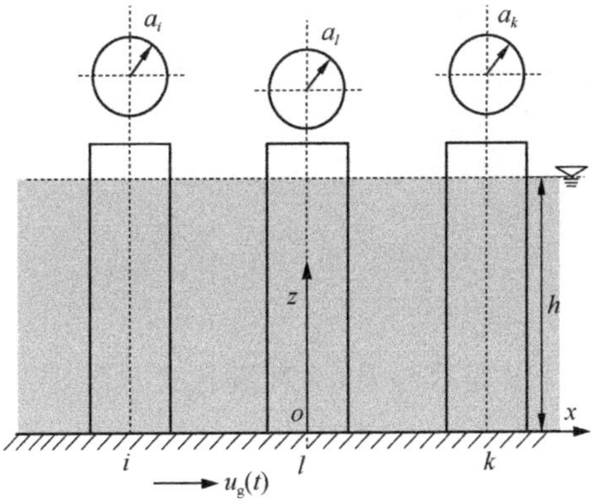

图 5.1-1　圆柱阵列图

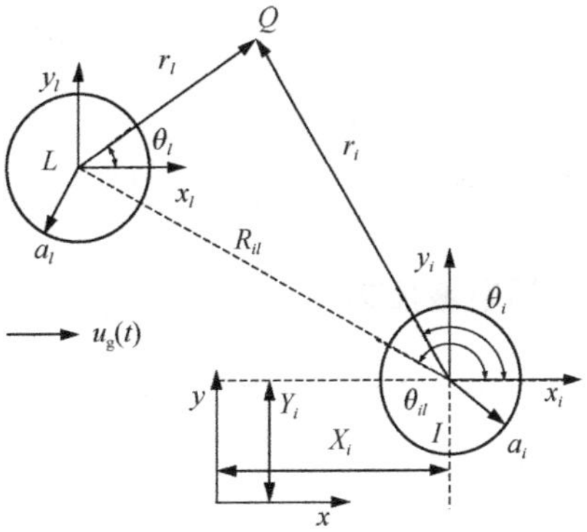

图 5.1-2　坐标系统

水体控制方程见式（1.3-24），$z=h$ 处的自由表面条件为式（1.3-21），$z=0$ 处的刚性地面条件为式（1.3-20），水体与结构交界面边界条件为式（3.1-14），无穷远处的辐射边界条件为式（1.3-16）。在圆柱阵列中，还需考虑辐射波在柱间多次绕射，多柱体阵列中柱体上总的地震动水压力可以写为：

$$p=p^{Ra}+p^{Sc} \tag{5.1-1}$$

$$p^{Sc}=\sum_{q=1}^{\infty}(p^{I,(q)}+p^{S,(q)}) \tag{5.1-2}$$

式中，p^{Ra} ——辐射波引起的动水压力；

p^{Sc} ——全部散射波引起的动水压力。

其中，$p^{I,(q)}$ 为第 $q-1$ 次散射波入射到柱体上引起的动水压力；低次散射波在柱间绕射时会引起高次散射波，$p^{S,(q)}$ 为第 $q-1$ 次散射波遇柱体散射后产生的第 q 次散射波引起的动水压力。

对式（5.1-1）应用分离变量法，回代到水体控制方程式（1.3-24）中，根据边界条件式（1.3-21）和式（1.3-20），$p(r,\theta,z)$ 可以写为：

$$p(r,\theta,z)=\sum_{j=0}^{\infty}Z_j(z)P_j(r,\theta) \tag{5.1-3}$$

$$Z_j(z)=\cos(\lambda_j z) \tag{5.1-4}$$

式中，$\lambda_j=(2j-1)\pi/2h$ 。

式（5.1-1）和式（5.1-2）可以写为：

$$p=\sum_{j=0}^{\infty}Z_j(z)(P_j^{Ra}+P_j^{Sc}) \tag{5.1-5}$$

$$P_j^{Sc}=\sum_{q=1}^{\infty}(P_j^{I,(q)}+P_j^{S,(q)}) \tag{5.1-6}$$

将式（5.1-3）代入式（1.3-24），极坐标系下二维水体控制方程可以写为：

$$\frac{\partial^2 P_j}{\partial r^2}+\frac{1}{r}\frac{\partial P_j}{\partial r}+\frac{1}{r^2}\frac{\partial^2 P_j}{\partial\theta^2}-\lambda_j^2 P_j=0 \tag{5.1-7}$$

将式（5.1-3）和式（5.1-2）代入边界条件式（3.1-14）中，并利用特征函数 $\cos(\lambda_j z)$ 的正交性，可以得到水体与结构交界面边界条件为：

$$\left.\frac{\partial P_j}{\partial r}\right|_{r=a}=G_j\cos\theta \tag{5.1-8}$$

式中，$G_j=\rho\omega^2\dfrac{2}{h}\displaystyle\int_0^h U_g\cos(\lambda_j z)\mathrm{d}z$。

5.1.2 辐射波压力

由第 5.1.1 节可知，柱体 j 阶辐射波压力可以表示为 $P_{i,j}^{Ra}$，其满足式（5.1-7），基于分离变量法，$P_{i,j}^{Ra}$ 可以表示为：

$$P_{i,j}^{Ra}=R(r_i)\Theta(\theta_i) \tag{5.1-9}$$

将式（5.1-9）代入式（5.1-7）得：

$$\ddot{\Theta}+n^2\Theta=0 \quad n=0,1,2\cdots \tag{5.1-10}$$

$$r_i^2\ddot{R}+r_i\dot{R}-(n^2+\lambda_j^2 r_i^2)R=0 \tag{5.1-11}$$

式（5.1-10）和式（5.1-11）的解分别为：

$$\Theta_n(\theta_i)=a_{i,j}^n\cos n\theta_i+b_{i,j}^n\sin n\theta_i \tag{5.1-12}$$

式中，$a_{i,j}^n$ 、$b_{i,j}^n$ ——待定系数。

$$R_n(r_i)=e_{i,j}^n K_n(\lambda_j r_i) \tag{5.1-13}$$

式中，$e_{i,j}^n$ ——待定系数；

$K_n(\cdot)$ ——n 阶修正第二类贝塞尔函数。

因此辐射波压力的解 $P_{i,j}^{Ra}$ 为：

$$P_{i,j}^{Ra}=\sum_{n=0}^{\infty}K_n(\lambda_j r_i)[A_{i,j}^n\cos n\theta_i+B_{i,j}^n\sin n\theta_i] \tag{5.1-14}$$

式中，$A_{i,j}^n$ 、$B_{i,j}^n$ ——待定系数。

将式（5.1-14）代入边界条件式（5.1-8），并利用 $\cos n\theta_i$ 和 $\sin n\theta_i$ 的正交性，整理得到：

$$P_{i,j}^{Ra}=G_j\frac{K_1(\lambda_j r_i)}{\lambda_j\dot{K}_1(\lambda_j a_i)}\cos\theta_i \tag{5.1-15}$$

式中：$\dot{K}_n(\cdot)$ ——n 阶修正第二类贝塞尔函数的一阶导函数。

5.1.3　散射波压力

1. 第一次散射波压力

多柱体阵列中，其他柱体产生的辐射波入射到 i 号柱体上，产生的压力可以表示为 $P_i^{I,(1)}$ ，同时 i 号柱体表面产生第一次散射波，则第一次散射波压力可以表示为 $P_i^{S,(1)}$ 。则 $P_{i,j}^{I,(1)}$ 和 $P_{i,j}^{S,(1)}$ 可以写为：

$$P_{i,j}^{I,(1)}=\sum_{\substack{l=1\\l\neq i}}^{N}P_{i,j\ \text{due to}\ P_{l,j}^{Ra}}^{I,(1)}=G_j\sum_{\substack{l=1\\l\neq i}}^{N}\frac{K_1(\lambda_j r_l)}{\lambda_j\dot{K}_1(\lambda_j a_l)}\cos\theta_l \tag{5.1-16}$$

$$P_{i,j}^{S,(1)}=\sum_{n=0}^{\infty}K_n(\lambda_j r_i)[C_{i,j}^{n,(1)}\cos n\theta_i+D_{i,j}^{n,(1)}\sin n\theta_i] \tag{5.1-17}$$

依据贝塞尔函数的加法定理[1]，将式（5.1-16）从 l 号局部坐标（x_l，y_l）变换为 i 号局部坐标（x_i，y_i）后，可以写为：

$$P_{i,j}^{I,(1)}=G_j\sum_{\substack{l=1\\l\neq i}}^{N}\sum_{v=-\infty}^{\infty}\frac{K_{1+v}(\lambda_j R_{il})}{\lambda_j\dot{K}_1(\lambda_j a_l)}I_v(\lambda_j r_i)\cos[v\theta_i-\pi-(v+1)\theta_{il}] \tag{5.1-18}$$

式中，$I_n(\cdot)$ 为 n 阶修正第一类贝塞尔函数。

式（5.1-17）和式（5.1-18）满足如下水体与结构交界面的边界条件：

$$\frac{\partial P_{i,j}^I}{\partial r}+\frac{\partial P_{i,j}^S}{\partial r}=0\quad r=a \tag{5.1-19}$$

代入后，利用 $\cos n\theta_i$ 和 $\sin n\theta_i$ 的正交性得到待定系数 $C_{i,j}^{n,(1)}$ 和 $D_{i,j}^{n,(1)}$ 如下公式：

$$\begin{cases}C_{i,j}^{n,(1)}=-\dfrac{1}{\delta\pi\lambda_j\dot{K}_n(\lambda_j a_i)}\displaystyle\int_0^{2\pi}\frac{\partial P_{i,j}^{I,(1)}}{\partial r_i}\cos n\theta_i\,\Big|_{r_i=a_i}\mathrm{d}\theta_i\\[2ex]D_{i,j}^{n,(1)}=-\dfrac{1}{\delta\pi\lambda_j\dot{K}_n(\lambda_j a_i)}\displaystyle\int_0^{2\pi}\frac{\partial P_{i,j}^{I,(1)}}{\partial r_i}\sin n\theta_i\,\Big|_{r_i=a_i}\mathrm{d}\theta_i\end{cases} \tag{5.1-20}$$

式中，$n=0$ 时 $\delta=2$；$n\neq0$ 时 $\delta=1$ 。

2. 由低次散射波引起的高次散射波压力

上述第一次散射波在阵列中继续传播，在其他柱上产生高次散射波。即波场中其他柱产生的 $q-1$ 次散射波传播到 i 号柱体后，i 号柱体表面产生第 q 次散射波。波场中来自其他柱体的 $q-1$ 次散射波在 i 号柱体上产生的散射波压力可以表示为：

$$P_{i,j}^{I,(q)}=\sum_{\substack{l=1\\l\neq i}}^{N}\sum_{n=0}^{\infty}K_n(\lambda_j r_l)\left[C_{l,j}^{n,(q-1)}\cos n\theta_i+D_{l,j}^{n,(q-1)}\sin n\theta_i\right] \tag{5.1-21}$$

i 号柱体 q 次散射波压力可以表示为：

$$P_{i,j}^{S,(q)}=\sum_{n=0}^{\infty}K_n(\lambda_j r_i)\left[C_{i,j}^{n,(q)}\cos n\theta_i+D_{i,j}^{n,(q)}\sin n\theta_i\right] \tag{5.1-22}$$

依据贝塞尔函数的加法定理，将式（5.1-21）从 l 号局部坐标（x_l，y_l）变换为 i 号局部坐标（x_i，y_i）后，可以写为：

$$\begin{aligned}P_{i,j}^{I,(q)}=&\sum_{\substack{l=1\\l\neq i}}^{N}\sum_{n=0}^{\infty}\sum_{v=-\infty}^{\infty}K_{n+v}(\lambda_j R_{il})I_v(\lambda_j r_i)\left[C_{l,j}^{n,(q-1)}\cos(v\theta_i-n\pi-\overline{v+n}\theta_{il})\right.\\&\left.-D_{l,j}^{n,(q-1)}\sin(v\theta_i-n\pi-v+\overline{n}\theta_{il})\right]\end{aligned} \tag{5.1-23}$$

将式（5.1-22）和式（5.1-23）代入式（5.1-19），利用 $\cos n\theta_i$ 和 $\sin n\theta_i$ 的正交性得到待定系数 $C_{i,j}^{n,(q)}$ 和 $D_{i,j}^{n,(q)}$ 如下公式：

$$\begin{cases}C_{i,j}^{n,(q)}=-\dfrac{1}{\delta\pi\lambda_j\dot{K}_n(\lambda_j a_i)}\displaystyle\int_0^{2\pi}\frac{\partial P_{i,j}^{I,(q)}}{\partial r_i}\cos n\theta_i\Big|_{r_i=a_i}\mathrm{d}\theta_i\\D_{i,j}^{n,(q)}=-\dfrac{1}{\delta\pi\lambda_j\dot{K}_n(\lambda_j a_i)}\displaystyle\int_0^{2\pi}\frac{\partial P_{i,j}^{I,(q)}}{\partial r_i}\sin n\theta_i\Big|_{r_i=a_i}\mathrm{d}\theta_i\end{cases} \tag{5.1-24}$$

5.1.4 总动水压力

阵列中，i 号柱体上总的地震动水压力可以写为：

$$p_i=\sum_{j=0}^{\infty}Z_j(z)P_{i,j} \tag{5.1-25}$$

$$P_{i,j}=P_{i,j}^{Ra}+\sum_{q=1}^{\infty}\left(P_{i,j}^{I,(q)}+P_{i,j}^{S,(q)}\right) \tag{5.1-26}$$

i 号柱体沿环向和竖向积分后的总地震动水力可以表示为：

$$\overline{F_i}=\sqrt{(\overline{F_i^y})^2+(\overline{F_i^x})^2} \tag{5.1-27}$$

$$\overline{F_i^x}=-\int_0^h\int_0^{2\pi}p_i a_i\cos\theta_i\,\mathrm{d}\theta_i\,\mathrm{d}z \tag{5.1-28}$$

$$\overline{F_i^y}=-\int_0^h\int_0^{2\pi}p_i a_i\sin\theta_i\,\mathrm{d}\theta_i\,\mathrm{d}z \tag{5.1-29}$$

无量纲动水力幅值定义为：

$$F_i=\frac{\overline{F_i}}{\rho_w\pi a^2 h} \tag{5.1-30}$$

5.1.5　方法验证

本节采用四柱体阵列来验证所提方法的正确性。四柱体布置如图 5.1-3 所示，四个圆柱体具有相同的尺寸，半径为 a，图中 D 为柱体间净距。定义 $D_r = D/2a$，$l = 2a/h$。考虑布局对称性，此布局下 C1 所受动水力和其他柱体所受力相同。

首先，因为本方法在计算求解过程中对式（5.1-26）中高次散射波累加的截断会带来一定的截断误差，所以先讨论该截断误差对计算结果的影响。图 5.1-4 针对 $D_r = 0.2$ 的工况给出了不同截断数 q 时，F_1 随波数 l 变化的曲线。从图中给出的无量纲动水力的结果可以看出，当 $q>6$ 时本方法获得动水压力结果基本收敛，为使解析解求解快速且准确，后续动水压力求解中截断数设置为 8。

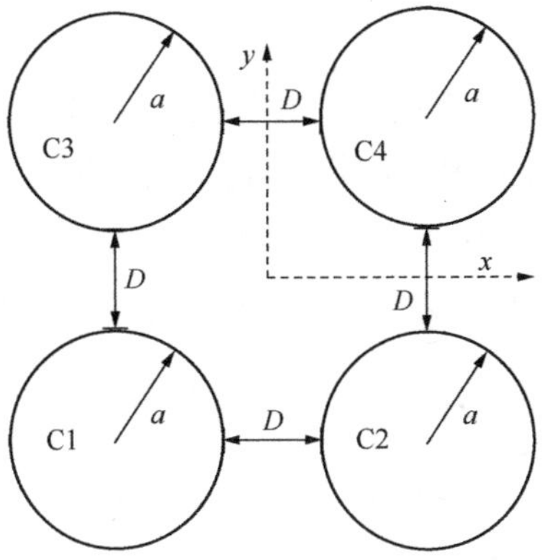

图 5.1-3　四柱体布置图

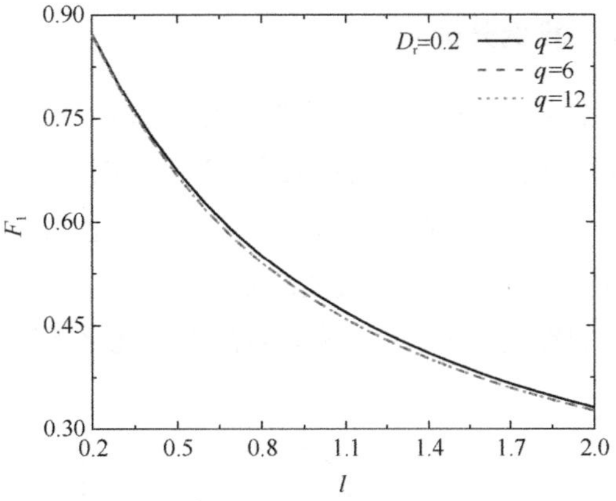

图 5.1-4　截断误差对本书解计算结果的影响

其次，通过 Wang[2] 等提出的数值方法验证本章提出的动水压力的解析解，图 5.1-5 和图 5.1-6 为对比结果。图 5.1-5 针对 $D_r = 0.2$ 的工况，分别给出了 $\lambda_j a = 1$ 时的 $P_{1,j}$ 和总动水力 F_1 随 l 变化的曲线。图 5.1-6 为 $D_r = 0.2$、$\lambda_j a = 1$ 时，分别用本书解析方法和数值方法计算得到的流场动水压力云图。从图中可以看出，本书方法的计算结果和数值结

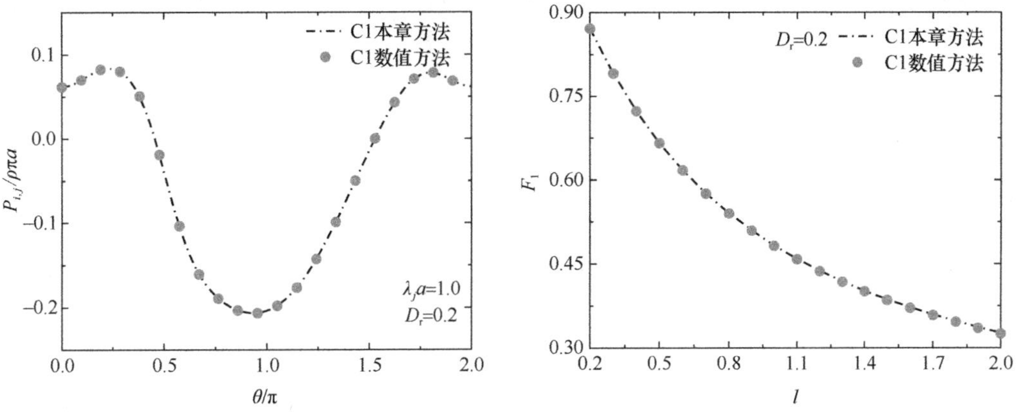

(a) $P_{i,j}$　　(b) F_i

图 5.1-5　数值解与本书解的对比

果吻合良好，证明本书方法能准确计算作用在柱体阵列上的动水压力。

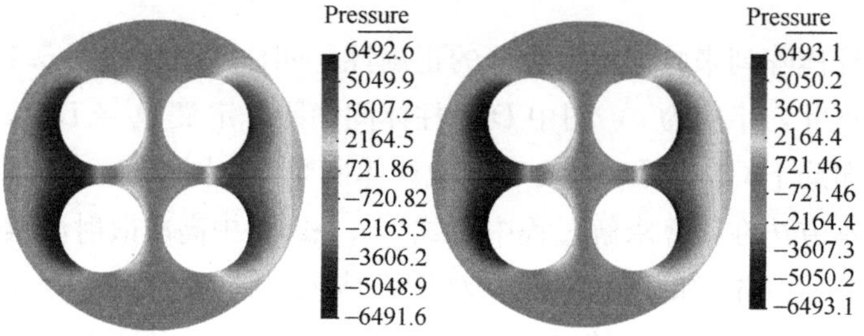

(a) 数值方法　　(b) 本书方法

图 5.1-6　数值解与本书解云图

5.1.6　算例分析

本节主要讨论单排 N 个圆柱中的高次波的影响，考虑到布局对称性，Ci 和 C（N+1−i）所受地震动水力一致（图 5.1-7）。图 5.1-8 给出了 N=3 时，不同 D_r 下左柱 C1 和中柱 C2 的动水力比值 $F_i^{q=1}/F_i^{q=8}$ 随 l 的变化，$F_i^{q=1}$ 表示考虑了首次散射波作用的动水力，$F_i^{q=8}$ 表示考虑高次散射波的动水力。l 在 0.5 附近时高次波的影响最大，之后随 l 的增大高次波的影响减小；D_r>1.0 后高次波几乎无影响。

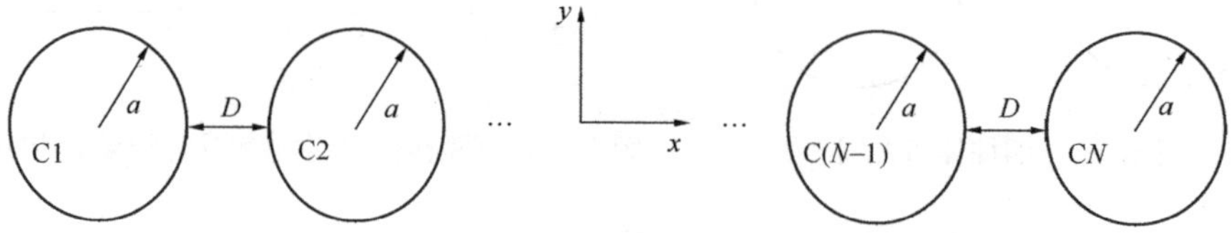

图 5.1-7　圆柱布置图

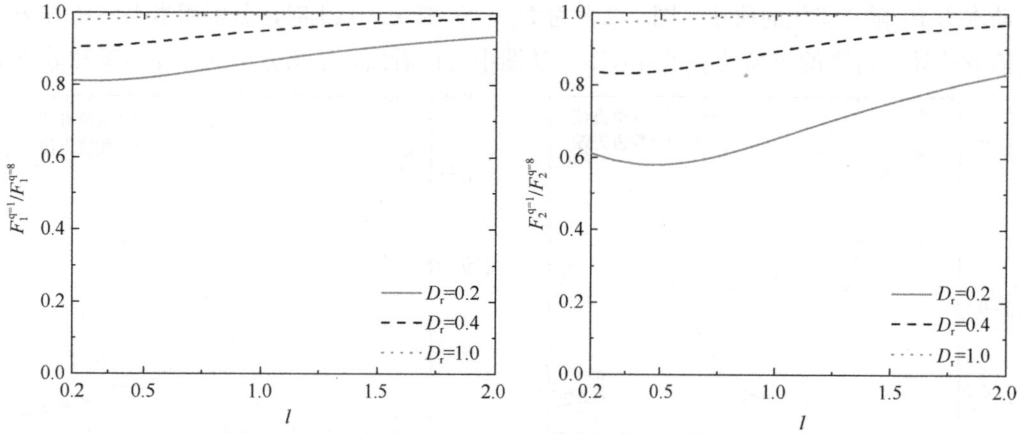

(a) C1　　(b) C2

图 5.1-8　三柱体受动水力比值

图 5.1-9 给出了 $l=0.4$ 时不同数量的单排柱体受动水力和单柱体受动水力的计算结果。可以看出近距离时（$D_r<1.0$），高次波对柱体动水力的影响是明显的，当 $D_r>3.0$ 后，单排柱体受力和单柱体受力几乎一致。两端柱体所受动水力和阵列内部柱体受力明显不同，且阵列内部柱体受力差别不大。

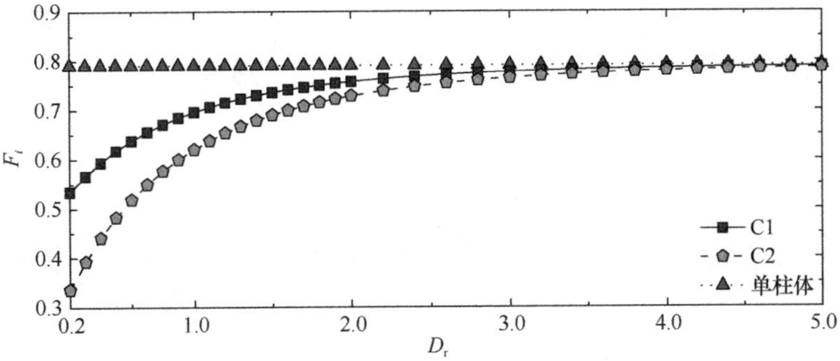

(a) N=3

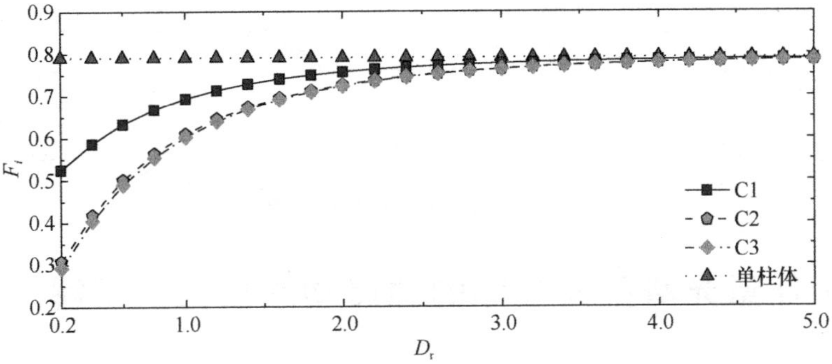

(b) N=5

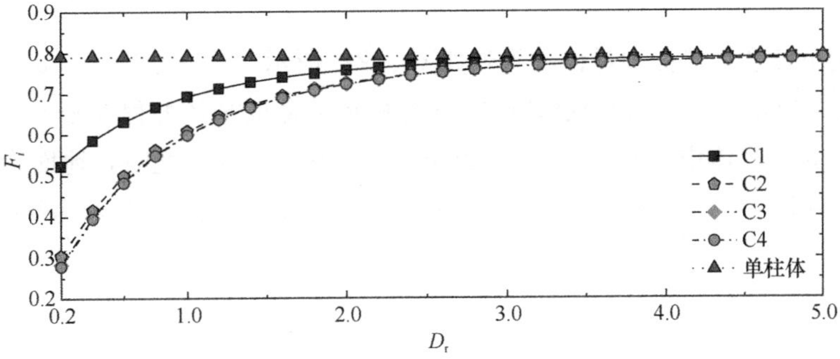

(c) N=7

图 5.1-9　单排柱体动水力的本书解与单柱解的对比

图 5.1-10 给出了 $N=3$、5 和 7 时左侧所有柱体的 $F_i^{q=1}/F_i^{q=8}$ 随 D_r 变化的情况，柱受高次波影响最大，边柱受影响最小，因为边柱和其他柱平均距离最远。图 5.1-11 给出了在 $l=0.2\sim1.0$ 时，不同数量单排柱体的中柱受高次波的影响，图中纵坐标为动水力比值 $F_i^{q=1}/F_i^{q=8}$，可以看出高次波的影响随距离的增加快速减少；l 越小，即柱体越细长，高次波的影响越大；柱的数量越多，高次波的影响也更明显。

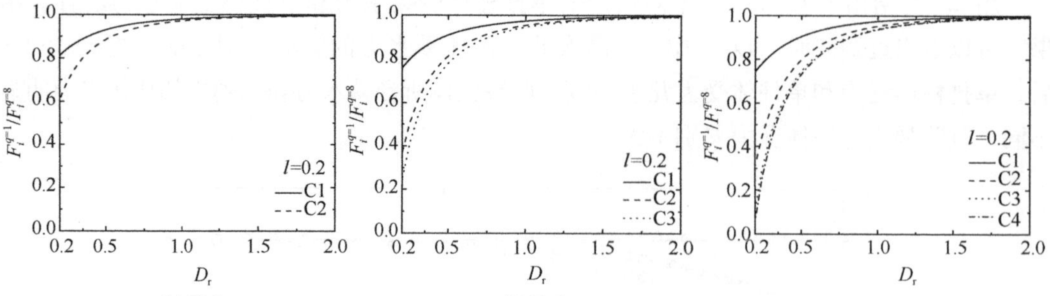

(a) N=3　(b) N=5　(c) N=7

图 5.1-10　柱体受动水力比值

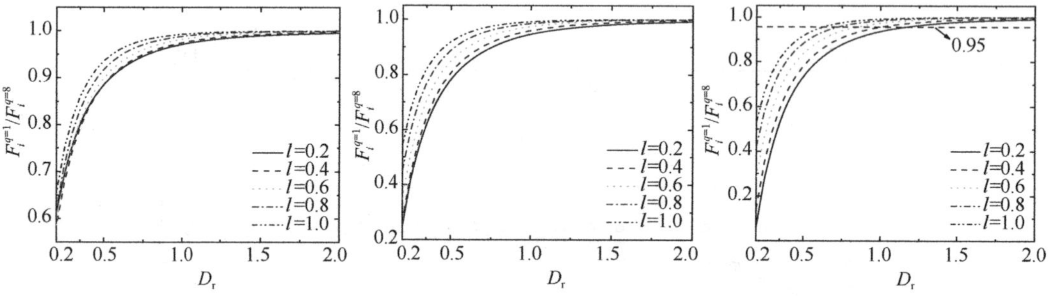

(a) N=3, C2　(b) N=5, C3　(c) N=7, C4

图 5.1-11　中柱总受力比值

5.2　多个任意光滑截面柱体的地震动水压力解析解

5.2.1　波场分解

地震作用下任意光滑截面柱体的阵列如图 5.2-1 所示，柱体间局部坐标和全局坐标的关系如图 5.2-2 所示。假设所有柱体刚性，i 号柱体的截面半径方程为 $r_i = a_i(\theta_i)$，底端固定在深度为 h 的水体中，水体无旋、无黏性并且不可压缩。此时，地面沿 x 方向的加速度为 $\ddot{u}_g(t) = U_g e^{i\omega t}$，$U_g$ 表示频域下结构的刚体位移，t 代表时间，ω 为频率。

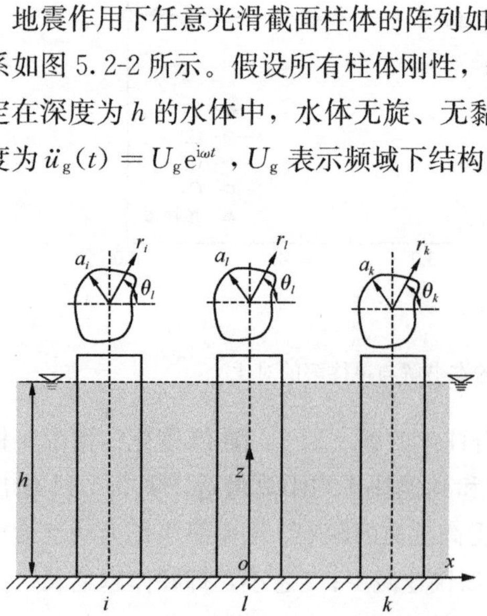

图 5.2-1　任意光滑截面柱体阵列图

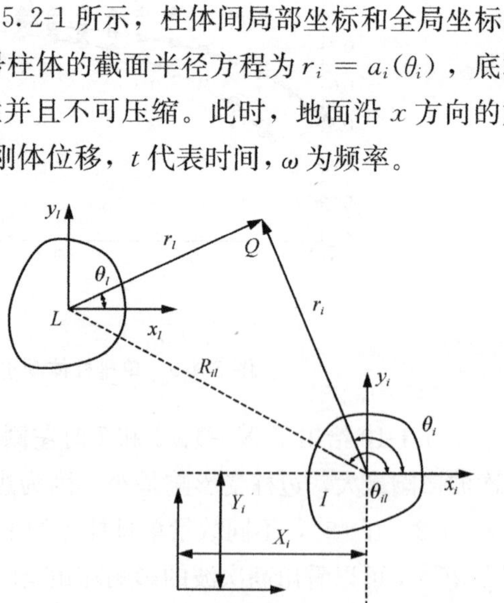

图 5.2-2　坐标系统

在针对光滑截面柱体求解动水压力作用时，水体控制方程、水体表面条件、刚性地面条件及无穷远处的辐射边界条件，在前文中有具体求解过程，在本节需要注意的是水体与结构交界面边界条件[3]：

$$\frac{\partial p}{\partial \boldsymbol{n}} = \rho_{\mathrm{w}}\omega^2 U_{\mathrm{g}}\cos\phi \tag{5.2-1}$$

式中，$\cos\phi_i = \cos\theta_i + \frac{a_i(\theta_i)}{\phi_i(\theta_i)}\sin\theta_i$；$\dot{a}_i(\theta_i) = \mathrm{d}a_i(\theta_i)/\mathrm{d}\theta_i$，$i$ 表示第 i 个柱体。

同理根据第5.1.1节所述，得出任意光滑界面多柱体阵列中总动水压力为式（5.1-1）及式（5.1-2），同样将式（5.1-1）应用分离变量法回代到式（1.3-24）中，根据边界条件式（1.3-21）、式（1.3-20）得出式（5.1-3）、式（5.1-4），求得极坐标系下二维水体控制方程为式（5.1-7），将式（5.1-3）、式（5.1-4）代入边界条件式（5.2-1）中，并利用特征函数 $\cos(\lambda_j z)$ 的正交性，可以得到水体与结构交界面边界条件：

$$\left.\frac{\partial P_j}{\partial \boldsymbol{n}}\right|_{r=a(\theta)} = G_j\cos\phi \tag{5.2-2}$$

5.2.2 辐射波压力

与第5.1.2节同理，单根柱体辐射波压力如式（5.1-14）所示，将式（5.1-14）代入边界条件式（5.2-2），整理得到：

$$\sum_{n=0}^{\infty}\left[A_{i,j}^{n} q_n^{i,j}(\theta_i) + B_{i,j}^{n} g_n^{i,j}(\theta_i)\right] = G_j e^i(\theta_i) \tag{5.2-3}$$

其中，上式中具体表达形式为：

$$q_n^{i,j}(\theta_i) = \lambda_j a_i \dot{K}_n(\lambda_j a_i)\cos n\theta_i + n\frac{\dot{a}_i}{a_i}K_n(\lambda_j a_i)\sin n\theta_i \tag{5.2-4}$$

$$g_n^{i,j}(\theta_i) = \lambda_j a_i \dot{K}_n(\lambda_j a_i)\sin n\theta_i - n\frac{\dot{a}_i}{a_i}K_n(\lambda_j a_i)\cos n\theta_i \tag{5.2-5}$$

$$e^i(\theta_i) = a(\theta_i)\cos\theta_i + \dot{a}(\theta_i)\sin\theta_i \tag{5.2-6}$$

本节假设柱体截面连续光滑，因此可将函数 $q_n^{i,j}(\theta_i)$、$g_n^{i,j}(\theta_i)$ 和 $e^i(\theta_i)$ 展开成傅里叶级数的形式[3]，即：

$$q_n^{i,j}(\theta_i) = \sum_{m=0}^{\infty} c_{nm}^{i,j}\cos m\theta_i + d_{nm}^{i,j}\sin m\theta_i \tag{5.2-7}$$

$$g_n^{i,j}(\theta_i) = \sum_{m=0}^{\infty} e_{nm}^{i,j}\cos m\theta_i + f_{nm}^{i,j}\sin m\theta_i \tag{5.2-8}$$

$$e^i(\theta_i) = \sum_{m=0}^{\infty} b_m\cos m\theta_i + c_m\sin m\theta_i \tag{5.2-9}$$

式中，$c_{nm}^{i,j}$、$d_{nm}^{i,j}$、$e_{nm}^{i,j}$、$f_{nm}^{i,j}$、b_m 和 c_m 为待定系数。

将式（5.2-7）、式（5.2-8）、式（5.2-9）代入式（5.2-3）整理得到如下矩阵：

$$\boldsymbol{NC} = \boldsymbol{J} \tag{5.2-10}$$

其中，矩阵具体表达形式为：

$$\boldsymbol{N}=\begin{bmatrix} c_{0,0}^{i,j} & e_{0,0}^{i,j} & c_{1,0}^{i,j} & e_{1,0}^{i,j} & \cdots \\ c_{0,1}^{i,j} & e_{0,1}^{i,j} & c_{1,1}^{i,j} & e_{1,1}^{i,j} & \cdots \\ d_{0,1}^{i,j} & f_{0,1}^{i,j} & d_{1,1}^{i,j} & f_{1,1}^{i,j} & \cdots \\ \vdots & \vdots & \vdots & \vdots & \ddots \\ d_{0,n}^{i,j} & f_{0,n}^{i,j} & d_{1,n}^{i,j} & f_{1,n}^{i,j} & \cdots \end{bmatrix} \tag{5.2-11}$$

$$\boldsymbol{C}=\{\overline{A_{i,j}^{0}},\overline{B_{i,j}^{0}},\overline{A_{i,j}^{1}},\overline{B_{i,j}^{1}}\cdots\}^{\mathrm{T}} \tag{5.2-12}$$

$$\boldsymbol{J}=\{b_0,c_0,b_1,c_1,\cdots\}^{\mathrm{T}} \tag{5.2-13}$$

其中，$\overline{A_{i,j}^{n}}=A_{i,j}^{n}/G_j$，$\overline{B_{i,j}^{n}}=B_{i,j}^{n}/G_j$。由式（5.2-10）可以求得系数矩阵 $\boldsymbol{C}$，再将系数 $A_{i,j}^{n}$ 和 $B_{i,j}^{n}$ 代入式（5.1-14）就可以得到频域下单根任意光滑截面柱体上的辐射波压力。

5.2.3 散射波压力

1. 第一次散射波压力

其他柱体产生的辐射波入射到 i 号柱体后产生的压力 $P_{i,j}^{I,(1)}$ 和第一次散射波压力 $P_{i,j}^{S,(1)}$ 可以写为：

$$\begin{aligned} P_{i,j}^{I,(1)} &= \sum_{\substack{l=1\\ l\neq i}}^{N} P_{i,j\ \text{due to}\ P_{l,j}^{Ra}}^{I,(1)} \\ &= \sum_{\substack{l=1\\ l\neq i}}^{N}\sum_{n=0}^{\infty} K_n(\lambda_j r_l)(A_{l,j}^{n}\cos n\theta_l + B_{l,j}^{n}\sin n\theta_l) \end{aligned} \tag{5.2-14}$$

$$P_{i,j}^{S,(1)}=\sum_{n=0}^{\infty}K_n(\lambda_j r_i)(C_{i,j}^{n,(1)}\cos n\theta_i + D_{i,j}^{n,(1)}\sin n\theta_i) \tag{5.2-15}$$

依据贝塞尔函数的加法定理，将式（5.2-14）从 l 号局部坐标（x_l，y_l）变换为 i 号局部坐标（x_i，y_i）后，可以写为：

$$\begin{aligned} P_{i,j}^{I,(1)} = \sum_{\substack{l=1\\ l\neq i}}^{N}\sum_{n=0}^{\infty}\sum_{v=-\infty}^{\infty} & K_{n+v}(\lambda_j R_{il}) I_v(\lambda_j r_i)[A_{l,j}^{n}\cos(v\theta_i - n\pi - \overline{v+n}\theta_{il}) \\ & - B_{l,j}^{n}\sin(v\theta_i - n\pi - \overline{v+n}\theta_{il})] \end{aligned} \tag{5.2-16}$$

此时式（5.2-15）和式（5.2-16）满足如下水体与结构交界面的边界条件：

$$\frac{\partial P_{i,j}^{I}}{\partial \boldsymbol{n}}+\frac{\partial P_{i,j}^{S}}{\partial \boldsymbol{n}}=0 \quad r_i=a_i(\theta_i) \tag{5.2-17}$$

可以整理得到：

$$\sum_{n=0}^{\infty}[C_{i,j}^{n,(1)}q_n^{i,j}(\theta_i)+D_{i,j}^{n,(1)}g_n^{i,j}(\theta_i)]=M_j^{(1)}(\theta_i) \tag{5.2-18}$$

其中，$q_n^{i,j}(\theta_i)$ 和 $g_n^{i,j}(\theta_i)$ 分别如式（5.2-7）和式（5.2-8）所示，$M_j^{(1)}(\theta_i)$ 如下所示：

$$\begin{aligned} M_j^{(1)}(\theta_i) = -\sum_{\substack{l=1\\ l\neq i}}^{N}\sum_{n=0}^{\infty}\sum_{v=-\infty}^{\infty} & \{\lambda_j a_i K_{n+v}(\lambda_j R_{il})\dot{I}_v(\lambda_j a_i) \\ & \times[A_{l,j}^{n}\cos(v\theta_i - n\pi - \overline{v+n}\theta_{il}) - B_{l,j}^{n}\sin(v\theta_i - n\pi - \overline{v+n}\theta_{il})] \end{aligned}$$

$$+v\frac{\dot{a}_i}{a_i}K_{n+v}(\lambda_j R_{il})\dot{I}_v(\lambda_j a_i)[A^n_{l,j}\sin(v\theta_i-n\pi-\overline{v+n}\theta_{il})$$
$$+B^n_{l,j}\cos(v\theta_i-n\pi-\overline{v+n}\theta_{il})]\} \tag{5.2-19}$$

同理，将函数 $q_n^{i,j}(\theta_i)$ 、$g_n^{i,j}(\theta_i)$ 和 $M_j^{(1)}(\theta_i)$ 展开成傅里叶级数的形式，再整理成矩阵求解，最后可以将 $C_{i,j}^{n,(1)}$ 和 $D_{i,j}^{n,(1)}$ 代入式（5.2-15）后求和，可以得到 i 柱体上第一次散射波引起的动水压力。

2. **由低次散射波引起的高次散射波压力**

波场中其他柱产生的 $q-1$ 次散射波传播到 i 号柱体后，在 i 号柱体上产生的动水压力在 i 号柱体局部坐标系下，可以表示为：

$$P_{i,j}^{I,(q)}=\sum_{\substack{l=1\\l\neq i}}^{N}P^{I,(q)}_{i,j\ \text{due to}\ P^{S,(q-1)}_{l,j}}$$
$$=\sum_{\substack{l=1\\l\neq i}}^{N}\sum_{n=0}^{\infty}\sum_{v=-\infty}^{\infty}K_{n+v}(\lambda_j R_{il})I_v(\lambda_j r_i)[C_{l,j}^{n,(q-1)}\cos(v\theta_i-n\pi-\overline{v+n}\theta_{il})$$
$$-D_{l,j}^{n,(q-1)}\sin(v\theta_i-n\pi-\overline{v+n}\theta_{il})] \tag{5.2-20}$$

因此，产生的第 q 次散射波在 i 号柱体表面引起的动水压力可以表示为：

$$P_{i,j}^{S,(q)}=\sum_{n=0}^{\infty}K_n(\lambda_j r_i)[C_{i,j}^{n,(q)}\cos n\theta_i+D_{i,j}^{n,(q)}\sin n\theta_i] \tag{5.2-21}$$

将式（5.2-20）和式（5.2-21）代入式（5.2-17），可以整理得到：

$$\sum_{n=0}^{\infty}[C_{i,j}^{n,(q)}q_n^{j,i}(\theta_i)+D_{i,j}^{n,(q)}g_n^{j,i}(\theta_i)]=M_j^{(q)}(\theta_i) \tag{5.2-22}$$

其中，$q_n^{j,i}(\theta_i)$ 和 $g_n^{j,i}(\theta_i)$ 分别如式（5.2-7）和式（5.2-8）所示，$M_j^{(q)}(\theta_i)$ 如下所示：

$$M_j^{(q)}(\theta_i)=-\sum_{\substack{l=1\\l\neq i}}^{N}\sum_{n=0}^{\infty}\sum_{v=-\infty}^{\infty}\{\lambda_j a_i K_{n+v}(\lambda_j R_{il})\dot{I}_v(\lambda_j a_i)$$
$$\times[C_{l,j}^{n,(q-1)}\cos(v\theta_i-n\pi-\overline{v+n}\theta_{il})$$
$$-D_{l,j}^{n,(q-1)}\sin(v\theta_i-n\pi-\overline{v+n}\theta_{il})]$$
$$+v\frac{\dot{a}_i}{a_i}K_{n+v}(\lambda_j R_{il})\dot{I}_v(\lambda_j a_i)$$
$$\times[C_{l,j}^{n,(q-1)}\sin(v\theta_i-n\pi-\overline{v+n}\theta_{il})$$
$$+D_{l,j}^{n,(q-1)}\cos(v\theta_i-n\pi-\overline{v+n}\theta_{il})]\} \tag{5.2-23}$$

同理，将函数 $q_n^{i,j}(\theta_i)$ 、$g_n^{i,j}(\theta_i)$ 和 $M_j^{(q)}(\theta_i)$ 展开成傅里叶级数的形式，再整理成矩阵求解，最后可以将 $C_{i,j}^{n,(q)}$ 和 $D_{i,j}^{n,(q)}$ 代入式（5.2-21）后求和，就可以得到 i 柱体上第 q 次散射波引起的动水压力。

5.2.4　总动水压力

阵列中，i 号柱体上总的地震动水压力计算公式见式（5.1-25）、式（5.1-26）。i 号柱体沿环向和竖向积分后的总地震动水力可以表示为：

$$\overline{F_i} = \sqrt{(\overline{F_i^y})^2 + (\overline{F_i^x})^2} \tag{5.2-24}$$

$$\overline{F_i^x} = -\int_0^h \int_0^{2\pi} p_i a_i \cos\phi_i \mathrm{d}\theta_i \mathrm{d}z \tag{5.2-25}$$

$$\overline{F_i^y} = -\int_0^h \int_0^{2\pi} p_i a_i \sin\phi_i \mathrm{d}\theta_i \mathrm{d}z \tag{5.2-26}$$

无量纲动水力幅值定义为：

$$F_i = \frac{\overline{F_i}}{\rho_{\mathrm{w}} \pi e_1^2 h} \tag{5.2-27}$$

5.2.5 方法验证

采用 4 个模型（图 5.2-3）来验证提出方法的正确性。同一阵列中柱体具有相同的截面尺寸，其尺寸由 e_1 和 e_2 决定，柱体间净距为 D，定义 $D_{\mathrm{r}} = D/2e_1$，$l = 2e_1/h$。

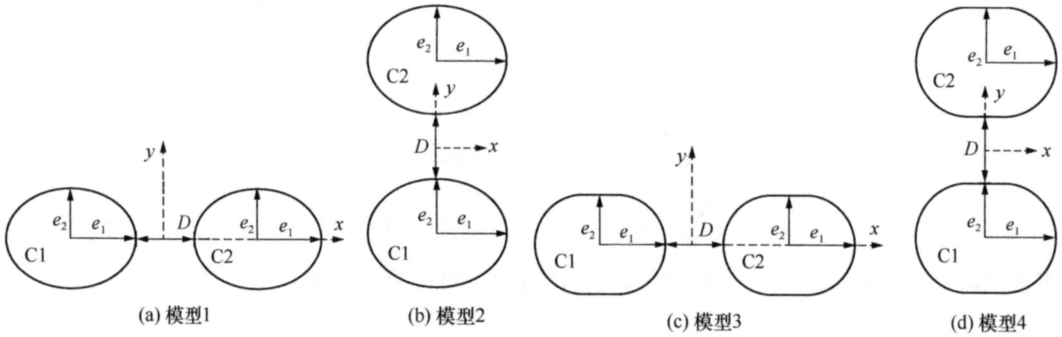

图 5.2-3 各模型数值解与本书解的对比

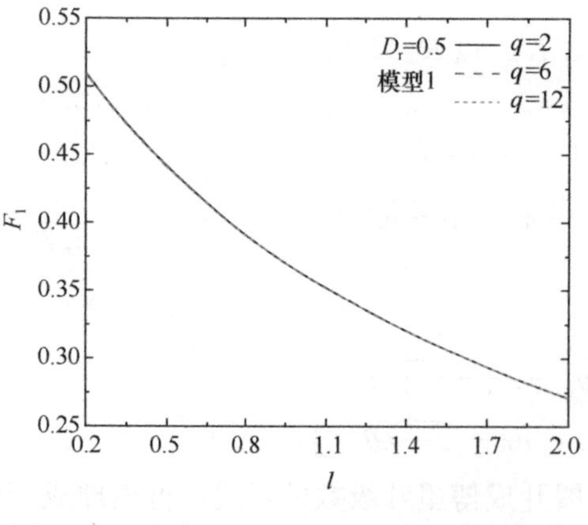

图 5.2-4 截断误差对本书解计算结果的影响

首先，由于本方法在计算求解过程中对式（5.2-11）中高次散射波累加的截断会带来一定的截断误差，所以先讨论该截断误差对计算结果的影响。图 5.2-4 针对 $D_{\mathrm{r}} = 0.5$ 和 $e_1/e_2 = 1.2$ 时的模型 1 给出了不同截断数 q 时，F_1 随宽高比 l 变化的曲线。从图中给出的无量纲动水力结果可以看出，当 $q>6$ 时本方法获得动水力计算结果基本收敛，为使解析解求解快速且准确，后续动水力求解中截断数设置为 8。

其次，通过 Wang[2] 等提出的数值方法验证本书提出的任意光滑截面柱体动水压力的解析解。图 5.2-5 给出了对比结果，从结果可以看出，本书方法的计算结果和数值方法结果吻合良好，说明本节方法可以准确计算作用在任意光滑截面柱体阵列上的地震动水力。

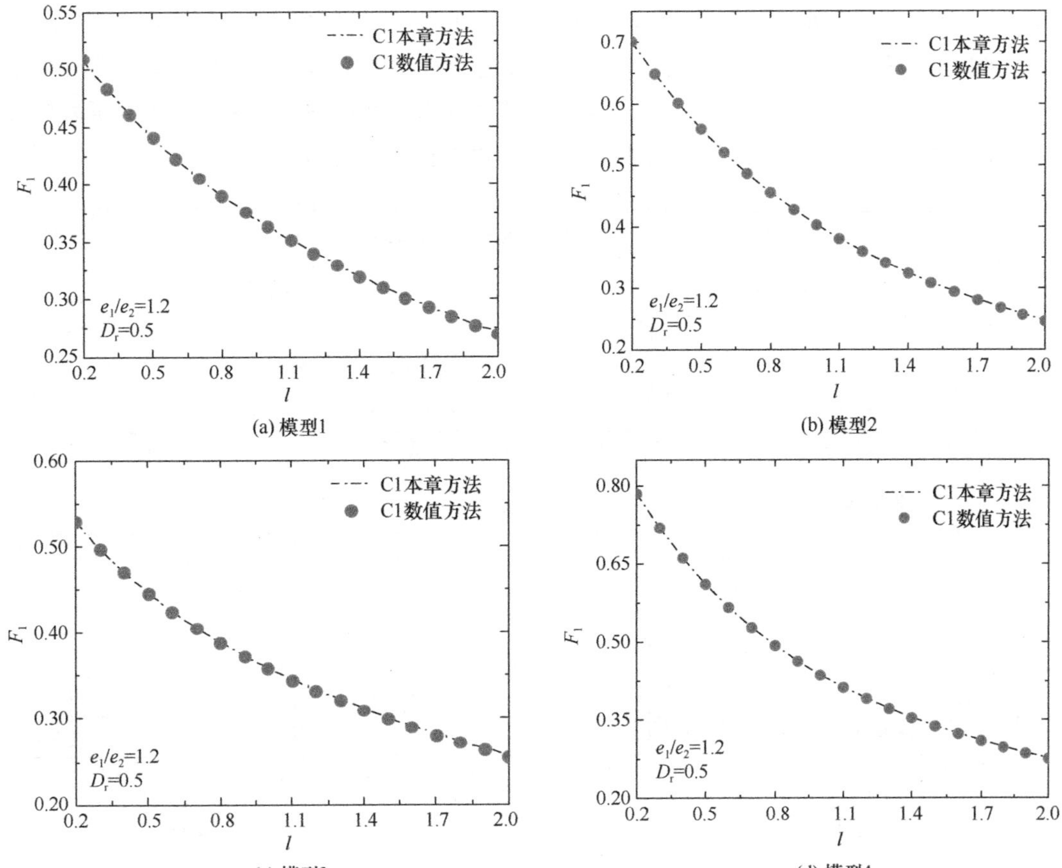

(a) 模型1　(b) 模型2　(c) 模型3　(d) 模型4

图 5.2-5　各模型数值解与本书解的对比

5.2.6　算例分析

通过五椭圆柱体阵列和五圆端柱体阵列展示高次散射波的影响，柱体布置如图 5.2-6 所示，各阵列中柱体截面尺寸相同，长轴和短轴之比$\frac{e_1}{e_2}=1.2$，由于对称性，C1 和 C3、

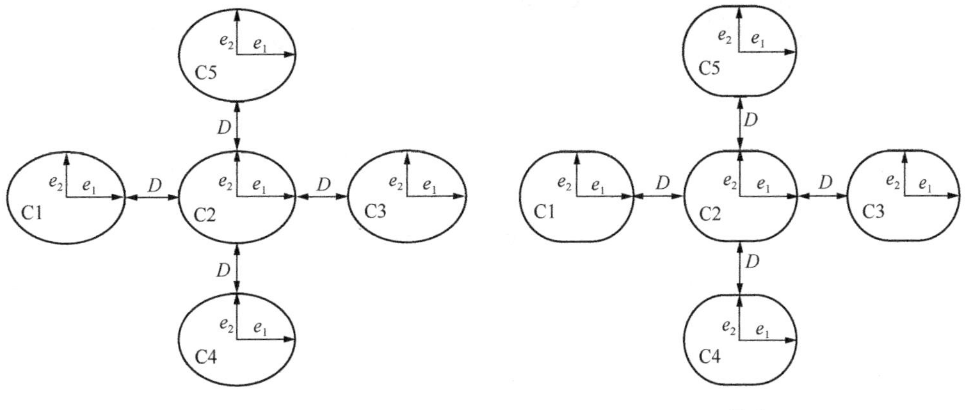

(a) 模型5　(b) 模型6

图 5.2-6　五柱体布置图

C5 和 C4 所受地震动水力一致。图 5.2-7 给出了 $l=0.2\sim1.0$ 时模型 5 和模型 6 中 C1、C2 和 C4 的 $F_i^{q=1}/F_i^{q=8}$，从图中可以看出 $D_r<1$ 时 l 越小高次波影响越大，$D_r>1$ 后高次波几乎没有影响。图 5.2-8 给出了 $D_r=0.2$、$\lambda_j e_1=1$ 时模型 5 和模型 6 周围高次散射压力与低次散射压力之差的云图，可以看到高阶波的影响集中在阵列内部。

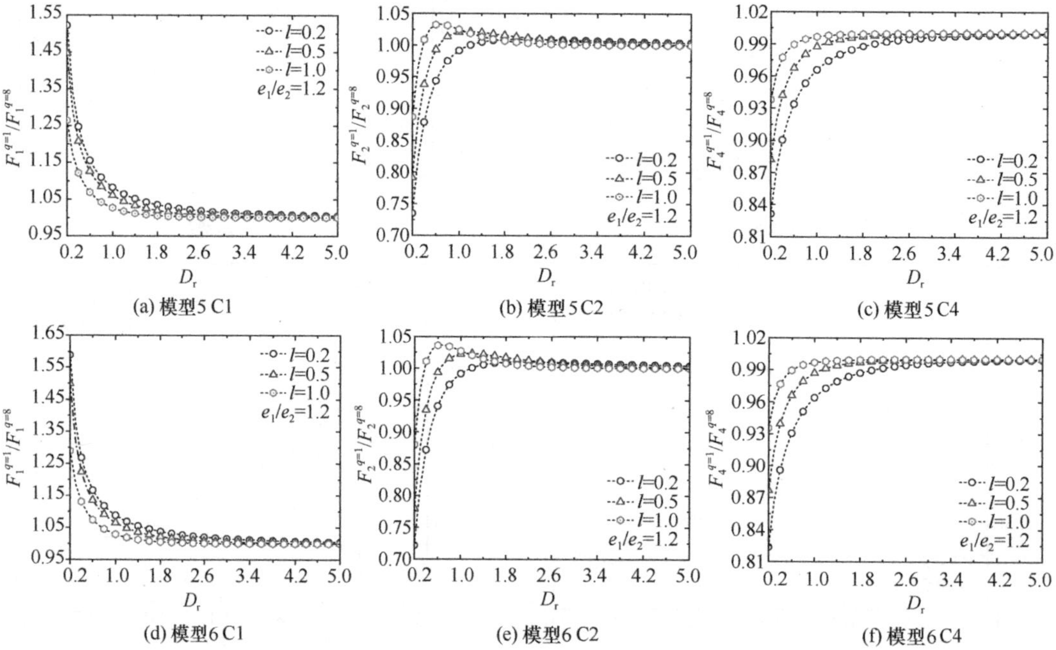

图 5.2-7　柱体受动水力比值

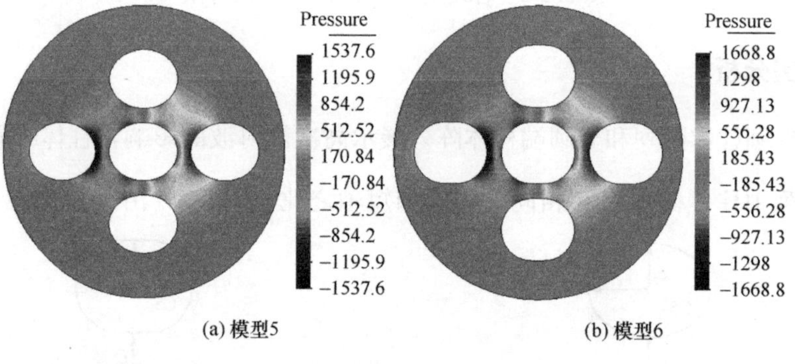

图 5.2-8　高次散射波与低次散射波压力之差的云图

参 考 文 献

[1] Watson G N. Treaties of Theory of Bessel Functions, 2nd edition[M]. London: Cambridge University Press, 1945.

[2] Wang P Q, Zhao M, Du X L, et al. A finite element solution of earthquake-induced hydrodynamic forces and wave forces on multiple circular cylinders[J]. Ocean Engineering, 2019, 189: 106336.

[3] 王丕光，赵密，杜修力．任意光滑截面桥墩地震动水压力分析[J]. 振动与冲击，2018，37(21)：8-13.

第6章　刚性结构地震动水压力附加质量简化计算公式

本章提出了地震作用下工程常见结构刚体运动引起动水压力的附加质量简化公式，包括二维直立与倾斜形结构、圆形、椭圆形、矩形、圆端形、圆锥形和椭圆形柱体。直立坝面、圆形和椭圆形柱体动水压力的解析公式力学概念清晰，推理严谨，但是其数学表达复杂，需借助数学软件求解；倾斜坝面、矩形、圆端形、圆锥形和椭圆形柱体动水压力的数值计算方法，需要自己编制有限元计算程序完成。由此可见，解析方法和数值方法不适用于工程应用。因此，本章基于刚性结构动水压力的解析公式和数值方法，提出了二维直立与倾斜形结构、圆形、椭圆形、矩形、圆端形、圆锥形和椭圆形柱体地震动水压力的附加质量简化公式。该附加质量简化公式数学表达简单、参数少、精度高，适用于工程结构的抗震设计。

6.1　二维直立与倾斜结构

6.1.1　直立结构

Westergaard在1933年给出了竖直刚性坝面在水平地震下的近似动水压力公式，可以表示为：

$$p(y)=\frac{7}{8}\rho_w\ddot{u}_g\sqrt{h(h-y)} \tag{6.1-1}$$

式中，$\ddot{u}_g$ 表示地面加速度。

由于Westergaard公式计算简单、易于理解，能够反映出动水压力的一些本质，至今普遍被工程界所接受采纳，但其计算结果的误差已被工程界所共知，所以本书提出新的刚性动水压力简化公式。

针对刚性动水压力模型的动水压力进行拟合，得出刚性动水压力修正公式为：

$$p(y)=\rho_w\ddot{u}_g h\alpha\left\{1-\frac{y}{h}\exp\left[\beta\left(\frac{y}{h}-1\right)\right]\right\} \tag{6.1-2}$$

式中，$\alpha=0.7435$；$\beta=2.169$。

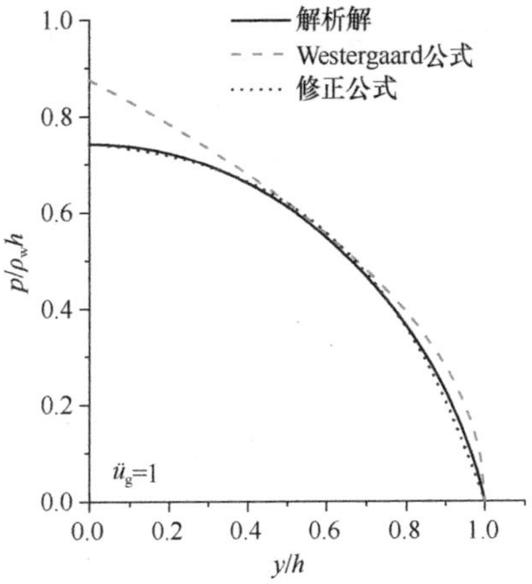

图6.1-1　修正公式与Westergaard公式的动水压力对比

图6.1-1为分别采用刚性的动水压力公式，修

正公式以及 Westergaard 公式计算的动水压力分布，为方便分析起见，将动水压力以及水深做无量纲化处理。明显可见，Westergaard公式在坝底处的动水压力较刚性动水力公式大约 15%，而修正公式与刚性公式拟合较好。

6.1.2 倾斜结构

根据第 3.2 节提出的频域子结构方法，倾斜坝面上的动水压力可以用一个附加质量公式代替，即：

$$\boldsymbol{M}_{\mathrm{a}} = \boldsymbol{T}_n \widetilde{\boldsymbol{S}} \tag{6.1-3}$$

为方便工程应用，本节基于水体不可压缩条件，即 $\omega = 0$ 的条件下倾斜坝面在 $45^\circ \leqslant \theta_0 \leqslant 90^\circ$ 范围内动水力的附加质量简化公式。图 6.1-2 为不同倾角情况下重力坝的附加质量沿着高度分布图，由图中可以看出倾斜重力坝的附加质量沿高度的分布形式明显不同，倾角为 90°的重力坝的附加质量随高度减小逐渐增大，而倾斜重力坝的附加质量随高度减小先增大后在接近水底处逐渐减小，并且随倾角的减小在接近水底的地方减小得越多。

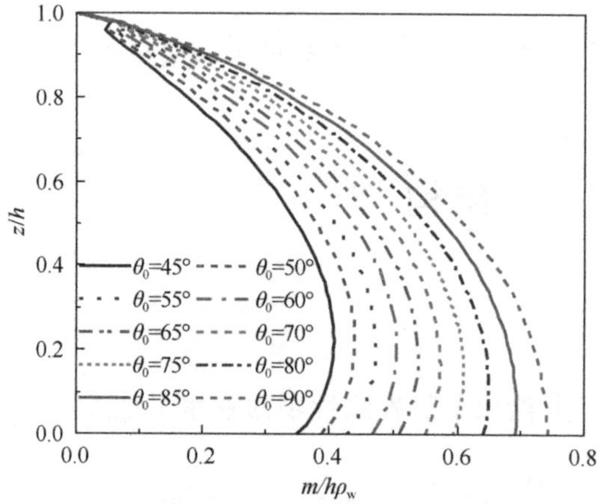

图 6.1-2 不同倾角 θ_0 下重力坝上附加质量随高度的分布

在 $45^\circ \leqslant \theta_0 \leqslant 90^\circ$ 范围内，附加质量沿高度的分布可以简化为：

$$\frac{m(z)}{\rho_{\mathrm{w}}} = d_1 + d_2(z/h) + d_3\,(z/h)^2 + d_4\,(z/h)^3 \tag{6.1-4}$$

式中，待定系数 d_1、d_2、d_3 和 d_4 通过曲线拟合得到，即：

$$d_1 = p_1\theta_0 + p_2 \tag{6.1-5a}$$

$$d_2 = p_3\theta_0 + p_4 \tag{6.1-5b}$$

$$d_3 = p_5\theta_0 + p_6 \tag{6.1-5c}$$

$$d_4 = p_7\theta_0 + p_8 \tag{6.1-5d}$$

式中，$\theta_0 = \pi\theta/180$。

图 6.1-3 为不同倾角坝体附加质量简化公式和子结构方法结果的对比，由图中可以看出，本节提出的附加质量简化公式与理论解吻合较好。

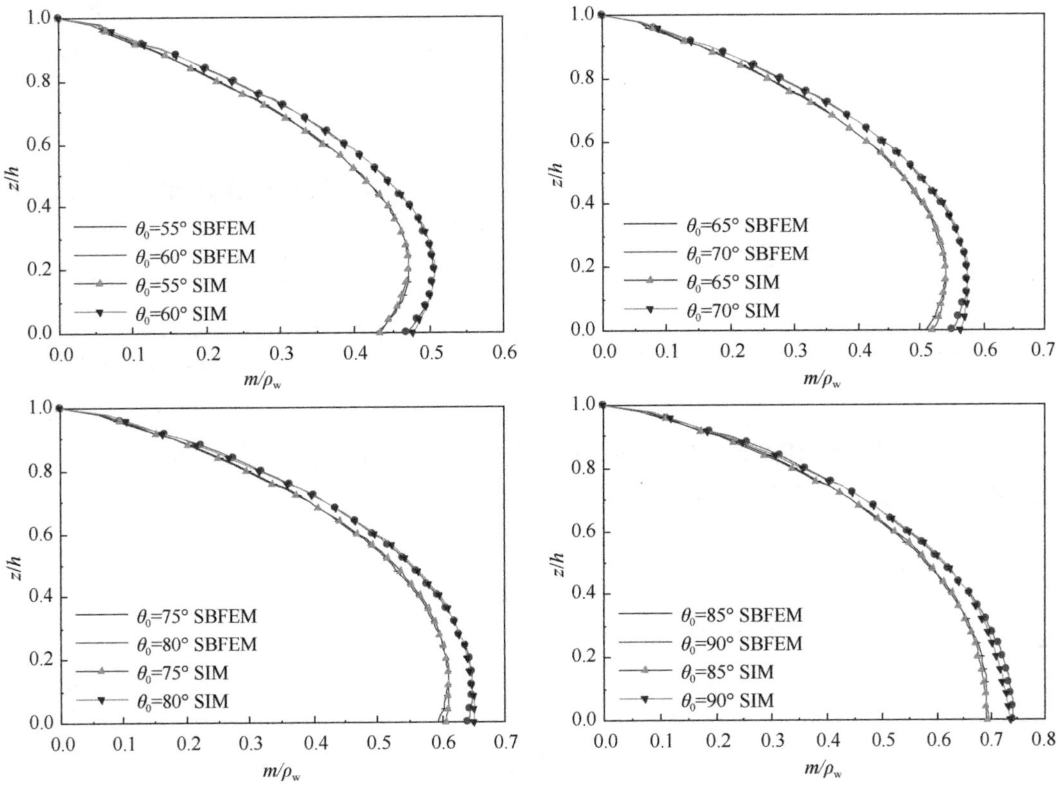

图 6.1-3　附加质量的简化公式和子结构方法的比较

6.2　圆形、椭圆形、矩形和圆端形柱体

6.2.1　圆形柱体

1. 均布附加质量

刚性柱体单位高度的动水力为：

$$\tilde{f} = -\frac{1}{h}\int_0^h f(z)\mathrm{d}z \tag{6.2-1}$$

将圆形柱体动水力的解析公式代入式（6.2-1）整理得：

$$\tilde{f} = -m_\infty C_\mathrm{M} \ddot{u}_g \tag{6.2-2}$$

$$C_\mathrm{M} = \sum_{j=1}^{\infty} \frac{-8K_1(\lambda a)}{(2j-1)^2\pi^2\lambda a K'_1(\lambda a)} \tag{6.2-3}$$

式中，$\ddot{u}_g$ 表示柱体的加速度时程；$m_\infty = \rho\pi a^2$；C_M 为均布附加质量系数，通过曲线拟合，附加质量系数可以简化为如下形式：

$$C_\mathrm{M} \approx 0.6\mathrm{e}^{-0.93l} + 0.403\mathrm{e}^{-0.156l} \tag{6.2-4}$$

式中，$l=2a/h$，为圆形柱体宽深比。

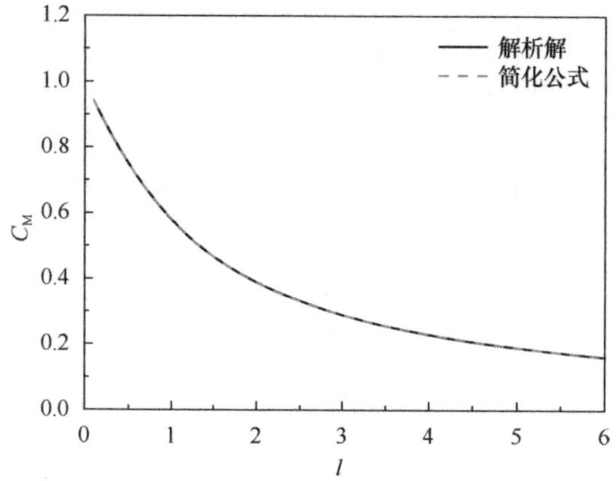

图 6.2-1 附加质量的简化公式与有限元的误差分析

图 6.2-1 为附加质量系数简化公式与精确解的比较，由图中可以看出，两者吻合很好。

2. 分布附加质量

刚性圆形柱体沿高度的分布动水力为：

$$f = -m_{\infty} c_{\mathrm{m}} \ddot{u}_g \tag{6.2-5}$$

$$c_{\mathrm{m}} = \sum_{j=1}^{\infty} \frac{-(-1)^{j+1} 4K_1(\lambda a)\cos(\lambda z)}{(2j-1)\pi\lambda a K'_1(\lambda a)} \tag{6.2-6}$$

式中，c_{m} 为分布附加质量系数，通过曲线拟合，附加质量系数可以简化为如下形式：

$$c_{\mathrm{m}}(\bar{z}) = d_{01}\left[1 - \bar{z}e^{d_{02}(\bar{z}-1)}\right] \tag{6.2-7}$$

式中，$\bar{z} = z/h$；d_{01} 是 $\bar{z} = 0$ 时的解析值；d_{02} 是通过对解析公式曲线拟合得到的。

通过对 d_{01} 和 d_{02} 的数据进行曲线拟合，可得到：

$$d_{01} \approx 0.918e^{-0.468l} + 0.155e^{0.015l} \tag{6.2-8}$$

$$d_{02} \approx 1.248l^{-1.194} + 2.156 \tag{6.2-9}$$

图 6.2-2 为不同宽深比 l 下动水力解析公式与简化公式的比较。由图中可以看出，动水力解析公式与简化公式吻合较好。

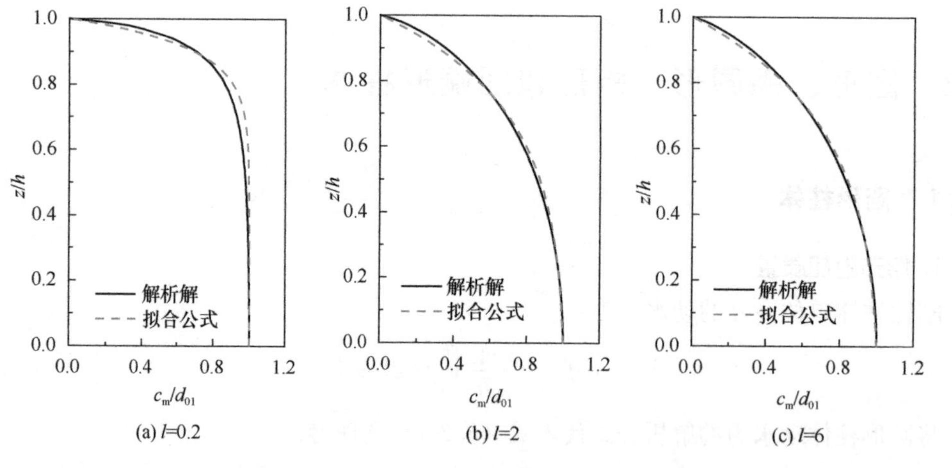

图 6.2-2 圆形柱体分布附加质量系数简化公式与精确值的比较

6.2.2 椭圆形柱体

1. 均布附加质量

地震作用沿长轴方向时，将动水力方程代入式（6.2-1）并通过曲线拟合可得：

$$\tilde{f} = -\rho\pi b^2 C_{\mathrm{ME}}^x \ddot{u}_g \tag{6.2-10}$$

$$C_{ME}^{x} = \begin{cases} C_M(w_{11}\delta^2 + w_{12}\delta + w_{13}) & l \leqslant 2.5 \\ C_M(v_{11}\delta^{v_{12}} + v_{13}) & l > 2.5 \end{cases} \tag{6.2-11}$$

式中，$\delta = a/b \leqslant 5$；C_{ME}^{x} 为椭圆形柱体沿长轴方向的均布附加质量系数。式（6.2-11）中的系数计算公式为：

$$w_{11} = 0.00367l^{1.554} + 0.0221 \tag{6.2-12a}$$

$$w_{12} = -0.185l^{0.507} - 0.041 \tag{6.2-12b}$$

$$w_{13} = 0.157l^{0.505} + 1.037 \tag{6.2-12c}$$

$$v_{11} = 0.488l^{-0.652} + 0.608 \tag{6.2-13a}$$

$$v_{12} = -0.946l^{0.453} + 0.832 \tag{6.2-13b}$$

$$v_{13} = -0.655l^{-1.395} + 0.351 \tag{6.2-13c}$$

式中，$l = 2b/h \leqslant 6$ 。

地震作用沿短轴方向时，同样将动水力方程代入式（6.2-5）并通过曲线拟合可得：

$$\tilde{f} = -\rho\pi a^2 C_{ME}^{y} \ddot{u}_g \tag{6.2-14}$$

$$C_{ME}^{y} = C_M(v_{21}\delta^{v_{22}} + v_{23}) \tag{6.2-15}$$

式中，$\delta = a/b \leqslant 5$；C_{ME}^{y} 为椭圆形柱体沿短轴方向的均布附加质量系数。式（6.2-15）中的系数计算公式为：

$$v_{21} = \begin{cases} -0.277e^{-0.0186l} + 0.293e^{-1.102l} & l \leqslant 2.5 \\ 0.037l^2 - 0.17l - 0.0558 & 2.5 < l \leqslant 3.8 \\ 0 & 3.8 < l < 4.8 \\ -0.0203l^2 + 0.449l - 1.603 & l \geqslant 4.8 \end{cases} \tag{6.2-16}$$

$$v_{22} = \begin{cases} -0.008l^2 + 0.186l - 1.056 & l \leqslant 2.5 \\ 0.218l^3 - 1.933l^2 + 5.726l - 6.285 & 2.5 < l \leqslant 3.8 \\ 0 & 3.8 < l < 4.8 \\ -0.167l^2 + 1.426l - 5.076 & l \geqslant 4.8 \end{cases} \tag{6.2-17}$$

$$v_{23} = \begin{cases} 1.295e^{-0.0106l} - 0.31e^{-1.052l} & l \leqslant 2.5 \\ -0.0295l^2 + 0.12l + 1.126 & 2.5 < l \leqslant 3.8 \\ 1 & 3.8 < l < 4.8 \\ 0.0204l^2 - 0.401l + 2.38 & l \geqslant 4.8 \end{cases} \tag{6.2-18}$$

式中，$l = 2a/h \leqslant 6$ 。

2. 分布附加质量

地震作用沿长轴方向时，刚性椭圆形柱体沿高度的分布动水力简化公式为：

$$f = -\rho\pi b^2 c_{me}^{x} \ddot{u}_g \tag{6.2-19}$$

$$c_{me}^{x}(\bar{z}) = d_1^x[1 - \bar{z}e^{d_2^x(\bar{z}-1)}] \tag{6.2-20}$$

在 $l = 2b/h \leqslant 4$ 范围内有：

$$d_1^x = d_{01}(p_{11}\delta^2 + p_{12}\delta + p_{13}) \tag{6.2-21}$$

$$p_{11} = 10^{-3}(-0.664l^3 + 5.49l^2 - 5.02l + 22.7) \tag{6.2-22a}$$

$$p_{12}=10^{-3}(9.24l^2-119l-81.6) \tag{6.2-22b}$$

$$p_{13}=-0.0115l^2+0.123l+1.059 \tag{6.2-22c}$$

$$d_2^x=d_{02}(q_{11}\delta^{q_{12}}+q_{13}) \tag{6.2-23}$$

$$q_{11}=\begin{cases}12.05l^{3.682}+1.635 & l\leqslant 0.6\\ 0.415l^{-4.0}+0.277 & l>0.6\end{cases} \tag{6.2-24a}$$

$$q_{12}=\begin{cases}0.533l^{0.55}-0.48 & l\leqslant 0.6\\ -1.307l^{1.253}+0.786 & l>0.6\end{cases} \tag{6.2-24b}$$

$$q_{13}=\begin{cases}-11.88l^{3.652}-0.619 & l\leqslant 0.6\\ -0.43l^{-3.95}+0.773 & l>0.6\end{cases} \tag{6.2-24c}$$

地震作用沿短轴方向时，刚性椭圆形柱体沿高度的分布动水力简化公式为：

$$f=-\rho\pi a^2 c_{\mathrm{me}}^y \ddot{u}_g \tag{6.2-25}$$

$$c_{\mathrm{me}}^x(\bar{z})=d_1^y\left[1-\bar{z}e^{d_2^y(\bar{z}-1)}\right] \tag{6.2-26}$$

在 $l=2b/h\leqslant 4$ 范围内有：

$$d_1^y=d_{01}(p_{21}\delta^{p_{22}}+p_{23}) \tag{6.2-27}$$

$$p_{21}=10^{-2}(0.489l^3+3.21l^2-25.49l+4.6) \tag{6.2-28a}$$

$$p_{22}=\begin{cases}-0.265l^2+0.903l-1.553 & l\leqslant 1.6\\ -0.11l^2-0.0334l-0.468 & l>1.6\end{cases} \tag{6.2-28b}$$

$$p_{23}=-0.056l^2+0.28l+0.95 \tag{6.2-28c}$$

$$d_2^y=d_{02}(q_{21}\delta^{q_{22}}+q_{23}) \tag{6.2-29}$$

$$q_{21}=\begin{cases}-0.38l^2+0.947l-0.633 & l<1.0\\ 0 & 1.0\leqslant l<1.2\\ -0.115l^2+0.805l-0.792 & l\geqslant 1.2\end{cases} \tag{6.2-30a}$$

$$q_{22}=\begin{cases}2.868l^{10.39}-0.737 & l<1.0\\ 0 & 1.0\leqslant l<1.2\\ -0.925l^{1.706}+0.756 & l\geqslant 1.2\end{cases} \tag{6.2-30b}$$

$$q_{23}=\begin{cases}0.41l^2-0.968l+1.635 & l<1.0\\ 1 & 1.0\leqslant l<1.2\\ 0.834l^{-1.98}+0.478 & l\geqslant 1.2\end{cases} \tag{6.2-30c}$$

6.2.3 矩形柱体

1. 均布附加质量

对于矩形柱体可通过第 4.3.2 节方法，计算得到矩形柱体的动水力。通过对数值解的拟合，可得到刚性矩形柱体单位高度的动水力为：

$$\tilde{f}=-4\rho a^2 C_{\mathrm{MR}}\ddot{u}_g \tag{6.2-31}$$

$$C_{\mathrm{MR}}\approx \tau_1 l^{\tau_2}+\tau_3 \tag{6.2-32}$$

式中，τ_1、τ_2 和 τ_3 为附加质量公式系数，$l=2a/h$；不同 a/b 时的附加质量公式系数如表

6.2-1 所示；$2a$ 表示矩形柱体迎水面宽度；$2b$ 表示矩形截面长度。

矩形柱体单位高度动水力附加质量公式系数　　表 6.2-1

a/b	τ_1	τ_2	τ_3
5	−0.457	0.541	1.061
4	−0.493	0.519	1.103
3	−0.532	0.501	1.151
2	−0.640	0.446	1.271
1	−0.838	0.376	1.485
1/2	−1.195	0.284	1.847
1/3	−1.748	0.199	2.400
1/4	−2.345	0.150	2.995
1/5	−3.069	0.115	3.717

附加质量系数 C_{MR} 拟合公式（6.2-32）与数值解的比较如图 6.2-3 所示，由图中可以看出两者吻合较好。

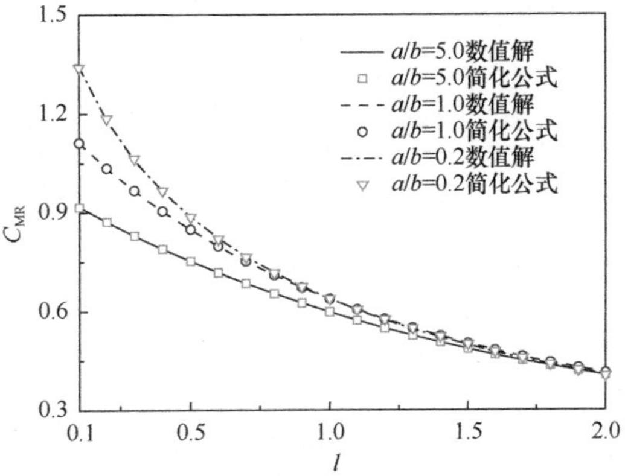

图 6.2-3　矩形柱体分布附加质量系数与简化公式的比较

通过对表 6.2-1 的数据进行曲线拟合，τ_1、τ_2 和 τ_3 可表示为：

$$\tau_1=\begin{cases}-11.122e^{-9.191x}-1.438e^{-0.544x} & 0.2\leqslant x\leqslant 1.0\\ -0.779e^{-0.743x}-0.475e^{-0.0151x} & 1.0<x\leqslant 5.0\end{cases} \tag{6.2-33}$$

$$\tau_2=\begin{cases}-0.469x^2+0.888x-0.044 & 0.2\leqslant x\leqslant 1.0\\ -0.384e^{-0.4x}+0.644e^{-0.017x} & 1.0<x\leqslant 5.0\end{cases} \tag{6.2-34}$$

$$\tau_3=\begin{cases}11.05e^{-9.117x}+2.053e^{-0.326x} & 0.2\leqslant x\leqslant 1.0\\ 1.09e^{-0.0095x}+0.826e^{-0.711x} & 1.0<x\leqslant 5.0\end{cases} \tag{6.2-35}$$

式中，$x=a/b$。

2. 分布附加质量

刚性矩形柱体沿高度的分布动水力为：

$$f=-4\rho a^2 c_{mr}\ddot{u}_g \tag{6.2-36}$$

$$c_{mr}(\bar{z}) = d_{03}\left[1 - \bar{z}e^{d_{04}(\bar{z}-1)}\right] \quad (6.2\text{-}37)$$

式中，d_{03} 是 $\bar{z}=0$ 时的值；d_{04} 是通过对数值解进行曲线拟合得到的。在 $0.2 \leqslant l \leqslant 2$ 和 $0.2 \leqslant a/b \leqslant 5$ 范围内，d_{03} 和 d_{04} 可表示为如下形式：

$$d_{03} = p_1 l^{p_2} + p_3 \quad (6.2\text{-}38)$$

$$p_1 = -0.35x^{-1.092} - 0.198 \quad (6.2\text{-}39a)$$

$$p_2 = 0.766e^{0.0471x} - 0.782e^{-1.401x} \quad (6.2\text{-}39b)$$

$$p_3 = 0.412x^{-1.012} + 0.952 \quad (6.2\text{-}39c)$$

$$d_{04} = q_1 l^{q_2} + q_3 \quad (6.2\text{-}40)$$

$$q_1 = \begin{cases} 1.859e^{-8.153x} + 0.938e^{0.0865x} & 0.2 \leqslant x \leqslant 1.0 \\ -0.0157x^2 + 0.194x + 0.846 & 1.0 < x \leqslant 5 \end{cases} \quad (6.2\text{-}41a)$$

$$q_2 = \begin{cases} 0.296x^{-0.548} - 1.521 & 0.2 \leqslant x \leqslant 1.0 \\ -1.26 & 1.0 < x \leqslant 5.0 \end{cases} \quad (6.2\text{-}41b)$$

$$q_3 = \begin{cases} -0.0282x^{-1.647} + 2.121 & 0.2 \leqslant x \leqslant 1.0 \\ 0.004x^2 - 0.0533x + 2.143 & 1.0 < x \leqslant 5.0 \end{cases} \quad (6.2\text{-}41c)$$

式中，$x = a/b$。图 6.2-4 为不同工况下动水力数值解与简化公式的比较，由图中可以看出，两者吻合较好。

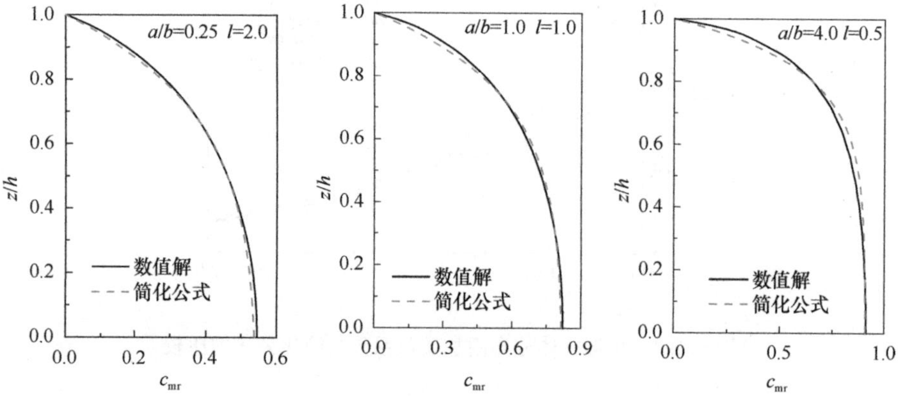

图 6.2-4　矩形柱体分布附加质量系数简化公式与数值解的比较

6.2.4　圆端形柱体

为方便工程应用，本节基于上述方法计算水体不可压缩条件下刚性圆端形柱体在 $0.2 \leqslant l \leqslant 2$ 和 $0 \leqslant \delta_1 \leqslant 4$ 范围内动水力的简化公式。地震动沿水平方向时，$\delta_1 = b/a$，$l = 2a/h$，$m_0 = \rho\pi a^2$；地震动沿横向方向时，$\delta_1 = b/a$，$l = 2b/h$，$m_0 = \rho\pi b^2$。

1. 均布附加质量

地震动沿水平方向时，圆端形柱体上的均布附加质量 M 可以表示为：

$$\frac{M}{m_0} = p_{11}e^{-p_{12}l} + p_{13} \quad (6.2\text{-}42)$$

$$p_{11} = -0.459\delta_1^{-0.749} + 1.224 \quad (6.2\text{-}43a)$$

$$p_{12}=-0.496\delta_1^{-0.696}+1.292 \tag{6.2-43b}$$

$$p_{13}=-0.0592\delta_1^{-1.221}+0.293 \tag{6.2-43c}$$

地震动沿横向方向时，圆端形柱体上的均布附加质量 M 可以表示为：

$$\frac{M}{m_0}=p_{21}\mathrm{e}^{-q_{22}l}+q_{23} \tag{6.2-44}$$

$$p_{21}=-0.128\delta_1^{-1.566}+0.885 \tag{6.2-45a}$$

$$p_{22}=0.13\delta_1^{-0.585}+0.662 \tag{6.2-45b}$$

2. **分布附加质量**

地震动作用时，圆端形柱体上的分布附加质量可以表示为：

$$\frac{m_g(z)}{m_0}=d_1[1-z/h\mathrm{e}^{d_2(z/h-1)}] \tag{6.2-46}$$

式中，待定系数 d_1 和 d_2 通过曲线拟合得到的。对于不同 l 和 δ_1 工况下的 d_1 和 d_2，可以进一步地用曲线拟合方式得到。

地震动沿水平方向时，关于待定系数 d_1 的拟合公式为：

$$d_1=q_{11}l^2+q_{12}l+q_{13} \tag{6.2-47}$$

式中：

$$q_{11}=-0.232\delta_1^{-0.485}+0.278 \tag{6.2-48a}$$

$$q_{12}=0.729\delta_1^{-0.6}-1.096 \tag{6.2-48b}$$

$$q_{13}=-0.571\delta_1^{-0.824}+1.631 \tag{6.2-48c}$$

关于待定系数 d_2 的拟合公式为：

$$d_2=q_{14}l^2+q_{15}l+q_{16} \tag{6.2-49}$$

式中：

$$q_{14}=0.589\delta_1^{-1.146}+0.587 \tag{6.2-50a}$$

$$q_{15}=0.02\delta_1^{-1.524}-1.256 \tag{6.2-50b}$$

$$q_{16}=-0.0218\delta_1^{-2.015}+2.203 \tag{6.2-50c}$$

地震动沿垂直方向时，关于待定系数 d_1 的拟合公式为：

$$d_1=q_{21}l^2-0.365l+q_{22} \tag{6.2-51}$$

式中：

$$q_{21}=0.01\delta_1^{-2.263}+0.0357 \tag{6.2-52a}$$

$$q_{22}=-0.183\delta_1^{-1.393}+1.231 \tag{6.2-52b}$$

关于待定系数 d_2 的拟合公式为：

$$d_2=q_{43}l^{-1.23}+2.17 \tag{6.2-53}$$

式中：

$$q_{43}=-0.349\delta_1^{-0.459}+1.558 \tag{6.2-54}$$

图 6.2-5 为附加质量简化公式与有限元的对比及误差，由图中可以看出，本节给出的刚性圆端柱体上的附加质量简化公式与数值模型吻合较好，误差均小于 5%，能够满足工程应用的需求。

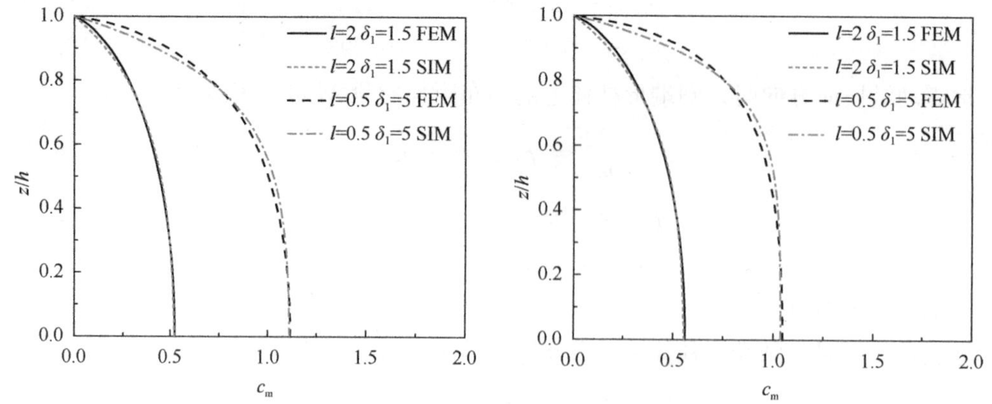

(a) 水平方向　　(b) 垂直方向

图 6.2-5　附加质量简化公式与有限元的对比及误差

6.3　圆锥形和倾斜柱体

6.3.1　圆锥形柱体

圆锥形柱体与水体的相互作用体系如图 6.3-1 所示，图中 h 表示水深，H 为柱体高度。直角坐标系和柱坐标下 z 轴沿柱体轴线向上，坐标原点位于柱体底部，a（z）表示 z 处截面半径，a_0 表示水面处截面半径。

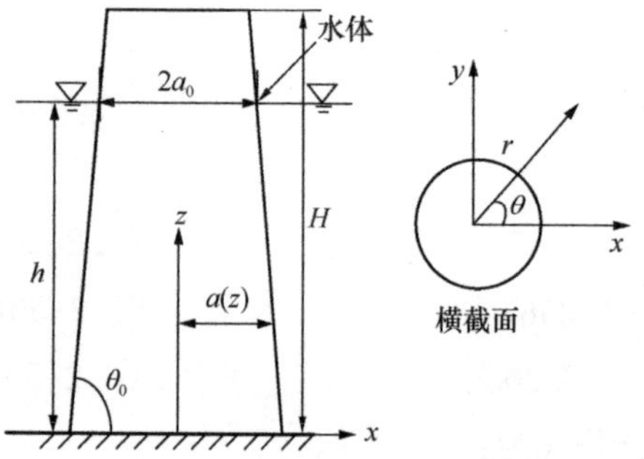

图 6.3-1　地震作用下圆锥形柱体与水相互作用示意图

为方便工程应用，本节基于第 4.3.3 节数值方法，给出了圆锥形刚性柱体上动水力沿高度分布的附加质量简化公式，其中圆锥形截面的倾角和长细比分别在 $45°\leqslant\theta_0\leqslant90°$ 和 $0.2\leqslant l=2a_0/h\leqslant2$ 范围内。

图 6.3-2 为不同工况下圆锥形的附加质量沿高度的分布，由图中可以看出圆锥形柱体与圆柱体的附加质量沿高度的分布形式明显不同，圆柱体的附加质量沿高度逐渐增大，而圆锥形的附加质量沿高度先增大后在接近水底处逐渐减小。

在 $75°\leqslant\theta_0\leqslant90°$ 范围内，附加质量沿高度的分布可以简化为：

$$\frac{m(a,z)}{\rho_w a_0}=\frac{a}{a_0}d_1\left[1-z/h\mathrm{e}^{d_2(z/h-1)}\right] \tag{6.3-1}$$

式中，待定系数 d_1 和 d_2 通过曲线拟合得到的，即：

$$d_1=p_1 l^{p_2}+p_3 \tag{6.3-2}$$

$$p_1=0.887\sigma^2-1.625\sigma+0.0125 \tag{6.3-3a}$$

$$p_2=3.607\sigma^2-8.951\sigma+5.879 \tag{6.3-3b}$$

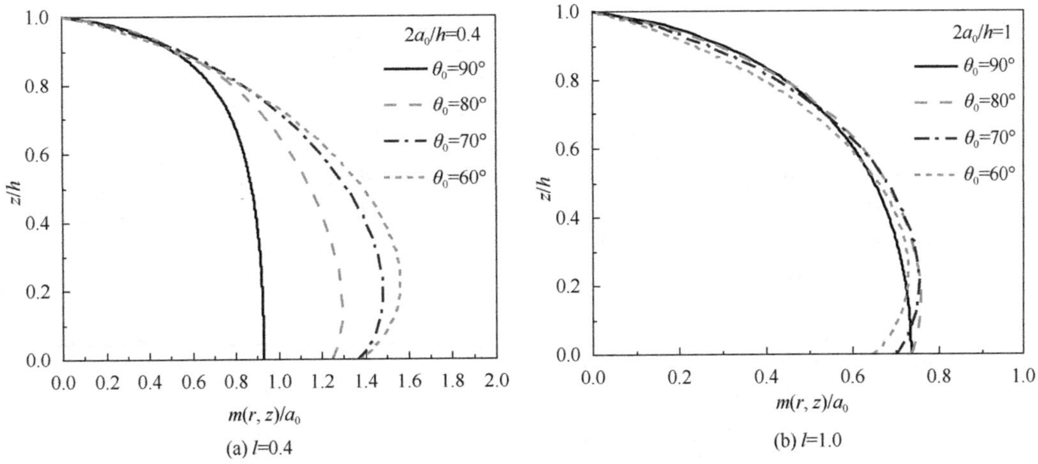

图 6.3-2　不同倾角 θ_0 下圆形截面柱体结构上附加质量随高度的分布

$$p_3 = -0.277\sigma^2 + 0.607\sigma + 0.811 \tag{6.3-3c}$$

$$d_2 = q_1 l^{q_2} + q_3 \tag{6.3-4}$$

$$q_1 = -6.947\sigma^2 + 10.1\sigma + 2.783 \tag{6.3-5a}$$

$$q_2 = -3.97\sigma^2 + 10.67\sigma - 8.112 \tag{6.3-5b}$$

$$q_3 = 2.707\sigma^2 - 7.144\sigma + 6.623 \tag{6.3-5c}$$

式中，$\sigma = \pi\theta_0/180°$。

在 $45° \leqslant \theta_0 \leqslant 75°$范围内，附加质量沿高度的分布可以简化为：

$$\frac{m(a,z)}{\rho_w a_0} = d_3(1-z/h)^2 + d_4(1-z/h) \tag{6.3-6}$$

式中，待定系数 d_3 和 d_4 通过曲线拟合得到的，即：

$$d_3 = p_4 l^{p_5} + p_6 \tag{6.3-7}$$

$$p_4 = -0.249\sigma^{6.14} - 1.265 \tag{6.3-8a}$$

$$p_5 = 0.177\sigma^{4.088} - 0.955 \tag{6.3-8b}$$

$$p_6 = 0.0861\sigma^{9.251} + 0.0412 \tag{6.3-8c}$$

$$d_4 = q_4 e^{q_5 l} + q_6 e^{q_7 l} \tag{6.3-9}$$

$$q_4 = -3.27\sigma^2 + 6.998\sigma + 0.0531 \tag{6.3-10a}$$

$$q_5 = 0.208\sigma^2 - 0.152\sigma - 0.693 \tag{6.3-10b}$$

$$q_6 = -24.7\sigma^2 + 37.14\sigma + 1.239 \tag{6.3-10c}$$

$$q_7 = 0.272\sigma^{4.834} - 5.846 \tag{6.3-10d}$$

图 6.3-3 为不同工况下圆锥形柱体附加质量简化公式和有限元模型结果的对比，由图中可以看出，本节提出的附加质量简化公式与理论解吻合较好。

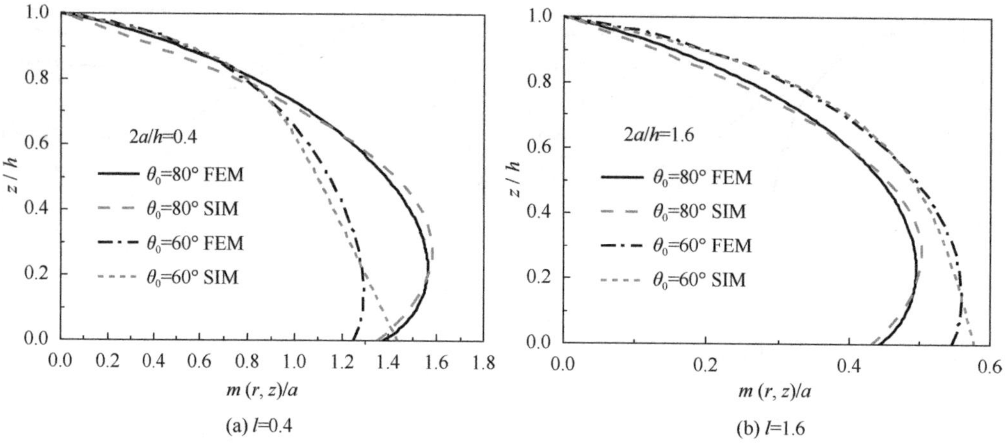

图 6.3-3 附加质量简化公式和有限元模型结果的比较

6.3.2 倾斜柱体

地震作用下倾斜圆柱与水体的相互作用模型如图 6.3-4 所示，a 为圆柱半径，γ 为倾斜角度，h 为水深。直角坐标系 o-xyz 和柱坐标系 o-$r\theta z$ 定义见图 6.3-4，z 轴与柱体轴线在同一条直线上，坐标原点 o 位于倾斜圆柱底部圆心处。地震动与 x 轴正方向的夹角为 α。

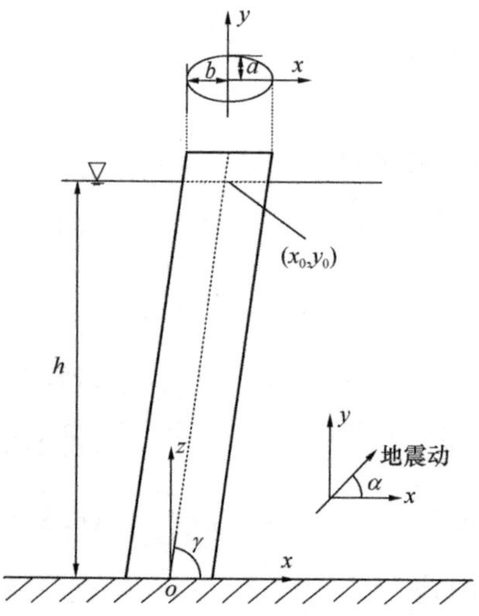

图 6.3-4 地震作用下倾斜圆柱与水体相互作用示意图

水面 $z=h$ 处倾斜圆柱中心坐标记为 (x_0, y_0)，则倾斜圆柱表面的方程为：

$$\psi = \frac{(x - x_c)^2}{b^2} + \frac{(y - y_0)^2}{a^2} - 1 = 0 \tag{6.3-11}$$

式中，$b = a/\sin\gamma$；$x_c = x_0 + (z - h)\cot\gamma$。相应地，柱面的外法线向量为：

$$n_s = (\cos\varphi_x, \cos\varphi_y, \cos\varphi_z) \tag{6.3-12}$$

式中，φ_x、φ_y 和 φ_z 分别表示柱面外法线与 x、y 和 z 轴的夹角。由式（6.3-12）可得到：

$$\cos\varphi_x = \frac{\psi'_x}{\sqrt{\psi'^2_x + \psi'^2_y + \psi'^2_z}} \tag{6.3-13a}$$

$$\cos\varphi_y = \frac{\psi'_y}{\sqrt{\psi'^2_x + \psi'^2_y + \psi'^2_z}} \tag{6.3-13b}$$

$$\cos\varphi_z = \frac{\psi'_z}{\sqrt{\psi'^2_x + \psi'^2_y + \psi'^2_z}} \tag{6.3-13c}$$

式中：

$$\psi'_x = \frac{\partial\psi}{\partial x} = \frac{2(x - x_c)}{b^2} \tag{6.3-14a}$$

$$\psi'_y = \frac{\partial \psi}{\partial y} = \frac{2(y - y_0)}{a^2} \tag{6.3-14b}$$

$$\psi'_z = \frac{\partial \psi}{\partial z} = -\cot\gamma \frac{2(x - x_c)}{b^2} \tag{6.3-14c}$$

地震作用下水-柱体交界面条件为：

$$\frac{\partial p}{\partial n_s} = -\ddot{u}_g(\cos\alpha\cos\varphi_x + \sin\alpha\cos\varphi_y) \tag{6.3-15}$$

本节基于第 4.3.3 节数值方法可计算得到倾斜圆柱上的地震动水压力，进一步可得到地震作用下柱体上沿 x 轴、y 轴、z 轴单位高度动水力，进而可得到倾斜柱体上的附加质量 m_x 和 m_y。

图 6.3-5 为地震动分别沿 x 轴和 y 轴入射时，倾角 $\gamma=75°$ 时不同宽深比 l 的柱体上附加质量 $m_x/\rho\pi a^2$ 和 $m_y/\rho\pi a^2$ 沿 z/H 的分布；由图中可以看出，附加质量随宽深比 l 的减小逐渐增大。图 6.3-6 为 $l=0.4$ 的倾斜圆柱在地震动分别沿 x 和 y 轴入射时的附加质量 $m_x/\rho\pi a^2$ 和 $m_y/\rho\pi a^2$ 沿 z/H 的分布；由图中可以看出，沿 x 轴附加质量随倾角 γ 的增大而增大，沿 y 轴附加质量随倾角 γ 的增大而减小。

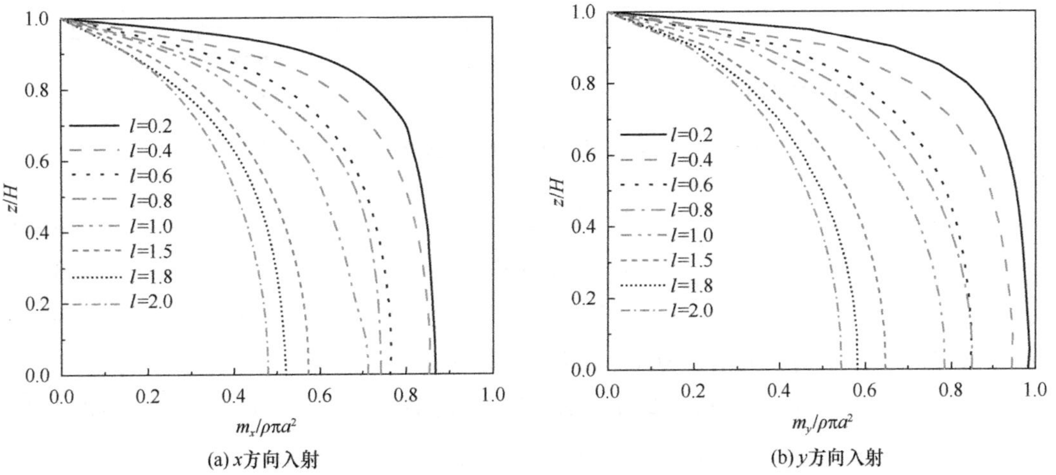

图 6.3-5　$\gamma=75°$ 时 l 不同时的无量纲附加质量系数的分布

为了方便工程应用，倾斜圆柱沿 x 轴和 y 轴方向的附加质量可以简化为如下形式：

$$m_x(z) = C_x m_0(z) \tag{6.3-16}$$

$$m_y(z) = C_y m_0(z) \tag{6.3-17}$$

式中，$m_0(z)=\rho\pi a^2 c_0(z)$ 表示直立圆柱的附加质量；$c_0(z)$ 为直立圆柱的附加质量系数；C_x 和 C_y 分别为倾斜圆柱沿 x 轴和 y 轴的附加质量修正系数。附加质量修正系数 C_x 和 C_y 通过以下公式计算：

$$C_x = \frac{\int_0^H m_x(z)\mathrm{d}z}{\int_0^H m_0(z)\mathrm{d}z} \tag{6.3-18}$$

$$C_y = \frac{\int_0^H m_y(z)\mathrm{d}z}{\int_0^H m_0(z)\mathrm{d}z} \tag{6.3-19}$$

由图 6.3-5 和图 6.3-6 可知，附加质量修正系数 C_x 和 C_y 与倾角 γ 和宽深比 l 相关。首先，在 $0.2 \leqslant l \leqslant 2$ 范围内通过曲线拟合方法将附加质量修正系数 C_x 和 C_y 的计算数据拟合为如下简化计算公式：

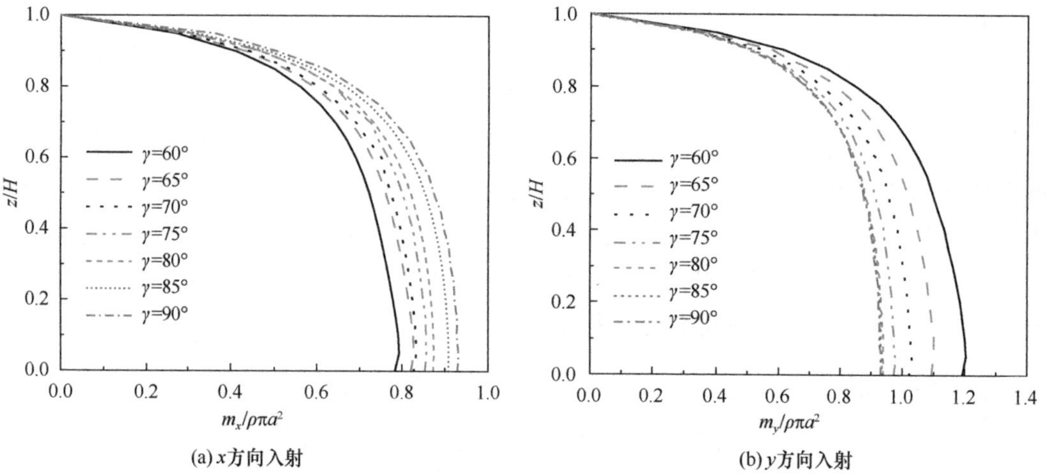

图 6.3-6　$l=0.4$ 时 γ 不同时的无量纲附加质量系数的分布

$$C_x = \tau_{11} l^{\tau_{12}} + 1 \tag{6.3-20}$$

$$C_y = \tau_{21} l^{\tau_{22}} + \tau_{23} \tag{6.3-21}$$

式中，不同倾角 γ 下 τ_{11}、τ_{12}、τ_{21}、τ_{22} 和 τ_{23} 的拟合数据见表 6.3-1。进一步在 $60° \leqslant \gamma \leqslant 90°$ 范围内将表 6.3-1 中的数据拟合为如下简化计算公式：

$$\tau_{11} = -0.202(1-\gamma/90°)^2 - 0.329(1-\gamma/90°) \tag{6.3-22}$$

$$\tau_{12} = -5.872(1-\gamma/90°)^2 + 4.101(1-\gamma/90°) - 1 \tag{6.3-23}$$

$$\tau_{21} = 0.0406(1-\gamma/90°)^2 - 0.0657(1-\gamma/90°) \tag{6.3-24}$$

$$\tau_{22} = 1.382(1-\gamma/90°)^2 + 0.636(1-\gamma/90°) - 1.5 \tag{6.3-25}$$

$$\tau_{23} = 3.146(1-\gamma/90°)^2 - 0.132(1-\gamma/90°) + 1 \tag{6.3-26}$$

倾斜圆柱附加质量拟合系数　　**表 6.3-1**

γ	τ_{11}	τ_{12}	τ_{21}	τ_{22}	τ_{23}
90°	0	−1	0	−1.5	1
85°	−0.0170	−0.871	−0.00624	−1.48	1.01
80°	−0.0455	−0.529	−0.00721	−1.43	1.03
75°	−0.0571	−0.494	−0.0089	−1.35	1.07
70°	−0.0849	−0.390	−0.0116	−1.27	1.12
65°	−0.102	−0.330	−0.0151	−1.20	1.20

图 6.3-7 为不同倾角和宽深比时本书数值方法得到的附加质量系数和简化公式的比较，由图中可以看出简化公式与数值解吻合很好，有很高的精度。

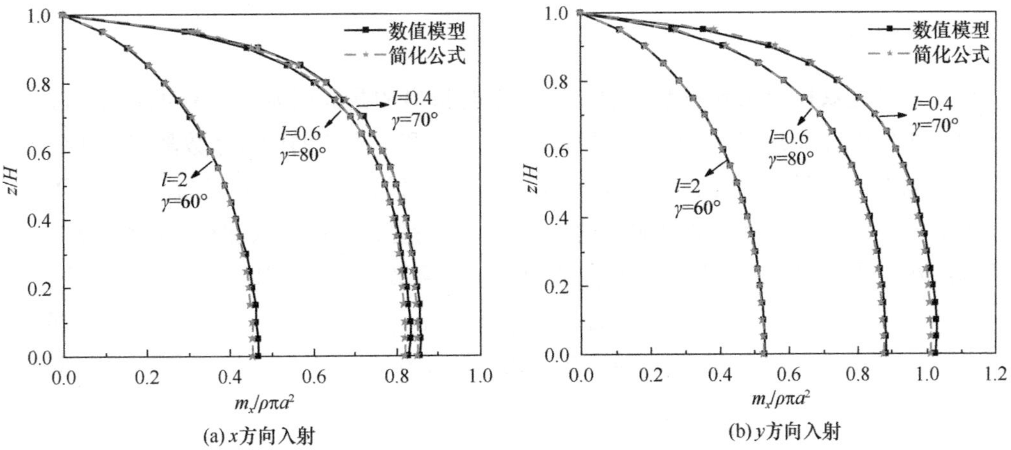

图 6.3-7　数值方法和简化方法附加质量系数的比较

6.4　典型群桩

我国的《港口与航道水文规范》JTS 145—2015（2022 年版）[1] 给出了图 6.4-1 中双柱、三柱和四柱结构水平波浪力的群桩系数，本节将对这三种模型的动水力和波浪力进行研究。为定量分析多柱结构的动水力，引入无量纲参数宽深比（l）和相对柱距（D_r）：

$$l = \frac{2a}{h} \tag{6.4-1}$$

$$D_r = \frac{D}{2a} \tag{6.4-2}$$

式中，D 为相邻柱之间的净距。本节在 $0.5 \leqslant D_r \leqslant 3$ 和 $0.2 \leqslant l \leqslant 2$ 范围内进行讨论。

地震作用下水与群桩柱体的相互作用可通过附加质量代替，群桩中第 i 个圆柱在 x 方向和 y 方向的均布附加质量表示为 $M_{i,x}$ 和 $M_{i,y}$。和单个圆柱相比，第 i 个圆柱在 x 方向和 y 方向的均布附加质量可进一步表示为：

$$M_{i,x} = C_{e,x}^{N} M_{s,x} \tag{6.4-3}$$

$$M_{i,y} = C_{e,y}^{N} M_{s,x} \tag{6.4-4}$$

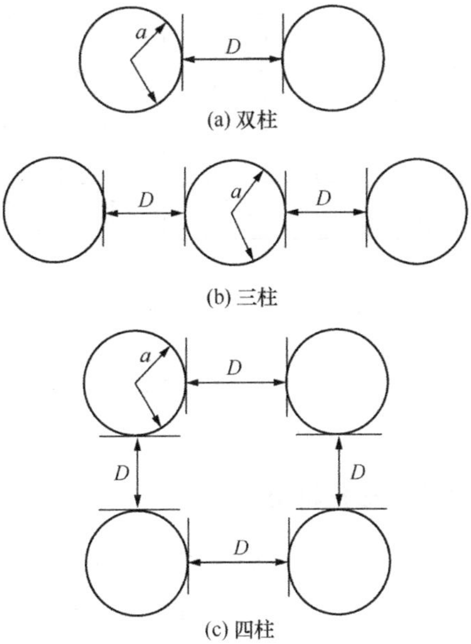

图 6.4-1　双柱、三柱和四柱模型

式中，$M_{s,x}$ 为单个圆柱时的附加质量；$C_{e,x}^{N}$ 和 $C_{e,y}^{N}$ 分别为 x 方向和 y 方向附加质量的群桩修正系数；N 表示群桩数量。$C_{e,x}^{N}=M_{i,x}/M_{s,x}$ 和 $C_{e,y}^{N}=M_{i,y}/M_{s,x}$，$M_{i,x}$ 和 $M_{i,y}$ 通过第 5.1 节方法计算得到。

6.4.1 双柱群桩

首先，研究双柱情况下的地震动水力，需要指出的是此时两个圆柱的动水力是一致的。图 6.4-2 和图 6.4-3 分别为双柱情况下，x 方向和 y 方向的群桩系数随宽深比的变化。由图中可以看出，双柱情况下沿 x 方向的附加质量明显小于单柱的附加质量；而沿 y 方向的附加质量明显大于单柱的附加质量；并且，随着宽深比的增大和相对柱距的增大，差别逐渐减小。为方便工程应用，通过曲线拟合将计算数据拟合为如下简化计算公式：

$$C_{e,x}^{2}=\tau_{11}l^{\tau_{12}}+\tau_{13} \tag{6.4-5}$$

$$\tau_{11}=-0.302D_{r}^{0.235}+0.412 \tag{6.4-6a}$$

$$\tau_{12}=0.475D_{r}^{-0.178}-0.0485 \tag{6.4-6b}$$

$$\tau_{13}=-4.38D_{r}^{-0.0338}+5.19 \tag{6.4-6c}$$

$$C_{e,y}^{2}=\tau_{21}l^{\tau_{22}}+\tau_{23} \tag{6.4-7}$$

$$\tau_{21}=-0.169D_{r}^{-1.536}+0.009 \tag{6.4-8a}$$

$$\tau_{22}=-0.102D_{r}^{-0.841}+0.362 \tag{6.4-8b}$$

$$\tau_{23}=0.205D_{r}^{-1.48}+0.98 \tag{6.4-8c}$$

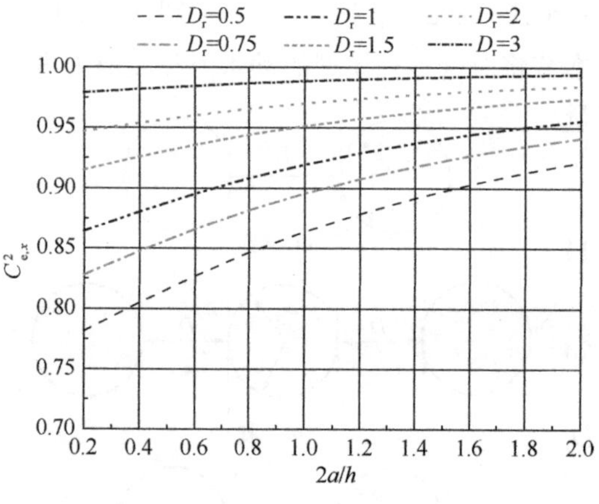

图 6.4-2 双柱结构群桩系数 $C_{e,x}^{2}$

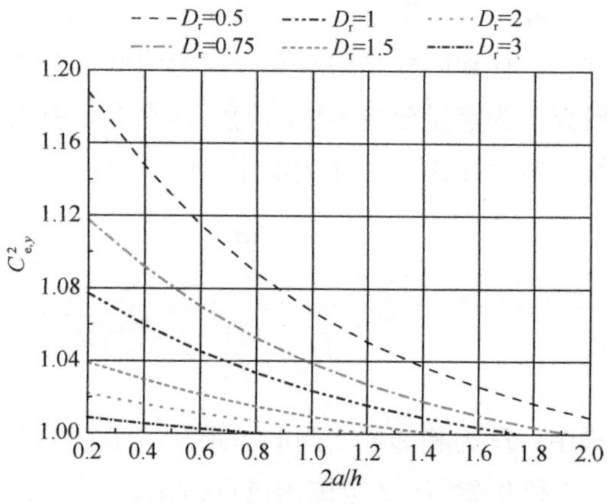

图 6.4-3 双柱结构群桩系数 $C_{e,y}^{2}$

6.4.2 三柱群桩

其次，研究三柱情况下的地震动水力。图 6.4-4 和图 6.4-5 分别为三柱情况下，x 方向和 y 方向的群桩系数随宽深比的变化。由图中可以看出，三柱情况下沿 x 方向的附加质量明显小于单柱的附加质量；而沿 y 方向的附加质量明显大于单柱的附加质量。此外，群桩相互作用对中柱的影响更显著。

对于边柱，通过曲线拟合将计算数据拟合为如下简化计算公式：

$$C_{e,x}^{3}=\tau_{31}l^{\tau_{32}}+\tau_{33} \tag{6.4-9}$$

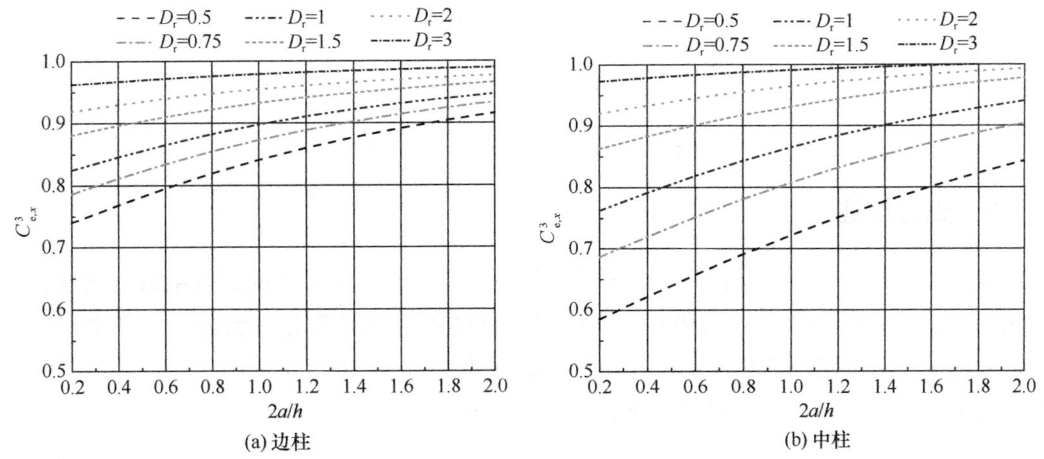

图 6.4-4　三柱结构群桩系数 $C^3_{e,x}$

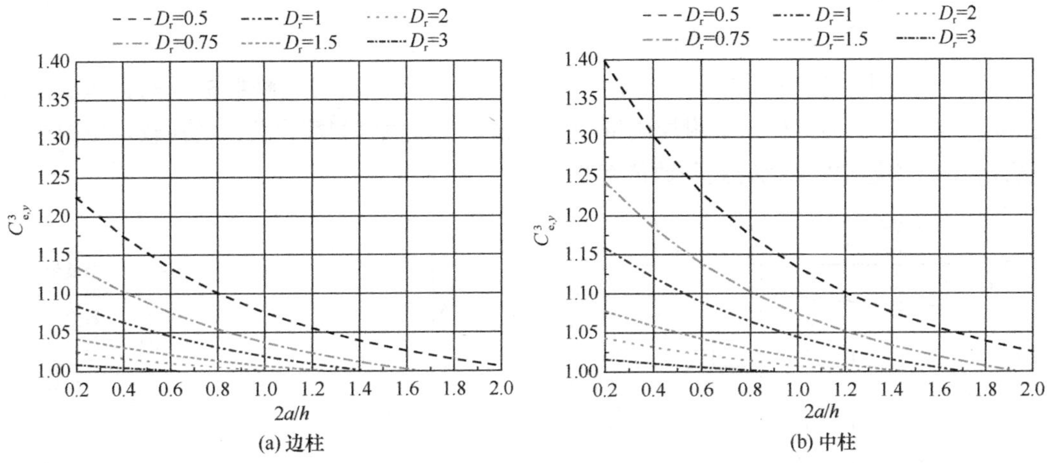

图 6.4-5　三柱结构群桩系数 $C^3_{e,y}$

$$\tau_{31}=-0.15D_r^{0.464}+0.288 \tag{6.4-10a}$$

$$\tau_{32}=2.75D_r^{-0.0371}-2.287 \tag{6.4-10b}$$

$$\tau_{33}=0.98D_r^{0.156}-0.22 \tag{6.4-10c}$$

$$C^3_{e,y}=\tau_{41}l^{\tau_{42}}+\tau_{43} \tag{6.4-11}$$

$$\tau_{41}=-0.21D_r^{-1.735}+0.0017 \tag{6.4-12a}$$

$$\tau_{42}=-0.129D_r^{-0.792}+0.372 \tag{6.4-12b}$$

$$\tau_{43}=0.241D_r^{-1.708}+0.99 \tag{6.4-12c}$$

对于中柱，通过曲线拟合将计算数据拟合为如下简化计算公式：

$$C^3_{e,x}=\tau_{51}l^{\tau_{52}}+\tau_{53} \tag{6.4-13}$$

$$\tau_{51}=-0.0987D_r^{0.787}+0.272 \tag{6.4-14a}$$

$$\tau_{52}=0.557D_r^{-0.349}-0.0287 \tag{6.4-14b}$$

$$\tau_{53}=-2.832D_r^{-0.09}+3.521 \tag{6.4-14c}$$

$$C_{e,y}^{3}=\tau_{61}l^{\tau_{62}}+\tau_{63} \tag{6.4-15}$$

$$\tau_{61}=-0.32D_{r}^{-3.452}-0.076 \tag{6.4-16a}$$

$$\tau_{62}=-0.246D_{r}^{-0.66}+0.432 \tag{6.4-16b}$$

$$\tau_{63}=0.363D_{r}^{-3.326}+1.076 \tag{6.4-16c}$$

6.4.3 四柱群桩

最后，研究四柱情况下的地震动水力。图 6.4-6 为四柱情况下的群桩系数随宽深比的变化。由于对称性，沿 x 方向和 y 方向的四个柱体的群桩系数是一致的。由图中可以看出，四柱情况下的附加质量明显小于单柱的附加质量。

通过曲线拟合将计算数据拟合为如下简化计算公式：

$$C_{e,x}^{4}=\tau_{71}l^{\tau_{72}}+\tau_{73} \tag{6.4-17}$$

$$\tau_{71}=-0.0606D_{r}^{0.348}+0.1 \tag{6.4-18a}$$

$$\tau_{72}=0.0395D_{r}^{-0.5}+0.316 \tag{6.4-18b}$$

$$\tau_{73}=0.358D_{r}^{0.177}+0.537 \tag{6.4-18c}$$

此外，由图 6.4-2～图 6.4-6 可知，当相对柱距大于 3 时可忽略群桩对地震动水压力的影响。图 6.4-7 为双柱结构附加质量修正系数 $C_{e,y}^{2}$ 数值解与简化公式的比较，由图中可以看出，本书提出的简化公式与数值解吻合很好。

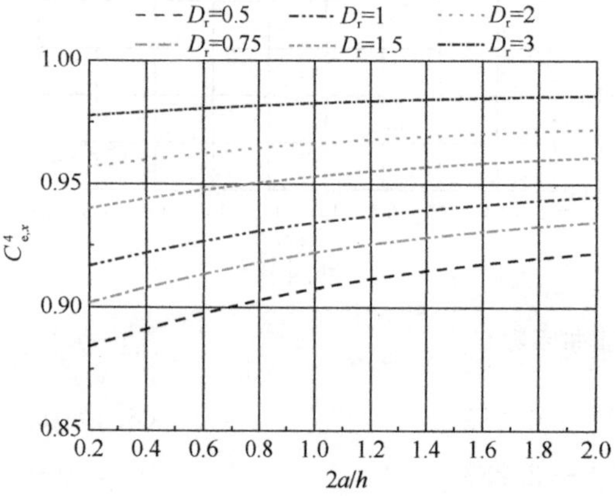

图 6.4-6 四柱结构群桩系数 $C_{e,x}^{4}$

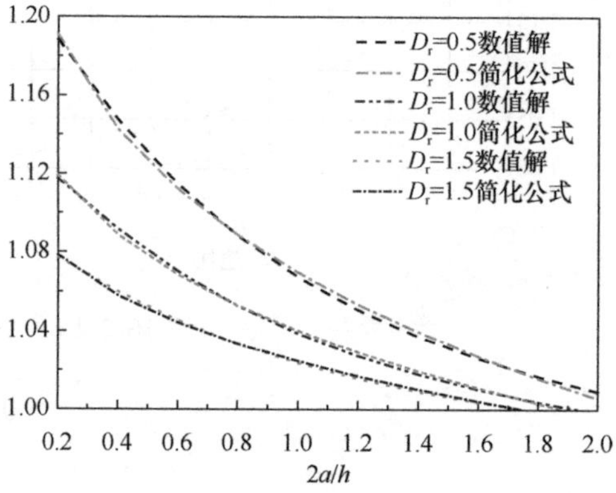

图 6.4-7 双柱结构群桩系数 $C_{e,y}^{2}$ 数值解与简化公式的比较

参 考 文 献

[1] 中华人民共和国交通运输部．港口与航道水文规范：JTS 145—2015 [S]. 北京：人民交通出版社，2016.

第 7 章　水-柔性柱体相互作用的附加质量简化方法

本章针对椭圆形、圆形和矩形柔性柱体在水中的振动问题，提出了代替水-结构动力相互作用的附加质量模型。首先，基于柱体动水压力的计算公式，建立了水中柔性柱体自由振动的解析解，并通过柔性柱体的一阶频率降低率建立了椭圆形、圆形和矩形柱体柔性运动引起动水力的附加质量简化公式以及自振频率的简化计算公式。其次，提出了地震作用下水-柔性柱体相互作用的附加质量简化分析模型，即分别采用柔性和刚性运动附加质量的简化公式代替相应的水-结构相互作用。

7.1　基于一阶频率降低率的附加质量简化方法

图 7.1-1 给出了椭圆形和矩形柱体与水体相互作用的分析模型，水深为 h。直角坐标系下，z 轴沿柱体轴线向上，坐标原点位于柱体底部；假定地基为刚性，水体假定为不可压缩的小扰动流体，并忽略表面重力波的影响，水体的密度为 $\rho_w = 1000\text{kg/m}^3$。柱体表面沿单位高度上的动水力可以表示为：

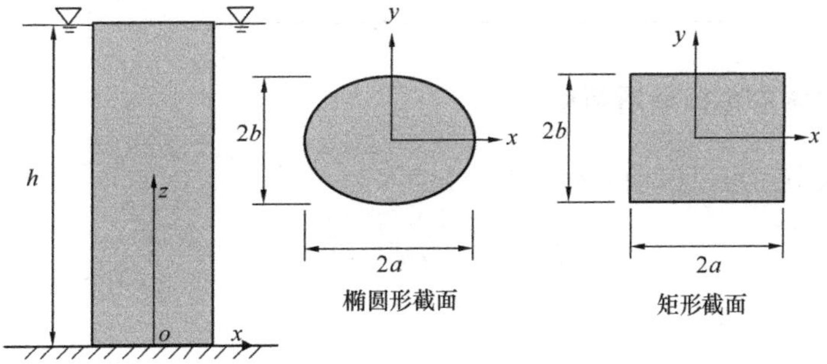

图 7.1-1　水-柱体相互作用分析模型

$$f(z) = -\sum_{j=1}^{\infty} S_j Z_j \int_0^h \ddot{u} Z_j \, \mathrm{d}z \tag{7.1-1}$$

式中，$Z_j = \cos\lambda_j z$；$\lambda_j = (2j-1)/2h$；u 为柱体的位移；S_j 为水-柱体结构相互作用的动力刚度。

圆柱结构动力刚度 S_j 的解析表达式为：

$$S_j = -\frac{2\rho_w \pi a^2}{h} \frac{K_1(\lambda_j a)}{\lambda_j a K'_1(\lambda_j a)} \tag{7.1-2}$$

式中，$K_1(\cdot)$ ——1 阶第二类贝塞尔函数；

a ——圆柱截面半径。

椭圆柱体结构沿长轴运动时动力刚度 S_{j1} 的解析表达式为：

$$S_{j1}=-\frac{2\rho_{\mathrm{w}}\pi b^2}{h}\frac{[B_1^{(1)}]^2 Ke_1(\xi_0,-q)}{Ke'_1(\xi_0,-q)} \tag{7.1-3}$$

椭圆柱体结构沿短轴运动时动力刚度 S_{j2} 的解析表达式为：

$$S_{j2}=-\frac{2\rho_{\mathrm{w}}\pi a^2}{h}\frac{[A_1^{(1)}]^2 Ko_1(\xi_0,-q)}{Ko'_1(\xi_0,-q)} \tag{7.1-4}$$

式中，$\xi_0=\tan^{-1}(b/a)$；$q=\mu^2\lambda_j^2/4$；$\mu=\sqrt{a^2-b^2}$；a 和 b 为椭圆截面半长轴和半短轴；$Ke_1(\xi,-q)$ 为 1 阶第二类变形贝塞尔型径向马蒂厄函数；$B_1^{(1)}$ 为马蒂厄函数展开系数。

矩形柱体动力刚度 S_j 的拟合表达式为：

$$S_j=-\frac{8\rho_{\mathrm{w}}a^2}{h}\frac{\beta_3 K_1(\alpha_3\lambda_j a)}{\alpha_3\lambda_j a K'_1(\alpha_3\lambda_j a)} \tag{7.1-5}$$

式中，a ——矩形柱体垂直于运动方向上长度的一半；

α_3 和 β_3 ——修正系数，如表 7.1-1 所示。

矩形柱体修正系数 α_3 和 β_3 **表 7.1-1**

a/b	α_3	β_3	a/b	α_3	β_3
5	0.915	0.970	1/2	1.376	1.309
4	0.941	0.994	1/3	1.472	1.375
3	0.978	1.027	1/4	1.554	1.423
2	1.041	1.082	1/5	1.616	1.456
1	1.168	1.188			

7.1.1 水中柱体自由振动解析解

欧拉梁在水中的自由振动方程可表示为：

$$EI\frac{\partial^4 u}{\partial z^4}+m\ddot{u}=f(z) \tag{7.1-6}$$

式中，E——结构的杨氏弹性模量；

I——截面惯性矩；

m——结构单位长度质量。

基于振型分解，柱体的位移可以表示为：

$$u=\sum_{n=1}^{\infty}\phi_n(z)q_n(t) \tag{7.1-7}$$

式中，ϕ_n ——柱体在水中自由振动的 n 阶振型；

$q_n(t)$ ——广义坐标。

通过振型的正交性，自由振动方程（7.1-7）可表示为：

$$EI\phi_n^4(z)-m\omega^2\phi_n(z)=-\omega^2\sum_{j=1}^{\infty}S_jZ_jB_j \tag{7.1-8}$$

$$B_j = \frac{2}{h}\int_0^h \phi_n(z) Z_j \mathrm{d}z \tag{7.1-9}$$

式中，ω——水中结构的自振频率。

弯曲悬臂梁的边界条件为：

$$\phi_n(0) = \phi'_n(0) = \phi''_n(h) = \phi'''_n(h) = 0 \tag{7.1-10}$$

式（7.1-8）的解可表示为：

$$\begin{aligned}\phi_n(z) = {} & C_1\cos\beta z + C_2\sin\beta z + C_3\cosh\beta z + C_4\sinh\beta z \\ & -\omega^2\sum_{j=1}^{\infty}\frac{S_j Z_j B_j}{EI\lambda_j^{\ 4} - m\omega^2}\end{aligned} \tag{7.1-11}$$

式中，C_1，C_2，C_3，C_4是四个待求常数；$\beta^4 = m\omega^2/EI$。将式（7.1-11）代入式（7.1-9）整理得到：

$$B_j = \frac{2(C_1 f_1 + C_2 f_2 + C_3 f_3 + C_4 f_4)}{h(1+Q_j S_j)} \tag{7.1-12}$$

$$Q_j = \frac{\omega^2}{EI\lambda_j^{\ 4} - m\omega^2} \tag{7.1-13}$$

$$f_1 = -\frac{\lambda_j \sin\lambda_j h \cos\beta h}{\beta^2 - \lambda_j^2} \tag{7.1-14}$$

$$f_2 = -\frac{\lambda_j \sin\lambda_j h \sin\beta h}{\beta^2 - \lambda_j^2} + \frac{\beta}{\beta^2 - \lambda_j^2} \tag{7.1-15}$$

$$f_3 = \frac{\lambda_j \sin\lambda_j h \cosh\beta h}{\beta^2 + \lambda_j^2} \tag{7.1-16}$$

$$f_4 = \frac{\lambda_j \sin\lambda_j h \sinh\lambda_j h}{\beta^2 + \lambda_j^2} - \frac{\beta}{\beta^2 + \lambda_j^2} \tag{7.1-17}$$

将式（7.1-12）代入式（7.1-11）整理得：

$$\begin{aligned}\phi_n(z) = {} & C_1\cos\beta z + C_2\sin\beta z + C_3\cosh\beta z + C_4\sinh\beta z \\ & + \sum_{j=1}^{\infty} P_j Z_j (C_1 f_1 + C_2 f_2 + C_3 f_3 + C_4 f_4)\end{aligned} \tag{7.1-18}$$

$$P_j = -\frac{2S_j Q_j}{h(1+S_j Q_j)} \tag{7.1-19}$$

将式（7.1-11）代入式（7.1-10）得 $C_4 = -C_2$，并将结果进一步整理为：

$$\begin{pmatrix} k_{11} & k_{12} & k_{13} \\ k_{21} & k_{22} & k_{23} \\ k_{31} & k_{32} & k_{33} \end{pmatrix}\begin{pmatrix} C_1 \\ C_2 \\ C_3 \end{pmatrix} = \begin{pmatrix} 0 \\ 0 \\ 0 \end{pmatrix} \tag{7.1-20}$$

式中：

$$k_{11} = 1 - \sum_{j=1}^{\infty} P_j f_1 \tag{7.1-21}$$

$$k_{12} = -\sum_{j=1}^{\infty} P_j (f_2 - f_4) \tag{7.1-22}$$

$$k_{13} = 1 - \sum_{j=1}^{\infty} P_j f_3 \tag{7.1-23}$$

$$k_{21} = -\cos\beta h \tag{7.1-24}$$

$$k_{22} = -(\sin\beta h + \sinh\beta h) \tag{7.1-25}$$

$$k_{23} = \cosh\beta h \tag{7.1-26}$$

$$k_{31} = \beta^3 \sin\beta h - \sum_{j=1}^{\infty} P_j \lambda_j^3 \sin(\lambda_j h) f_1 \tag{7.1-27}$$

$$k_{32} = -\beta^3 (\cos\beta h + \cosh\beta h) - \sum_{j=1}^{\infty} P_j \lambda_j^3 \sin\lambda_j h (f_2 - f_4) \tag{7.1-28}$$

$$k_{33} = \beta^3 \sinh\beta h - \sum_{j=1}^{\infty} P_j \lambda_j^3 \sin(\lambda_j h) f_3 \tag{7.1-29}$$

由式（7.1-20）可以得到水中柱体结构自振频率的计算公式为：

$$\Delta = \begin{vmatrix} k_{11} & k_{12} & k_{13} \\ k_{21} & k_{22} & k_{23} \\ k_{31} & k_{32} & k_{33} \end{vmatrix} = 0 \tag{7.1-30}$$

进一步可以得到由任意常数 C_3 表示的 C_1 和 C_2 为：

$$C_1 = -\frac{\begin{vmatrix} k_{13} & k_{12} \\ k_{33} & k_{32} \end{vmatrix}}{\begin{vmatrix} k_{11} & k_{12} \\ k_{31} & k_{32} \end{vmatrix}} C_3 \tag{7.1-31}$$

$$C_2 = -\frac{\begin{vmatrix} k_{11} & k_{13} \\ k_{31} & k_{33} \end{vmatrix}}{\begin{vmatrix} k_{11} & k_{12} \\ k_{31} & k_{32} \end{vmatrix}} C_3 \tag{7.1-32}$$

7.1.2 水中柱体自振频率的简化计算模型

无水情况下柔性柱体的一阶自振频率为：

$$\omega_{01} = \eta_1^2 \sqrt{\frac{EI}{mh^4}} \tag{7.1-33}$$

式中，$\eta_1 = 1.875$。

采用附加质量代替水-结构相互作用。假定附加质量沿高度均匀分布，则有水情况下柔性柱体的一阶自振频率为：

$$\omega_{w1} = \eta_1^2 \sqrt{\frac{EI}{(m + m_w) h^4}} \tag{7.1-34}$$

式中，m_w ——水体的附加质量。

由式（7.1-33）和式（7.1-34）可得到附加质量的计算公式为：

$$m_w = (\omega_{01}^2/\omega_{w1}^2 - 1)m \tag{7.1-35}$$

式中，ω_w ——水中柱体自振频率，可通过式（7.1-34）求得。

进一步，水中柱体的二阶和三阶自振频率可通过以上公式计算：

$$\omega_{w2} = \eta_2^2\sqrt{\frac{EI}{(m+m_w)h^4}} \tag{7.1-36}$$

$$\omega_{w3} = \eta_3^2\sqrt{\frac{EI}{(m+m_w)h^4}} \tag{7.1-37}$$

式中，$\eta_2 = 4.694$，$\eta_3 = 7.855$。

7.1.3　柱体柔性运动的附加质量简化公式

1. 椭圆和圆形柱体附加质量简化公式

椭圆和圆形柱体柔性运动引起的附加质量可以表示为：

$$m_w = \rho_w A_0 C_m \tag{7.1-38}$$

式中，C_m ——附加质量系数；

A_0 ——截面面积，沿长轴运动时 $A_0 = \pi b^2$，沿短轴运动时 $A_0 = \pi a^2$。

表 7.1-2 为长短轴比 $a/b=3$ 时不同弹性模量 E 和不同结构密度 ρ_s 时附加质量系数的变化。由表可以看出，柔性运动引起的附加质量与结构材料参数无关。

椭圆柱体在 $a/b=3$ 的附加质量系数　　**表 7.1-2**

E (GPa)	ρ_s (kg/m³)	h (m)	C_m ($b/h=0.2$) 半长轴	C_m ($a/h=0.5$) 半短轴
30	2500	40	0.401	0.339
30	2500	20	0.401	0.339
30	2000	40	0.401	0.339
20	2500	40	0.401	0.339

不同长短轴比情况下柔性运动时水体的附加质量系数 C_m 与刚性运动时水体的附加质量系数 C_{m0} 比值，如图 7.1-2 所示。由图可以看出，柔性运动时水体的附加质量明显小于刚性运动时水体的附加质量，并且随着宽深比的增大两者值相差越大。进一步通过对附加质量系数 C_m 的曲线拟合，相应的附加质量简化公式为：

$$\frac{C_m}{C_{m0}} = \begin{cases} p_1 e^{p_2 b/h} + p_3 e^{p_4 b/h} & \text{沿长轴} \\ q_1 e^{q_2 a/h} + q_3 e^{q_4 a/h} & \text{沿短轴} \end{cases} \tag{7.1-39}$$

式中，C_{m0} 为柱体刚性运动时水体的附加质量系数；系数 p_1、p_2、p_3、p_4、q_1、q_2、q_3 和 q_4 通过 MATLAB 曲线拟合得到，如表 7.1-3 和表 7.1-4 所示。图 7.1-3 为椭圆形柱体柔性运动时附加质量系数简化公式的误差，由图可以看出误差不超过 6%，满足工程应用需求。

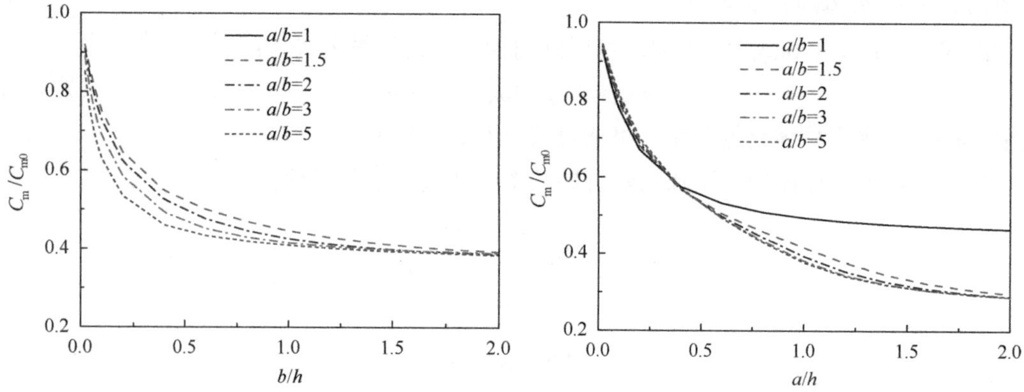

(a) 沿长轴运动 (b) 沿短轴运动

图 7.1-2 椭圆形柱体柔性运动和刚性运动时附加质量系数的比值

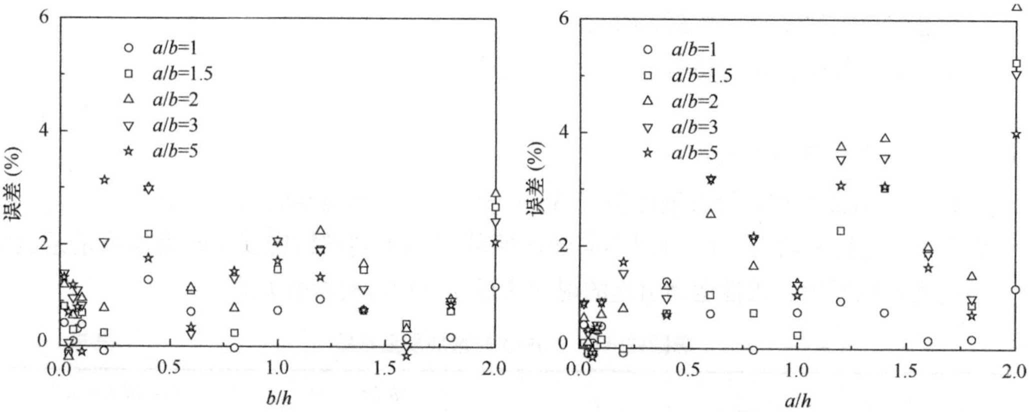

(a) 沿长轴运动 (b) 沿短轴运动

图 7.1-3 椭圆形柱体柔性运动时附加质量系数简化公式的误差比较

椭圆形柱体沿长轴振动时系数 p_1、p_2、p_3、p_4 **表 7.1-3**

a/b	p_1	p_2	p_3	p_4
1	0.4327	−5.5844	0.5369	−0.0781
1.5	0.4267	−6.1727	0.5352	−0.1685
2	0.4502	−6.2765	0.5016	−0.1451
3	0.4662	−7.2903	0.4740	−0.1113
4	0.4646	−8.5788	0.4666	−0.1031
5	0.4597	−9.8074	0.4621	−0.1031

椭圆形柱体沿短轴振动时系数 q_1、q_2、q_3、q_4 **表 7.1-4**

a/b	q_1	q_2	q_3	q_4
1	0.4327	−5.5844	0.5369	−0.0781
1.5	0.3595	−5.8218	0.6174	−0.3924
2	0.3990	−4.4355	0.5707	−0.3704

续表

a/b	q_1	q_2	q_3	q_4
3	0.4611	−3.4537	0.5051	−0.3062
4	0.4908	−3.1546	0.4755	−0.2723
5	0.5065	−3.0205	0.4603	−0.2539

2. 矩形柱体附加质量简化公式

矩形柱体柔性运动引起的附加质量可以表示为 $m_w = \rho_w A_0 C_m$，$A_0 = 4a^2$。不同长宽比情况下柔性运动时水体的附加质量系数 C_m 与刚性运动时水体的附加质量系数 C_{m0} 比值如图 7.1-4 所示。进一步通过对附加质量系数 C_m 的曲线拟合，相应的附加质量简化公式为：

$$\frac{C_m}{C_{m0}} = t_1 e^{t_2 b/h} + t_3 e^{t_4 b/h} \tag{7.1-40}$$

式中，C_{m0} 为柱体刚性运动时水体的附加质量系数；系数 t_1、t_2、t_3 和 t_4 通过 MATLAB 曲线拟合得到，如表 7.1-5 所示。图 7.1-5 为矩形柱体柔性运动时附加质量系数简化公式的误差，由图中可以看出误差不超过 5%，满足工程应用需求。

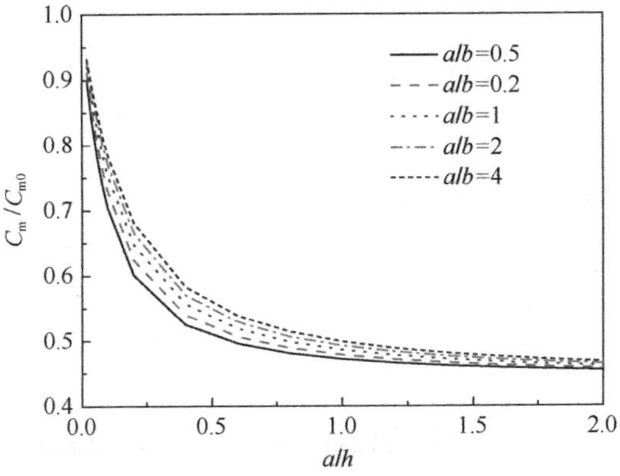

图 7.1-4　矩形柱体柔性运动和刚性运动时附加质量系数的比值

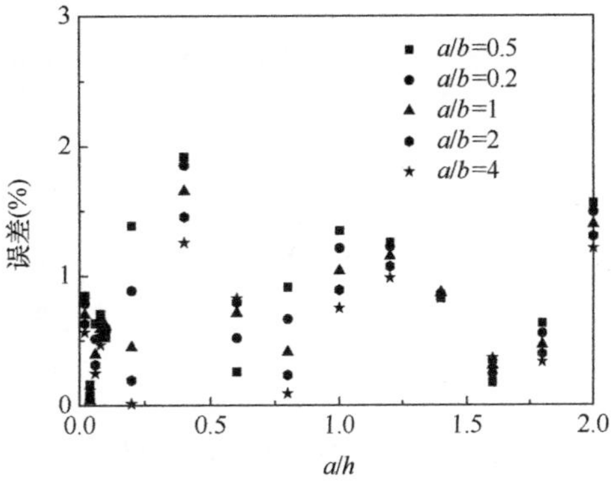

图 7.1-5　矩形柱体柔性运动时附加质量系数简化公式的误差比较

矩形柱体附加质量系数 C_m 的拟合系数　　**表 7.1-5**

a/b	t_1	t_2	t_3	t_4
0.2	0.4488	−8.087	0.5107	−0.06607
0.25	0.4479	−7.849	0.5126	−0.06715
0.5	0.4446	−7.146	0.5189	−0.07047
1	0.4388	−6.293	0.528	−0.07458
2	0.4339	−5.756	0.535	−0.07737
3	0.4308	−5.484	0.5391	−0.0788
4	0.4288	−5.234	0.5417	−0.07965
5	0.4272	−5.211	0.5437	−0.08024

7.2 地震作用水-柔性柱体相互作用的附加质量模型

7.2.1 柱体地震响应的有限元方程

采用有限元方法将柔性柱体结构离散为梁单元，则地震作用下水中柱体的动力方程为：

$$\boldsymbol{M}\ddot{\boldsymbol{u}}_{\mathrm{s}}(t)+\boldsymbol{C}\dot{\boldsymbol{u}}_{\mathrm{s}}(t)+\boldsymbol{K}\boldsymbol{u}_{\mathrm{s}}(t)=-\boldsymbol{M}\ddot{\boldsymbol{u}}_{\mathrm{g}}(t)+\boldsymbol{F} \tag{7.2-1}$$

式中，$\boldsymbol{M}$、$\boldsymbol{C}$ 和 $\boldsymbol{K}$ ——结构质量、阻尼和刚度矩阵；

$\boldsymbol{u}_{\mathrm{s}}$ ——结构柔性位移列向量；

$\boldsymbol{u}_{\mathrm{g}}$ ——结构刚性位移列向量；

$\boldsymbol{F}$ ——地震动水力列向量。

将地震动水力式（7.1-1）进行有限元离散，则 $\boldsymbol{F}$ 可以表示为：

$$\boldsymbol{F}=-\boldsymbol{M}_{\mathrm{p}}[\ddot{\boldsymbol{u}}_{\mathrm{g}}(t)+\ddot{\boldsymbol{u}}_{\mathrm{s}}(t)] \tag{7.2-2}$$

将式（7.2-2）代入式（7.2-1）整理得：

$$(\boldsymbol{M}+\boldsymbol{M}_{\mathrm{p}})\ddot{\boldsymbol{u}}_{\mathrm{s}}+\boldsymbol{C}\dot{\boldsymbol{u}}_{\mathrm{s}}+\boldsymbol{K}\boldsymbol{u}_{\mathrm{s}}=-(\boldsymbol{M}+\boldsymbol{M}_{\mathrm{p}})\ddot{\boldsymbol{u}}_{\mathrm{g}} \tag{7.2-3}$$

$$\boldsymbol{M}_{\mathrm{p}}=\begin{bmatrix} m_{1,1} & m_{1,2} & \cdots & m_{1,L-1} & m_{1,L} \\ m_{2,1} & m_{2,2} & \cdots & m_{2,L-1} & m_{2,L} \\ \vdots & \vdots & \ddots & \vdots & \vdots \\ m_{L-1,1} & m_{L-1,2} & \cdots & m_{L-1,L-1} & m_{L-1,L} \\ m_{L,1} & m_{L,2} & \cdots & m_{L,L-1} & m_{L,L} \end{bmatrix} \tag{7.2-4}$$

式中，$m_{i,j}=m_{j,i}$，$m_i=m_{i,1}+m_{i,2}+\cdots+m_{i,L-1}+m_{i,L}$；$L$ 为柱体结构水下的结点数目。

7.2.2 修正的集中附加质量模型

式（7.2-3）可通过数值积分方法 Newmark-β 方法求解。需要指出的是附加质量矩阵 $\boldsymbol{M}_{\mathrm{p}}$ 是满阵的，难以在商业有限元中实现。本书将附加质量矩阵 $\boldsymbol{M}_{\mathrm{p}}$ 的每一行元素进行集中化形成一个集中的附加质量矩阵 $\boldsymbol{M}_{\mathrm{g}}$，即：

$$\boldsymbol{M}_{\mathrm{g}}=\begin{bmatrix} m_1 & 0 & 0 & 0 & 0 \\ 0 & m_2 & \cdots & 0 & 0 \\ \vdots & \vdots & \ddots & \vdots & \vdots \\ 0 & 0 & \cdots & m_{L-1} & 0 \\ 0 & 0 & \cdots & 0 & m_L \end{bmatrix} \tag{7.2-5}$$

通过柔性椭圆形柱体验证提出的集中附加质量矩阵的精度，地面运动施加图 1.3-2 所示位移时程，持时 0.2s。椭圆形柱体尺寸为 $h=80\mathrm{m}$、$a=40\mathrm{m}$、$b=20\mathrm{m}$；密度和弹性模量分别为 2500kg/m³ 和 30GPa；梁单元长度为 8m；不考虑阻尼作用。图 7.2-1 为地面运动沿长轴方向时，采用精确附加质量模型和集中附加质量模型计算得到的结构顶部位移时程。由图可以看出，采用集中附加质量方法计算的位移反应周期偏大，也就是说结构柔性运动引起的水体附加质量偏大。

本节进一步提出修正的集中附加质量方法，即将式（7.2-3）修正为如下形式：

$$(\boldsymbol{M}+\alpha \boldsymbol{M}_{\mathrm{p}})\ddot{\boldsymbol{u}}_{\mathrm{s}}+\boldsymbol{C}\dot{\boldsymbol{u}}_{\mathrm{s}}+\boldsymbol{K}\boldsymbol{u}_{\mathrm{s}}=-(\boldsymbol{M}+\boldsymbol{M}_{\mathrm{p}})\ddot{\boldsymbol{u}}_{\mathrm{g}} \tag{7.2-6}$$

式中，α ——附加质量修正系数，可通过迭代求解得到。

图 7.2-2 为地面运动沿长轴方向时，采用修正集中附加质量模型计算得到的结构顶部位移时程与参考解的比较。由图可以看出，采用修正集中附加质量方法计算的位移反应与参考解吻合很好。

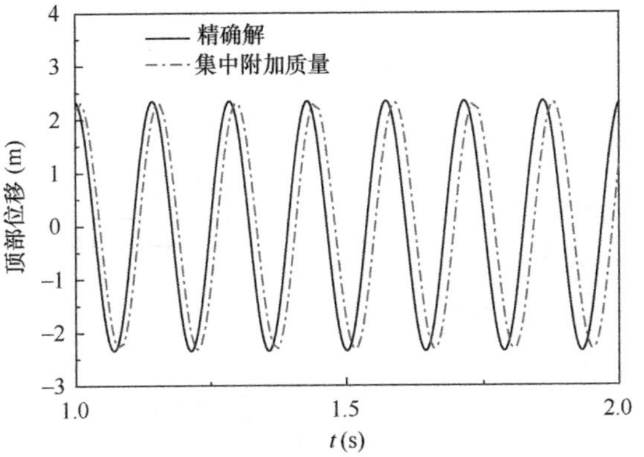

图 7.2-1　椭圆形柱体参考解和集中附加质量模型的位移时程比较

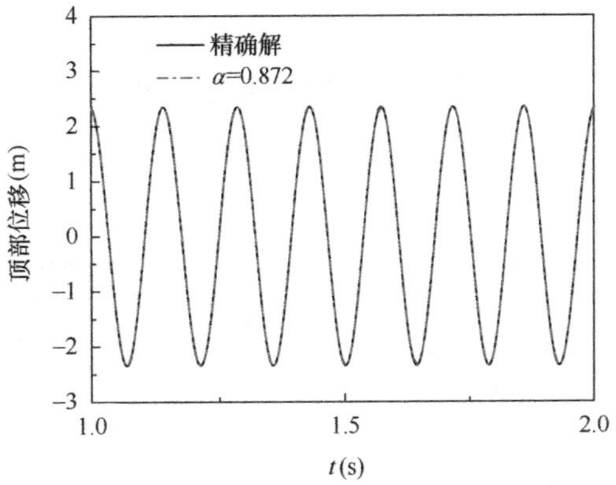

图 7.2-2　椭圆形柱体参考解和修正集中附加质量模型的位移时程比较

7.2.3　柔性运动附加质量修正系数简化公式

1. 圆形柱体

圆形柱体附加质量修正系数简化计算公式为：

$$\alpha=0.2241\mathrm{e}^{-1.465l}+0.7889 \tag{7.2-7}$$

式中，l——圆形柱体宽深比，$0.2\leqslant l\leqslant 2$。

图 7.2-3 为圆形柱体附加质量修正系数拟合公式与数值的对比，可以发现两者吻合较好。

2. 椭圆形柱体

椭圆形柱体的附加质量修正系数如图 7.2-4 所示，沿长轴方向的修正系数简化公式为：

$$\alpha=a_0\mathrm{e}^{-b_0 l}+c_0 \tag{7.2-8}$$

式中，　l——长轴与深度之比；

a_0、b_0 和 c_0——拟合系数，具体如表 7.2-1 所示。

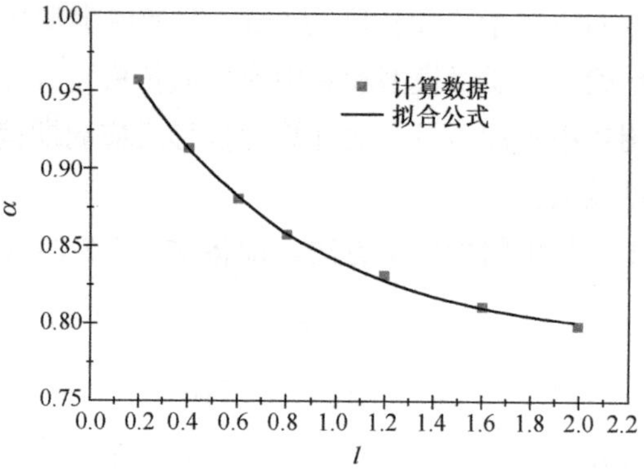

图 7.2-3　圆形柱体附加质量修正系数

沿短轴方向的修正系数简化公式为：

$$\alpha = a_0 \tanh(b_0 l^{-c_0}) \tag{7.2-9}$$

式中，　l——短轴与深度之比；

a_0、b_0 和 c_0——拟合系数，具体如表 7.2-2 所示。

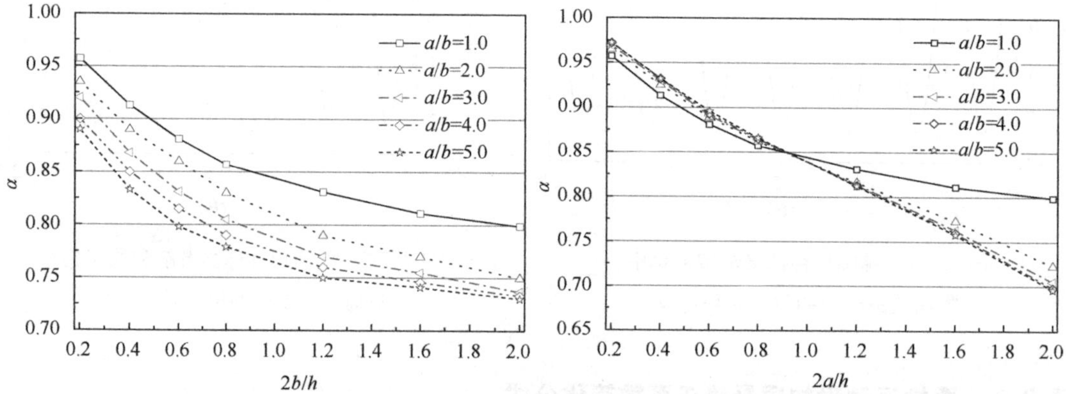

(a) 沿长轴方向　　(b) 沿短轴方向

图 7.2-4　椭圆形柱体附加质量修正系数

椭圆形柱体沿长轴方向附加质量修正系数的拟合系数　　表 7.2-1

a/b	a_0	b_0	c_0	a/b	a_0	b_0	c_0
1	0.244	1.47	0.789	3	0.261	1.49	0.725
1.5	0.245	1.18	0.750	4	0.243	1.69	0.727
2	0.264	1.13	0.724	5	0.234	2.04	0.730

椭圆形柱体沿短轴方向附加质量修正系数的拟合系数　　表 7.2-2

a/b	a_0	b_0	c_0	a/b	a_0	b_0	c_0
1	1.37	0.721	0.115	3	0.976	1.27	0.441
1.5	0.996	1.22	0.309	4	0.977	1.26	0.459
2	0.979	1.26	0.389	5	0.975	1.27	0.472

3. 矩形柱体

不同长宽比 δ 下矩形柱体的附加质量修正系数如图 7.2-5 所示，为了方便工程实际应用，进一步给出了矩形柱体集中附加质量修正系数 α 的简化计算公式，该公式为：

$$\alpha = a_0 e^{-b_0 l} + 0.8 \tag{7.2-10}$$

式中，l——矩形柱体宽深比，$0.2 \leqslant l \leqslant 2$；

a_0 和 b_0——未知系数，通过曲线拟合得到，如表 7.2-3 所示。

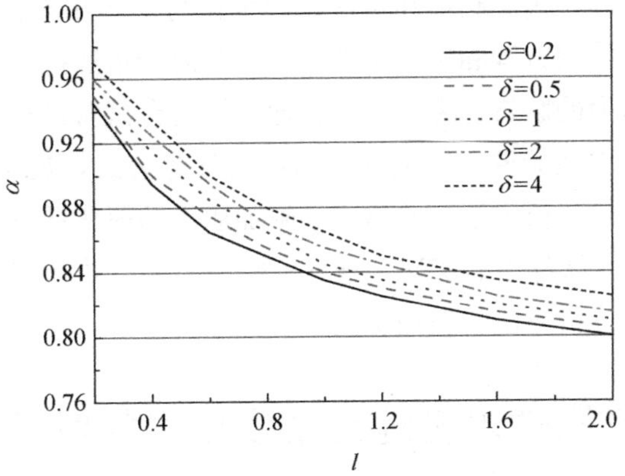

图 7.2-5　矩形柱体附加质量修正系数

矩形柱体集中附加质量修正系数的拟合系数　　**表 7.2-3**

a/b	a_0	b_0	a/b	a_0	b_0
1/5	0.207	3.71	2	0.209	2.65
1/4	0.203	3.47	3	0.212	2.45
1/2	0.205	3.34	4	0.214	2.38
1	0.209	2.99	5	0.220	2.42

第 8 章　储液水箱-水体相互作用的分析方法

本章主要介绍了地震作用下圆形和矩形储液水箱与水体相互作用的分析方法。首先，基于水箱内部水体运动控制方程和边界条件，采用分离变量法推导了刚性水箱在底部水平运动激励下水体动水压力的解析计算公式，并通过振动台试验进行了验证；其次，推导了底部固定的圆形和矩形柔性储液水箱动水压力解析计算公式，提出了柔性水箱-水体动力相互作用的附加质量简化分析方法，并给出了附加质量的简化计算公式；最后，介绍了该简化分析方法在 ANSYS 软件中的实现，进行了模型验证，并以核电厂房水箱的地震反应为背景，给出了该简化分析方法的应用实例。

8.1　圆形和矩形刚性水箱地震动水压力的解析方法

当储液水箱体积较小或者结构材料弹性模量较大时，储液水箱具有较大的空间刚度，此时可以将水箱等效为刚性结构。本节通过势流体理论以及贝塞尔函数推导了圆形和矩形水箱内流体的动力响应解析解，该方法基于以下假定：

（1）容器内流体为无黏性、无旋的理想流体；

（2）容器壁面为刚性且厚度恒定不变；

（3）外界激励为小振幅的激励，因此某些参量的平方项可以忽略，避免了求解非线性问题所产生的数学上的困难。

8.1.1　圆形水箱动水压力解析公式

1. 边界条件与控制方程

圆形水箱坐标系如图 8.1-1 所示。其中，$oxyz$ 为笛卡尔坐标系，$or\theta z$ 为柱坐标系，两坐标系原点均为初始液面圆心位置。h 为储液水箱液体深度，R 为水箱半径。水箱底部放开运动方向且受到 x 方向的位移激励 $x_0(t)$，通过对位移求导得到对应的速度激励和加速度激励分别为 $\dot{x}_0(t)$ 和 $\ddot{x}_0(t)$。

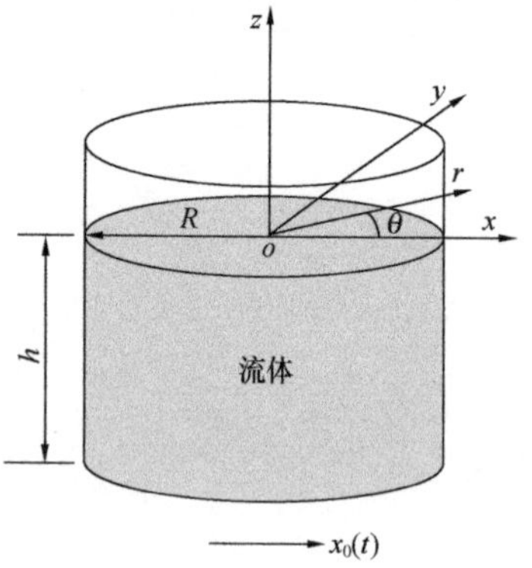

图 8.1-1　圆形水箱坐标系

将流体总速度势表示为 $\phi(r,\theta,z,t)$，在流体域内满足不可压缩条件下的拉普拉斯方程：

$$\frac{1}{r}\frac{\partial}{\partial r}\left(r\frac{\partial \phi}{\partial r}\right)+\frac{1}{r^2}\frac{\partial^2 \phi}{\partial \theta^2}+\frac{\partial^2 \phi}{\partial z^2}=0 \qquad (8.1\text{-}1)$$

将流体总速度势 ϕ 表示为两个速度势之和的形式：

$$\phi(r,\theta,z,t)=\varphi_1(r,\theta,z,t)+\varphi_2(r,\theta,z,t) \tag{8.1-2}$$

式中，φ_1 ——流体随着水箱一同水平运动的刚体运动势；

φ_2 ——流体竖向晃动引起的速度势。

φ_1 和 φ_2 均满足拉普拉斯方程：

$$\nabla^2\varphi_1=0,\nabla^2\varphi_2=0 \tag{8.1-3}$$

由于水箱壁面为刚性，在 $\theta=0$ 或 π 的位置处由 φ_1 引起的径向速度等于壁面速度的水平分量，环向速度等于0；而 φ_2 为流体竖向晃动引起的速度势，所以在壁面位置处其径向和环向速度分量均等于0，即：

$$\left.\frac{\partial\varphi_1}{\partial r}\right|_{r=R,\theta=0,\pi}=\dot{x}_0(t) \tag{8.1-4}$$

$$\left.\frac{\partial\varphi_2}{\partial r}\right|_{r=R}=0 \tag{8.1-5}$$

$$\left.\frac{\partial\varphi_1}{\partial\theta}\right|_{\theta=0,\pi}=\left.\frac{\partial\varphi_2}{\partial\theta}\right|_{\theta=0,\pi}=0 \tag{8.1-6}$$

在水箱底板位置处流体速度竖向分量为0，即：

$$\left.\frac{\partial\varphi_1}{\partial z}\right|_{z=-h}=\left.\frac{\partial\varphi_2}{\partial z}\right|_{z=-h}=0 \tag{8.1-7}$$

由欧拉方程可以确定无旋理想流体满足以下方程：

$$\frac{\partial\phi}{\partial t}+\frac{p}{\rho}+gz+\frac{1}{2}(v_r^2+v_\theta^2+v_z^2)=0 \tag{8.1-8}$$

式中，　p ——流体任一点压力；

ρ ——流体密度；

g ——重力加速度；

v_r、v_θ、v_z ——流体径向、环向和竖向速度分量。

由于速度向量的分量是速度势关于坐标的导数，对速度势增加时间分量不会影响速度向量的值，故令 $\phi'=\phi+\frac{p}{\rho}t$，将其代入式（8.1-8），整理得到：

$$\frac{\partial\phi'}{\partial t}+gz=0 \tag{8.1-9}$$

式（8.1-9）中 z 为流体任一点随时间变化的竖向位置坐标，在受到激励之后，流体表面会以重力波的形式进行传播，将波高表示为 $f(r,\theta,t)$，则式（8.1-9）可以重新整理为：

$$\left.\frac{\partial\phi'}{\partial t}\right|_{z=0}+gf=0 \tag{8.1-10}$$

将式（8.1-2）代入式（8.1-10），可以得到流体表面在重力场影响下的平衡条件为：

$$\left.\frac{\partial\varphi_2'}{\partial t}\right|_{z=0}+gf_2=-\left(\left.\frac{\partial\varphi_1'}{\partial t}\right|_{z=0}+gf_1\right) \tag{8.1-11}$$

式中，f_1、f_2 ——速度势 φ_1 和 φ_2 对应的液面高程函数，满足以下方程：

$$f_1=\int_0^t \frac{\partial \varphi_1}{\partial z}\bigg|_{z=0} \mathrm{d}t=0 \tag{8.1-12}$$

$$f_2=\int_0^t \frac{\partial \varphi_2}{\partial z}\bigg|_{z=0} \mathrm{d}t \tag{8.1-13}$$

2. **分离变量求解**

针对刚体速度势 φ_1，可以采取如下解的形式：

$$\varphi_1(r,\theta,z,t)=\dot{x}_0(t)r\cos\theta \tag{8.1-14}$$

式（8.1-14）满足拉普拉斯方程及式（8.1-4）、式（8.1-6）和式（8.1-7）所示的边界条件。针对速度势 φ_2，采用分离变量法求解，将其表示为：

$$\varphi_2(r,\theta,z,t)=R(r)\Theta(\theta)Z(z)\dot{q}_1^*(t) \tag{8.1-15}$$

将式（8.1-15）代入式（8.1-3），整理得到：

$$\begin{cases}\dfrac{\mathrm{d}^2 Z}{\mathrm{d}z^2}-\lambda^2 Z=0\\ \dfrac{\mathrm{d}^2\Theta}{\mathrm{d}\theta^2}+S^2\Theta=0\\ \dfrac{\mathrm{d}^2 R}{\mathrm{d}r^2}+\dfrac{1}{r}\dfrac{\mathrm{d}R}{\mathrm{d}r}+\left(\lambda^2-\dfrac{S^2}{r^2}\right)R=0\end{cases} \tag{8.1-16}$$

式中，λ^2、S^2 ——未知正实数。

式（8.1-16）对应的通解可以表示为：

$$\begin{cases}Z=A_1\sinh[\lambda(z+h)]+B_1\cosh[\lambda(z+h)]\\ \Theta=A_2\sin(S\theta)+B_2\cos(S\theta)\\ R=FJ_1(\lambda r)\end{cases} \tag{8.1-17}$$

式中，A_1、A_2、B_1、B_2 和 F ——未知常数；

$J_1(\cdot)$ ——第一类 Bessel 函数。

式（8.1-17）结合边界条件式（8.1-6）和式（8.1-7）可得 $A_1=A_2=0$。由于 $\varphi_1=\dot{x}_0(t)r\cos\theta$ 且 $\phi=\varphi_1+\varphi_2$，可取 $S=1$。再结合边界条件式（8.1-5）可得 $J'_1(\lambda R)=0$，该方程有无限多个解。因此，令 $\sigma_n=\lambda_n R$，$n=1,2,\cdots$，从而有：

$$J'_1(\sigma_n)=0 \tag{8.1-18}$$

式（8.1-18）针对每一个 σ_n 都有一个解，这些解彼此独立，可以将其叠加。因此，液体竖向晃动引起的速度势可以表示为：

$$\varphi_2(r,\theta,z,t)=\cos\theta\sum_{n=1}^{\infty}\dot{q}_n^*(t)\cosh\left(\sigma_n\frac{z+h}{R}\right)J_1\left(\sigma_n\frac{r}{R}\right) \tag{8.1-19}$$

将式（8.1-19）代入式（8.1-11），整理得到：

$$\sum_{n=1}^{\infty}\ddot{q}_n^*(t)\cosh\left(\sigma_n\frac{h}{R}\right)J_1\left(\sigma_n\frac{r}{R}\right)+g\sum_{n=1}^{\infty}q_n^*(t)\sinh\left(\sigma_n\frac{h}{R}\right)J_1\left(\sigma_n\frac{r}{R}\right)=-r\ddot{x}_0(t)$$

(8.1-20)

进一步对式（8.1-20）中的 r 利用狄尼展开式展开为 Bessel 函数 $J_1\left(\sigma_n\frac{r}{R}\right)$ 的级数，表示为：

$$r=R\sum_{n=1}^{\infty}b_nJ_1\left(\sigma_n\frac{r}{R}\right) \tag{8.1-21}$$

$$b_n=\frac{2}{(\sigma_n{}^2-1)J_1(\sigma_n)} \tag{8.1-22}$$

此外，取 $\dot{q}_n{}^*(t)=\dfrac{\dot{q}_n(t)Rb_n}{\cosh\left(\sigma_n\frac{h}{R}\right)}$，将该公式和式（8.1-21）代入式（8.1-20），可以得到 $q_n(t)$ 的方程为：

$$\ddot{q}_n(t)+\tilde{\omega}_n^2q_n(t)=-\ddot{x}_0(t) \tag{8.1-23}$$

对于具有黏滞系数的流体，式（8.1-23）可重新整理为：

$$\ddot{q}_n(t)+v\dot{q}_n(t)+\tilde{\omega}_n^2q_n(t)=-\ddot{x}_0(t) \tag{8.1-24}$$

式中，v——流体的黏滞系数；

$\tilde{\omega}_n$——水箱内流体的第 n 阶自振频率。可用以下方程表示：

$$\tilde{\omega}_n^2=\frac{g}{R}\sigma_n\tanh\left(\sigma_n\frac{h}{R}\right) \tag{8.1-25}$$

综合式（8.1-14）、式（8.1-19）和式（8.1-23），流体的总速度势可以表示为：

$$\phi=\cos\theta\left[\sum_{n=1}^{\infty}Rb_n\dot{q}_n(t)\frac{\cosh\left(\sigma_n\frac{z+h}{R}\right)}{\cosh\left(\sigma_n\frac{h}{R}\right)}J_1\left(\sigma_n\frac{r}{R}\right)+r\dot{x}_0(t)\right] \tag{8.1-26}$$

因此，由 $p=-\rho\dfrac{\partial\phi}{\partial t}$ 可以得到流体任意位置处的动水压力为：

$$p(r,\theta,z,t)=-\rho\cos\theta\left[\sum_{n=1}^{\infty}R\ddot{q}_n(t)b_n\frac{\cosh\left(\sigma_n\frac{z+h}{R}\right)}{\cosh\left(\sigma_n\frac{h}{R}\right)}J_1\left(\sigma_n\frac{r}{R}\right)+\ddot{x}_0(t)r\right] \tag{8.1-27}$$

8.1.2　矩形水箱动水压力解析公式

1. 边界条件与控制方程

矩形水箱坐标系如图 8.1-2 所示。其中，$oxyz$ 为笛卡尔坐标系，坐标系原点位于初

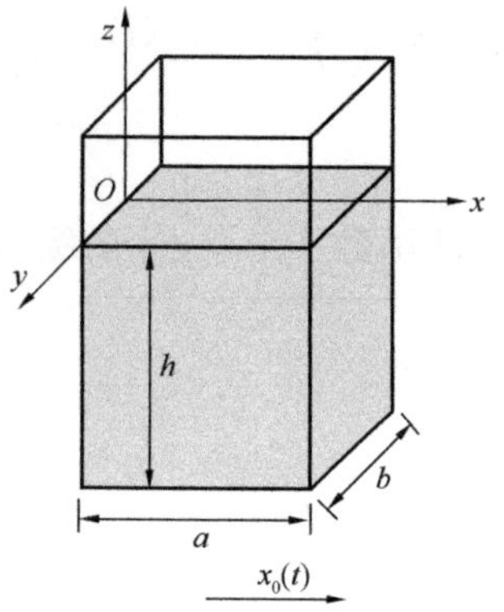

图 8.1-2 矩形水箱坐标系

始液面的壁面中点位置。h 为储液水箱液体深度，a 和 b 分别为储液水箱截面的长和宽，矩形水箱 x 方向运动放开，受到的加速度激励为 $\ddot{x}_0(t)$，其余方向的自由度固定。

与圆形储液水箱类似，将矩形水箱速度势表示为两个速度势之和：

$$\phi(r,\theta,z,t)=\varphi_1(r,\theta,z,t)+\varphi_2(r,\theta,z,t) \tag{8.1-28}$$

速度势满足不可压缩条件下的拉普拉斯方程：

$$\frac{\partial^2\varphi}{\partial x^2}+\frac{\partial^2\varphi}{\partial y^2}+\frac{\partial^2\varphi}{\partial z^2}=0 \tag{8.1-29}$$

矩形水箱内的液体满足以下边界条件：

$$\left.\frac{\partial\varphi_1}{\partial x}\right|_{x=0,a}=\dot{x}_0(t) \tag{8.1-30}$$

$$\left.\frac{\partial\varphi_2}{\partial x}\right|_{x=0,a}=0 \tag{8.1-31}$$

$$\left.\frac{\partial\varphi_1}{\partial z}\right|_{z=-h}=\left.\frac{\partial\varphi_2}{\partial z}\right|_{z=-h}=0 \tag{8.1-32}$$

$$\left.\frac{\partial\varphi_2}{\partial t}\right|_{z=0}+gf_2=-\left.\frac{\partial\varphi_1}{\partial t}\right|_{z=0}-gf_1 \tag{8.1-33}$$

式中，f_1 和 f_2 ——液面波高方程。

2. 分离变量求解

针对刚体速度势 φ_1，可以采取如下解的形式：

$$\varphi_1(x,z,t)=x\dot{x}_0(t) \tag{8.1-34}$$

针对速度势 φ_2，利用分离变量法可将其表示为：

$$\varphi_2(x,z,t)=X(x)Z(z)\dot{f}^*(t) \tag{8.1-35}$$

式（8.1-35）满足拉普拉斯方程，将其展开整理可得：

$$\begin{cases}\dfrac{\mathrm{d}^2Z}{\mathrm{d}z^2}-k^2Z=0\\[2ex]\dfrac{\mathrm{d}^2X}{\mathrm{d}x^2}+k^2X=0\end{cases} \tag{8.1-36}$$

式中，k——未知常数。

结合边界条件式（8.1-31）和式（8.1-32），式（8.1-36）的解可以表示为：

$$\begin{cases}Z(z)=\cosh[k(z+h)]\\X(x)=\cos(kx)\end{cases} \tag{8.1-37}$$

此时速度势 φ_2 可以表示为：

$$\varphi_2(x,z,t)=\dot{f}^*(t)\cosh[k(z+h)]\cos(kx) \tag{8.1-38}$$

结合边界条件式（8.1-31）和式（8.1-32）可以解得：

$$k=\frac{n\pi}{a} \tag{8.1-39}$$

式中，$n=0,1,2,\cdots$。式（8.1-39）针对每一个 n 都有一个解，这些解彼此独立，可以将其叠加。因此，速度势 φ_2 可以表示为：

$$\varphi_2(x,z,t)=\sum_{n=0}^{\infty}\dot{f}_n^*(t)\cosh\left[\frac{n\pi(z+h)}{a}\right]\cos\left(\frac{n\pi x}{a}\right) \tag{8.1-40}$$

令 $f_n(t)=f_n^*(t)\cosh\frac{n\pi h}{a}$，将其代入式（8.1-40）中，整理可得：

$$\varphi_2(x,z,t)=\sum_{n=0}^{\infty}\dot{f}_n(t)\frac{\cosh\left[\frac{n\pi(z+h)}{a}\right]\cos\left(\frac{n\pi x}{a}\right)}{\cosh\frac{n\pi h}{a}} \tag{8.1-41}$$

将速度势 φ_1 和 φ_2 代入式（8.1-33）中，整理可得：

$$\sum_{n=0}^{\infty}\ddot{f}_n(t)\cos\frac{n\pi x}{a}+g\sum_{n=0}^{\infty}f_n(t)\frac{n\pi}{a}\tanh\frac{n\pi h}{a}\cos\frac{n\pi x}{a}=-x\ddot{x}_0(t) \tag{8.1-42}$$

将 x 在区间 $[0,a]$ 内展开为 x 的余弦级函数，同时对式（8.1-42）两边同时乘以 $\cos\frac{m\pi x}{a}$ 并在区间 $[0,\ a]$ 内进行积分，利用振型的正交性，整理可得：

$$x=\frac{a}{2}-\frac{4a}{\pi^2}\sum_{n=1,3,5,\cdots}^{\infty}\frac{\cos\frac{n\pi x}{a}}{n^2} \tag{8.1-43}$$

将式（8.1-43）代入式（8.1-42）中，整理可得：

$$\begin{cases}\ddot{f}_n(t)+v\dot{f}_n(t)+\frac{gn\pi}{a}\tanh\frac{n\pi h}{a}f_n(t)=\frac{4a}{n^2\pi^2}\ddot{x}_0(t)\\ \ddot{f}_0(t)=-\frac{1}{2}a\ddot{x}_0(t)\\ f_n(t)=0,\ n=2,4,6,\cdots\end{cases} \tag{8.1-44}$$

令 $\tilde{\omega}_n{}^2=\frac{gn\pi}{a}\tanh\left(\frac{n\pi h}{a}\right)$，$b_n=\frac{4a}{n^2\pi^2}$，$f_n(t)=-\frac{4a}{n^2\pi^2}q_n(t)$，$n=1,3,5,\cdots$，则可以得到确定 $q_n(t)$ 的方程为：

$$\ddot{q}_n(t)+\tilde{\omega}_n^2q_n(t)=-\ddot{x}_0(t),\ n=1,3,5,\cdots \tag{8.1-45}$$

最终，流体的总速度势可以表示为：

$$\phi(x,z,t)=-\sum_{n=1,3,5,\cdots}^{\infty}b_n\dot{q}_n(t)\frac{\cosh\frac{n\pi(z+h)}{a}}{\cosh\frac{n\pi h}{a}}\cos\frac{n\pi x}{a}-\left(\frac{a}{2}-x\right)\dot{x}_0(t) \tag{8.1-46}$$

式中，$\dot{q}_n(t)$——液体广义坐标。

由 $p=-\rho\dfrac{\partial\phi}{\partial t}$ 可得流体任意一点的动液压力为：

$$p(x,z,t)=\rho\left[\sum_{n=1,3,5,\cdots}^{\infty}b_n\ddot{q}_n(t)\frac{\cosh\dfrac{n\pi(z+h)}{a}}{\cosh\dfrac{n\pi h}{a}}\cos\frac{n\pi x}{a}-\left(\frac{a}{2}-x\right)\ddot{x}_0(t)\right] \tag{8.1-47}$$

8.1.3 解析公式试验验证

图 8.1-3 为振动台试验装置，台面尺寸为 500mm×500mm，螺孔采用标准 M8 螺孔，螺孔之间的间距为 50mm。电磁振动台的槽体固定在铝制底板上，底板沿激励方向固定在振动台上的两条导轨上自由滑动，最大允许位移为前后 100mm，最大允许加速度为 4g 左右。水箱固定在振动台台面上，采用亚克力材料制作，弹性模量足够大可视为刚性。此外，对水箱壁面进行打孔，压力传感器探头从外部深入到水箱内部用来测量压力，数字波高仪用防水胶带固定在水箱壁面两侧用来测量液面高度。

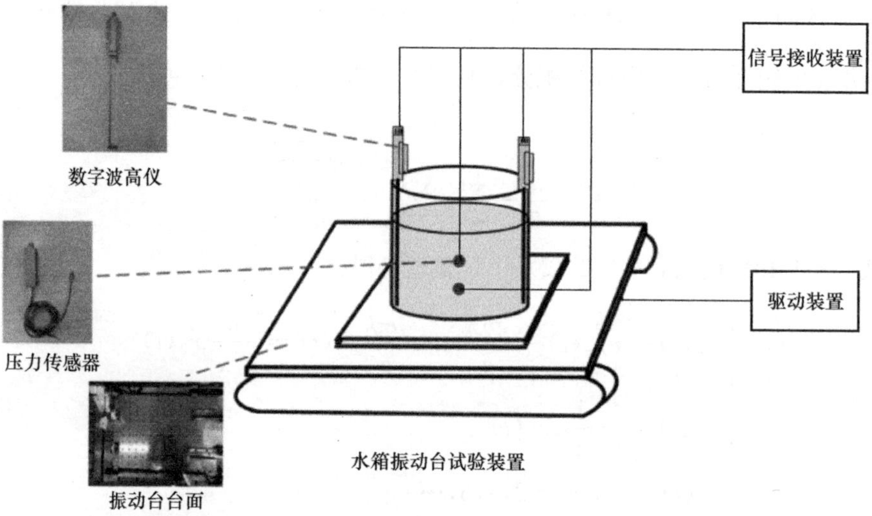

图 8.1-3 振动台试验装置示意图

图 8.1-4 为圆形和矩形水箱示意图。其中，圆形水箱半径 R=200mm，高度 H=600mm，壁厚 δ=8mm；矩形水箱的长和宽均为 400mm，高度为 600mm，壁厚 δ=8mm。水箱底部通过边长为 500mm 和厚度为 5mm 的亚克力板固定在振动台的台面上，点 A、B、C、D 为动水压力测点，探头通过钻孔伸入水箱内部进行压力测量，其中圆形水箱测点 A、B 与同高度截面圆心的连线平行于水平激励方向，测点 C、D 与同高度截面圆心的连线垂直于激励方向；矩形水箱测点 A、B 位于垂直于水箱运动方向的壁面上，测点 C、D 位于平行于水箱运动方向的壁面上。点 A、C 距离水箱底板 300mm，点 B、D 距离水箱底板 150mm。分别取液体深度 h 为 400mm、450mm 以及 500mm，对于三种液体深度，

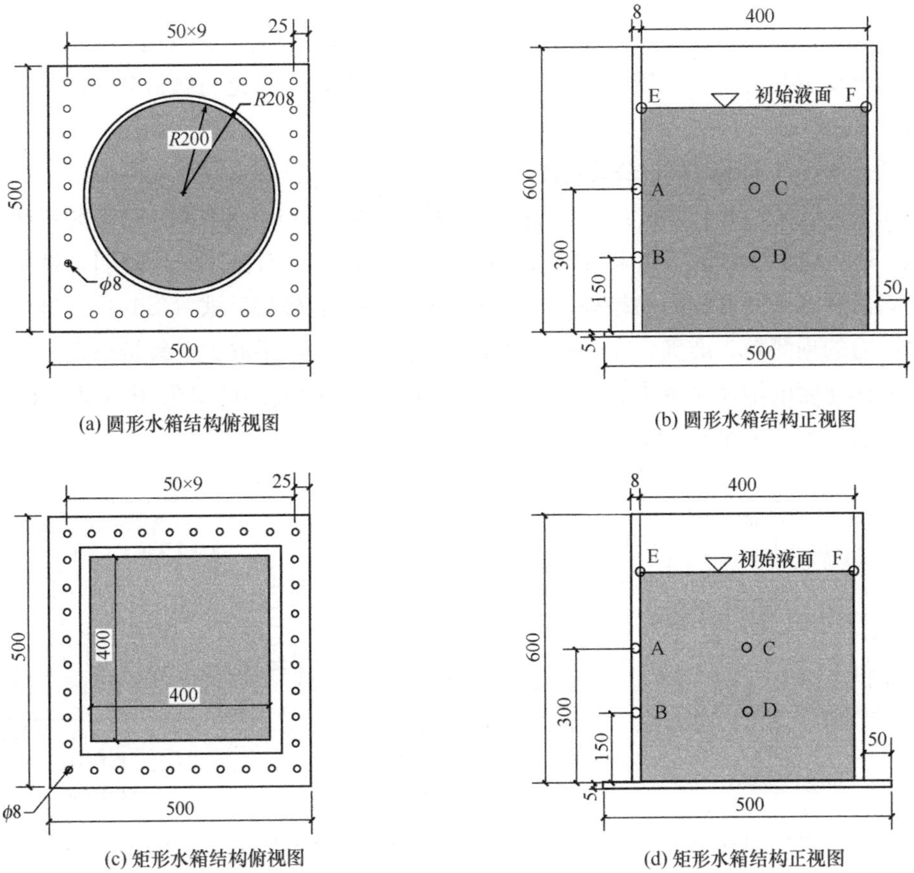

(a) 圆形水箱结构俯视图　(b) 圆形水箱结构正视图

(c) 矩形水箱结构俯视图　(d) 矩形水箱结构正视图

图 8.1-4　水箱结构示意图

基于振动台的加载极限状态以及传感器的量程，对水箱施加正弦位移激励。

1. 圆形水箱动水压力解析公式验证

图 8.1-5 与图 8.1-6 展示了 3 种液体深度下，振幅 30mm、频率 0.8Hz 正弦位移激励下的 A、B 点动水压力试验结果与解析式计算结果的时程对比。结果表明，试验结果与解析公式具有相同的趋势，在大多时间段内吻合较好。在 0～3s 和 17～19s 之间，A 点动水

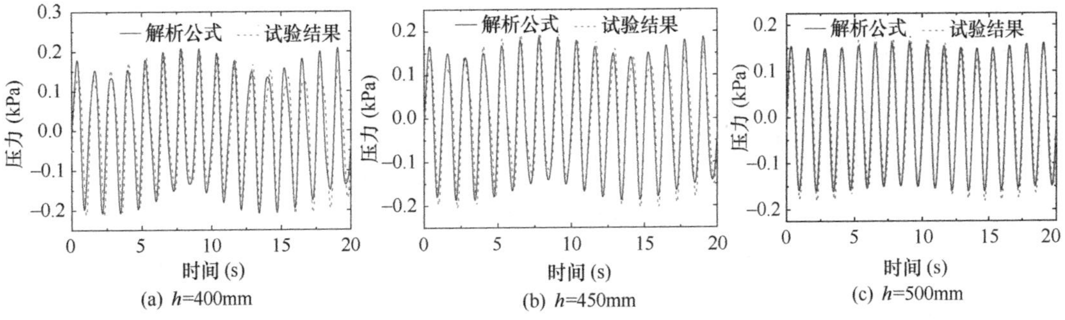

(a) h=400mm　(b) h=450mm　(c) h=500mm

图 8.1-5　A 点动水压力时程解析解和试验对比（案例 5，A=30mm）

压力试验结果略小于解析公式的结果，这种差距会随着液体深度的增加而减小。B点的试验结果与解析公式差距较小，这是由于B点位置距离初始液面位置较远，式（8.1-19）所示的竖向晃动引起的速度势较小，而液体竖向晃动引起的分量是与解析公式产生差距的主要原因。

2. 矩形水箱动水压力解析公式验证

图8.1-7与图8.1-8展示了3种液体深度下，振幅30mm、频率0.8Hz的正弦位移激励下A、B点动水压力试验结果与解析公式计算结果的时程对比。结果表明，试验结果与解析公式计算结果具有相同的趋势，在大多时间段内吻合较好，式（8.1-47）对于矩形水箱动水压力的预测较为准确。在0～3s之前，A点的试验结果略大于解析公式，这种差距会随着流体深度的增加而减小。B点试验结果时程曲线的波动明显低于A点，随着液体深度的增加，A和B两点的时程曲线波动明显减小。

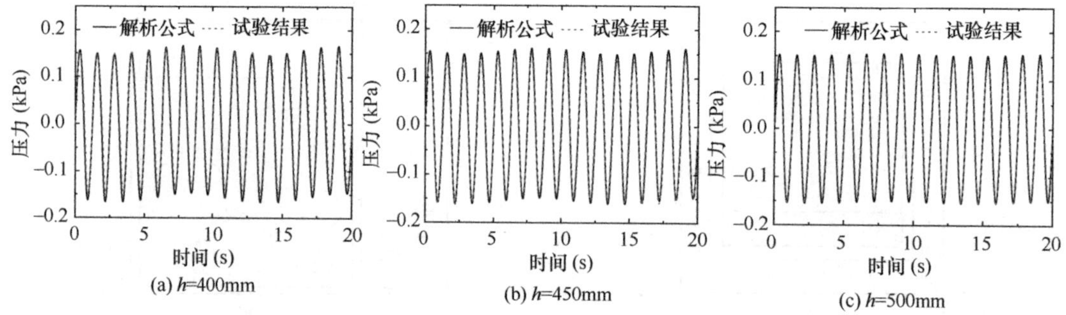

图8.1-6　B点动水压力时程解析解和试验对比（案例5，A=30mm）

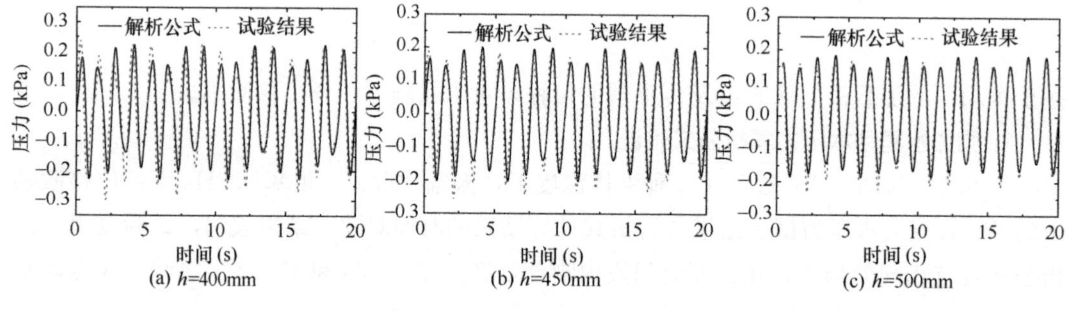

图8.1-7　A点动水压力时程解析解和试验对比（f=0.8Hz，A=30mm）

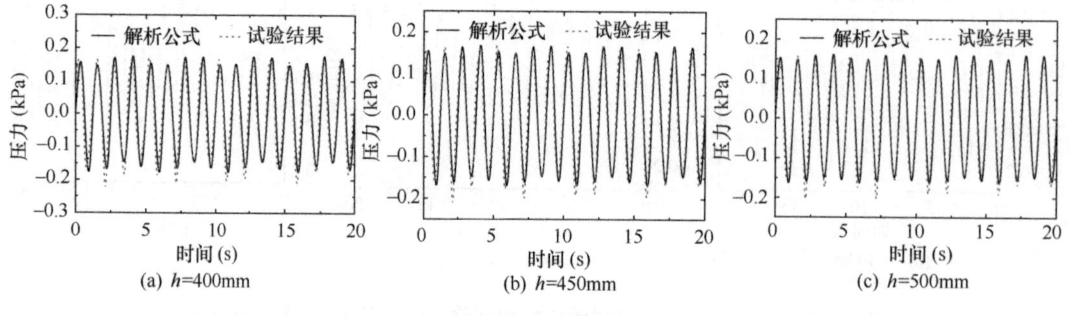

图8.1-8　B点动水压力时程解析解和试验对比（f=0.8Hz，A=30mm）

8.2　圆形和矩形柔性水箱的附加质量简化方法

已有研究表明[1]，忽略水箱壁面的可变形性会导致计算的动水压力偏小，因此将壁面假定为刚性会高估储液水箱的抗震性能。本节针对壁面为柔性的圆形和矩形水箱，推导了地震作用下水箱动水压力解析公式。之后，建立了水箱柔性运动附加质量模型以及水箱整体运动的动水压力简化分析模型。最后，为了便于工程应用，针对附加质量公式进行了简化。

8.2.1　柔性水箱动水压力解析解

1. 圆形水箱动水压力解析公式

图 8.2-1 为圆形水箱与水体的分析模型示意图，具有一定壁厚的圆形水箱固定在刚性地基上，笛卡尔坐标系的 z 轴与圆形水箱的中轴线重合，水深为 h，水箱截面内径长度为 b，外径长度为 a。假设地基为刚性，地震动激励方向为 x 轴方向，系统初始为静止状态。已有研究表明，在地震的主要荷载频率范围内表面波条件对结构地震动水压力的影响可忽略，因此本书不考虑表面波条件。

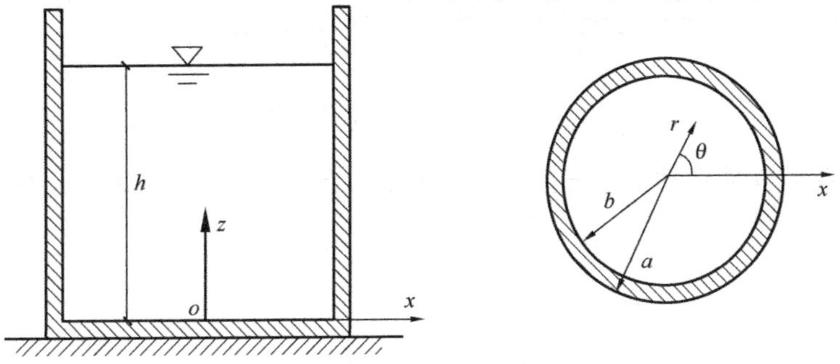

图 8.2-1　圆形水箱结构-水分析模型

假设水体不可压缩且无黏性，动水压力的分布由拉普拉斯方程控制。在柱坐标系中，控制方程可以表示为：

$$\frac{\partial^2 p}{\partial r^2}+\frac{1}{r}\frac{\partial p}{\partial r}+\frac{1}{r^2}\frac{\partial^2 p}{\partial \theta^2}+\frac{\partial^2 p}{\partial z^2}=0 \tag{8.2-1}$$

式中，$p(r,\theta,z,t)$ ——动水压力；

r、θ、z ——柱坐标。

在 $r=b$ 流体与储液水箱交界面处满足以下公式：

$$\left.\frac{\partial p}{\partial r}\right|_{r=b}=\rho\frac{\partial^2 u}{\partial t^2}\cos\theta \tag{8.2-2}$$

式中，ρ ——流体的密度；

u ——结构的位移响应，包含储液水箱随地基的刚体运动以及壁面本身的弹性变形。

利用分离变量法解得圆形水箱壁面任一位置所受到的动水压力为：

$$p=\frac{2\rho b}{h}\sum_{j=1}^{\infty}\frac{I(r_0)}{r_0 I'(r_0)}\cos\theta\cos\lambda z\int_0^h \ddot{u}\cos\lambda z\,\mathrm{d}z \tag{8.2-3}$$

式中，$r_0=\lambda b$；$\lambda=(2j-1)\pi/2h$，$j=1,2,\cdots$

2. 矩形水箱动水压力解析公式

图 8.2-2 为矩形水箱与水体相互作用模型的示意图，其中 a_1 和 b_1 分别代表矩形水箱截面的半短轴和半长轴，h 为水箱内液体深度。矩形水箱固定在刚性地基上。直角坐标系下，原点位于水箱底板位置，z 轴沿着矩形水箱壁面垂直向上。假设地基为刚性，地面沿着 x 轴方向运动，加速度为 $\ddot{u}_g$，假设流体为不可压缩、无黏性理性流体。

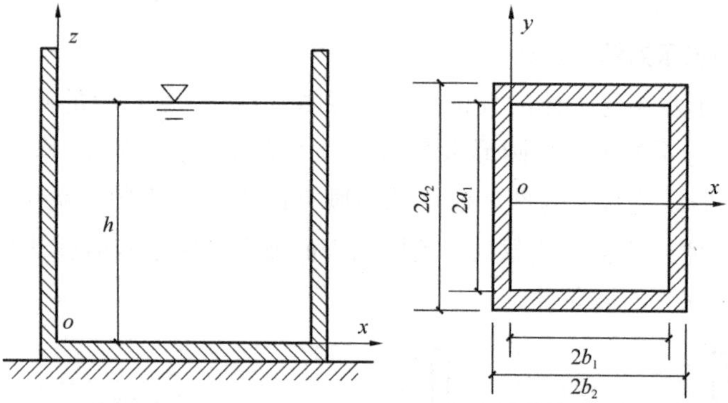

图 8.2-2 矩形水箱-水分析模型

液体的小振幅无旋运动由拉普拉斯方程控制，在二维直角坐标系 xoz 中可以表示为：

$$\frac{\partial^2 p}{\partial x^2}+\frac{\partial^2 p}{\partial z^2}=0 \tag{8.2-4}$$

式中，$p(x,z,t)$——流体动压力。

此外流体动压力 p 在矩形水箱壁面交界处满足以下边界条件：

$$\left.\frac{\partial p}{\partial x}\right|_{x=0}=\left.\frac{\partial p}{\partial x}\right|_{x=2b_1}=-\rho\ddot{u}_x \tag{8.2-5}$$

式中，ρ——流体密度；

$\ddot{u}_x$——水箱壁面的刚性变形与柔性变形总加速度时程。

利用分离变量法可将压力 p 表示为：

$$p(x,z,t)=\sum_{j=1}^{\infty}P_j(x,t)Z(z) \tag{8.2-6}$$

将式（8.2-6）代入式（8.2-4）中，整理可以得到以下常微分方程：

$$\frac{\partial^2 P_j}{\partial x^2}-\lambda^2 P_j=0 \tag{8.2-7}$$

$$\frac{\partial^2 Z}{\partial z^2}+\lambda^2 Z=0 \tag{8.2-8}$$

式中，λ——未知实数。

结合初始液面位置以及水箱底部位置的边界条件，$Z(z)$ 可以表示为：

$$Z(z)=A\cos(\lambda z) \tag{8.2-9}$$

式中，A 为未知系数；$\lambda=(2j-1)\pi/2h$，$j=1,2,3,\cdots$。

将 $Z(z)$ 代入式（8.2-6），结合边界条件式（8.2-5）并通过 $Z(z)$ 的正交性可以解得水箱内流体任意一点动水压力为：

$$p=\frac{-4\rho}{\pi}\sum_{j=1}^{\infty}\frac{1}{2j-1}\int_0^h \ddot{u}_x\cos(\lambda z)\,\mathrm{d}z[DI*\cosh(\lambda x)]\cosh(\lambda z) \tag{8.2-10}$$

式中，$DI=\sinh(\lambda x)+[\mathrm{csch}(2\lambda b)-\coth(2\lambda b)]$。由式（8.2-10）可得作用在矩形水箱壁面上任一点的动水压力为：

$$p(0,z,t)=\frac{-2\rho b}{h}\sum_{j=1}^{\infty}\frac{1}{b_0}[\mathrm{csch}(2b_0)-\coth(2b_0)]\cos(\lambda z)\int_0^h \ddot{u}_x\cos(\lambda z)\,\mathrm{d}z \tag{8.2-11}$$

式中，$b_0=\lambda b$。

8.2.2　地震作用下水箱动水压力简化分析方法

地震作用下柔性水箱的动力响应分为两部分，分别是水箱刚性运动部分的流体晃动力和水箱柔性运动部分的动水压力。将水箱柔性运动部分的动水压力等效为一系列的附加质量点附加在水箱侧壁，从而建立水箱附加质量模型；在附加质量模型的基础上，在侧壁结点添加流体的刚性运动晃动力，从而建立水箱动水压力简化分析方法模型。

1. 动水压力简化分析方法模型

建立动水压力简化方法模型的前提是求得水箱的柔性附加质量。与水中柱体动力响应模型相似，柔性结构的附加质量为刚性附加质量与修正系数的乘积。

通过动水压力简化方法的动力有限元方程可以求得附加质量模型的修正系数。将式（8.2-3）和式（8.2-11）代入 $F=\int_0^{2\pi}pb\cos\theta\,\mathrm{d}\theta$ 中，整理可得储液水箱结构沿单位高度所受到的动水力为：

$$F=-2m_0\sum_{j=1}^{\infty}\frac{S_j}{h}\int_0^h \cos\lambda z\,(\ddot{u}_s+\ddot{u}_g)\,\mathrm{d}z\cos\lambda z \tag{8.2-12}$$

$$S_j=\begin{cases}\dfrac{-I_1(r_0)}{r_0 I'_1(r_0)} & \text{圆形水箱}\\[2ex] [\coth(2b_0)-\mathrm{csch}(2b_0)]/b_0 & \text{矩形水箱}\end{cases} \tag{8.2-13}$$

式中，m_0——单位高度液体质量；

$\ddot{u}_g$ 和 $\ddot{u}_s$——储液水箱壁面刚性运动和柔性运动加速度反应时程。

利用有限元法[2]将储液水箱离散，则在地震作用下储液水箱的动力方程为：

$$\boldsymbol{M}\ddot{\boldsymbol{u}}_s(t)+\boldsymbol{C}\dot{\boldsymbol{u}}_s(t)+\boldsymbol{K}\boldsymbol{u}_s(t)=-\boldsymbol{M}\ddot{\boldsymbol{u}}_g(t)+\boldsymbol{F} \tag{8.2-14}$$

式中，$\boldsymbol{M}$、$\boldsymbol{C}$ 和 $\boldsymbol{K}$——储液水箱的质量、阻尼和刚度矩阵；

$\boldsymbol{u}_s$——储液水箱柔性位移列向量；

$\boldsymbol{F}$——流体动力列向量。

将 $\boldsymbol{F}$ 进行有限元离散，则 $\boldsymbol{F}$ 可以表示为：

$$\boldsymbol{F}=-\boldsymbol{M}_{\mathrm{p}}[\ddot{\boldsymbol{u}}_{\mathrm{g}}(t)+\ddot{\boldsymbol{u}}_{\mathrm{s}}(t)]+\boldsymbol{f} \tag{8.2-15}$$

式中，$\boldsymbol{M}_{\mathrm{p}}$——流体附加质量矩阵；

$\boldsymbol{f}$——储液水箱在刚性条件下的流体晃动力列向量。

将式（8.2-15）代入式（8.2-14）中，整理可得：

$$(\boldsymbol{M}+\boldsymbol{M}_{\mathrm{p}})\ddot{\boldsymbol{u}}_{\mathrm{s}}+\boldsymbol{C}\dot{\boldsymbol{u}}_{\mathrm{s}}+\boldsymbol{K}\boldsymbol{u}_{\mathrm{s}}=-(\boldsymbol{M}+\boldsymbol{M}_{\mathrm{p}})\ddot{\boldsymbol{u}}_{\mathrm{g}}+\boldsymbol{f} \tag{8.2-16}$$

与水中柱体动力有限元方程类似，将水体的附加质量乘以一个小于 1 的修正系数 α，水箱动力有限元方程可以表示为：

$$(\boldsymbol{M}+\alpha\boldsymbol{M}_{\mathrm{p}})\ddot{\boldsymbol{u}}_{\mathrm{s}}+\boldsymbol{C}\dot{\boldsymbol{u}}_{\mathrm{s}}+\boldsymbol{K}\boldsymbol{u}_{\mathrm{s}}=-(\boldsymbol{M}+\boldsymbol{M}_{\mathrm{p}})\ddot{\boldsymbol{u}}_{\mathrm{g}}+\boldsymbol{f} \tag{8.2-17}$$

通过式（8.2-17）迭代计算可以求得附加质量修正系数，得到修正系数之后便可建立附加质量模型。

2. 附加质量模型建立及验证

为了验证附加质量模型的正确性，以圆柱水箱为例，通过有限元软件分别建立了圆形水箱流-固耦合模型和附加质量模型进行模态分析，通过对比两个模型的计算结果研究了不同的宽深比 h/r 下附加质量模型的适用性。

考虑水箱壁面为柔性时，需要添加的附加质量为修正系数与刚性条件下附加质量的乘积，圆柱储液水箱柔性壁面任意坐标位置 x 方向的附加质量分量可以表示为：

$$m(\theta,z)=\alpha*\sum_{j=1}^{\infty}\frac{(-1)^{j+1}4\rho bI_1(r_0)\cos(\lambda z)\cos^2\theta}{(2j-1)\pi r_0 I'(r_0)}*E_{\mathrm{area}} \tag{8.2-18}$$

式中，E_{area}——矩形水箱壁面的结点控制面积。

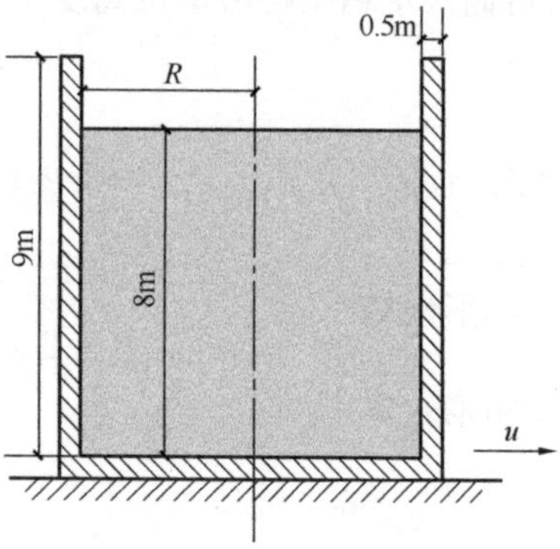

图 8.2-3　圆形水箱竖向截面图

图 8.2-3 为圆形水箱模型示意图，其材料为钢筋混凝土，在建立模型时根据构件等截面刚度和质量一致的原则等效为全截面混凝土，等效之后的弹性模量 E=30GPa，泊松比 $\lambda_{\mathrm{c}}=0.2$，密度 $\rho_{\mathrm{c}}=2500\mathrm{kg/m^3}$。水箱采用壳单元 Shell181 建立，其厚度为 0.5m，水箱壁面高度 H=9m，液面高度 h=8m。改变模型的半径 R，分别求解不同 $2R/h$ 工况下流-固耦合模型和附加质量模型的耦联一阶频率。

表 8.2-1 给出了不同宽深比下模态分析的求解结果。通过观察表中附加质量模型的相对误差可知，其误差均低于 5%，计算精度较高，说明该方法适用于多种宽深比情况下圆形水箱的模态分析。同时通过比较可知，当宽深比为 10 时，附加质量模型与流-固耦合模型之间相对误差最小。

不同宽深比下结构一阶频率对比　　表8.2-1

$2R/h$	0.8	1	1.33	2	2.5	4	10
修正系数	0.89	0.86	0.82	0.785	0.77	0.765	0.755
流-固耦合模型频率（Hz）	23.187	19.560	18.282	15.853	14.397	11.358	6.855
简化方法模型频率（Hz）	23.118 (0.73%)	19.285 (1.41%)	18.048 (1.28%)	15.304 (3.46%)	14.094 (2.10%)	10.894 (4.08%)	6.809 (0.67%)

8.2.3　柔性水箱附加质量简化计算公式

附加质量是由于水箱柔性运动产生的，在数值模型中，柔性结构的附加质量数值为修正系数与刚性附加质量的乘积。然而，修正系数是通过迭代求解得到的，没有具体表达式，同时附加质量解析公式较为复杂。因此，为了便于工程应用，有必要将修正系数和附加质量拟合为简化计算公式。

1. 修正系数简化公式

（1）圆形水箱

不同尺寸的圆形水箱附加质量修正系数可以通过迭代求解得到，其大小与宽深比有关。为了便于实际工程应用，进一步给出了圆形水箱附加质量修正系数简化公式，该公式为：

$$\alpha = 0.3224e^{-1.087l} + 0.751 \tag{8.2-19}$$

式中，$l = 2R/h$ 为模型宽深比。

图8.2-4为修正系数拟合公式与数值解的比较。由图可得拟合公式与数值解吻合较好，修正系数的拟合公式精确度较高。

（2）矩形水箱

矩形水箱的修正系数 α 会随着无量纲参数宽深比 l 和长宽比 δ 而变化，图8.2-5为不同长宽比情况下修正系数随宽深比的变化。其中无量纲参数的定义如式（8.2-20）和式（8.2-21）所示。

$$l = \frac{2a}{h} \tag{8.2-20}$$

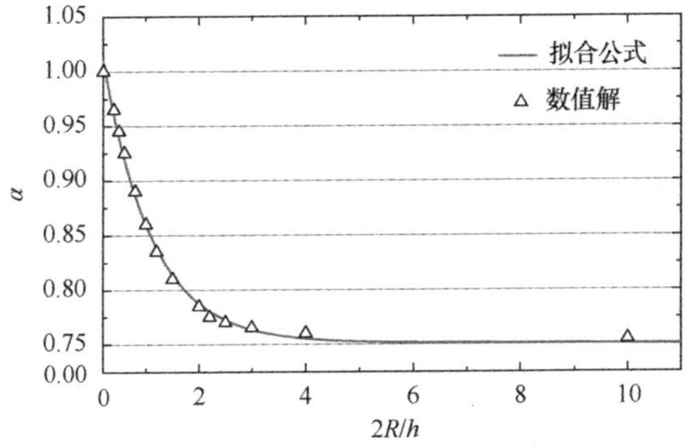

图8.2-4　圆形水箱附加质量修正系数

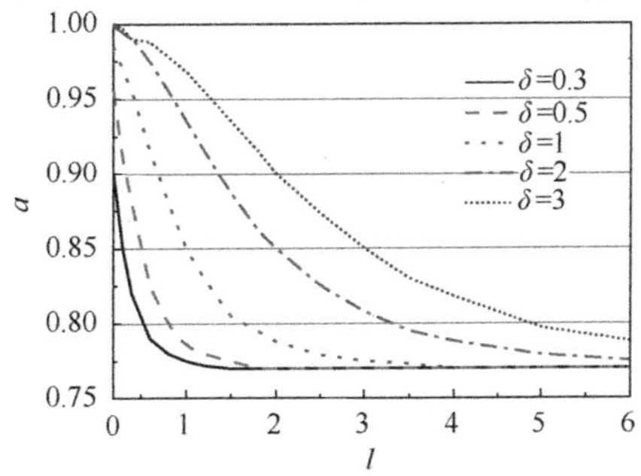

图8.2-5　矩形水箱集中附加质量修正系数

$$\delta = \frac{a}{b} \tag{8.2-21}$$

为了便于工程应用，将修正系数 α 拟合为计算公式，该公式可以表示为：

$$\alpha = a_0 e^{-b_0 l} + 0.77 \tag{8.2-22}$$

式中，l——水箱宽深比；

a_0 和 b_0——拟合系数，如表 8.2-2 所示。

拟合系数 a_0 和 b_0 随长宽比的变化 **表 8.2-2**

a/b	a_0	b_0	a/b	a_0	b_0
1/5	0.438	8.53	2	0.281	0.566
1/4	0.345	5.93	3	0.278	0.334
1/2	0.337	2.93	4	0.293	0.215
1	0.293	1.26	5	0.332	0.134

2. **附加质量简化公式**

(1) 圆形水箱

如果圆形水箱是刚性的，则分布附加质量可表示为：

$$m(z) = m_0 \sum_{j=1}^{\infty} \frac{-(-1)^{j+1} 4 I_1(r_0)\cos(\lambda z)}{(2j-1)\pi r_0 I'_1(r_0)} \tag{8.2-23}$$

式中，$m_0 = \pi\rho b^2$，$r_0 = \lambda r$。为了便于工程应用，式（8.2-23）可以拟合为：

$$c_{mi} = \frac{d_{81}}{\pi b}\left[1 - \bar{z} e^{d_{82}(\bar{z}-1)}\right] \tag{8.2-24}$$

式中，c_{mi} 为简化后的分布附加质量；$\bar{z} = z/h$；d_{81} 和 d_{82} 是通过对曲线拟合得到的，具体见表 8.2-3。图 8.2-6 为简化公式沿高度积分后与解析解沿高度积分后的误差，从图中可以看出两者最大误差不超过 1%。

简化公式（8.2-24）系数 **表 8.2-3**

$2b/h$	d_{81}	d_{82}	$2b/h$	d_{81}	d_{82}
0.2	0.9996	20.4287	3.4	0.4849	2.1101
0.6	0.9962	6.1144	3.8	0.4354	2.0972
1.0	0.9578	3.5907	4.2	0.3938	2.0911
1.4	0.8799	2.7724	4.6	0.3432	2.0889
1.8	0.7867	2.4310	5.0	0.3289	2.0892
2.2	0.6956	2.2665	5.4	0.3033	2.0907
2.6	0.6140	2.1810	5.8	0.2813	2.0929
3.0	0.5439	2.1350	6.0	0.2713	2.0942

（2）矩形水箱

如果矩形水箱是刚性的，则沿高度分布的附加质量可表示为：

$$m(z)=m_0\sum_{j=1}^{\infty}c_m\frac{2\sin\lambda h}{\lambda h}\cos\lambda z \tag{8.2-25}$$

式中，$m_0=4\rho ab$；$c_m=[\coth(2b_0)-\mathrm{csch}(2b_0)]/b_0$；$b_0=\lambda b$；$b$ 为平行于地震动方向矩形水箱的长度。

由式（8.2-25）可知，分布附加质量 $m(z)$ 除了与无量纲 δ 和 l 有关外，还会随着不同竖向坐标 z 的变化而变化。因此，将 $0.2\leqslant l\leqslant 6$ 和 $0.2\leqslant\delta\leqslant 5$ 的范围内矩形水箱分布附加质量公式简化为：

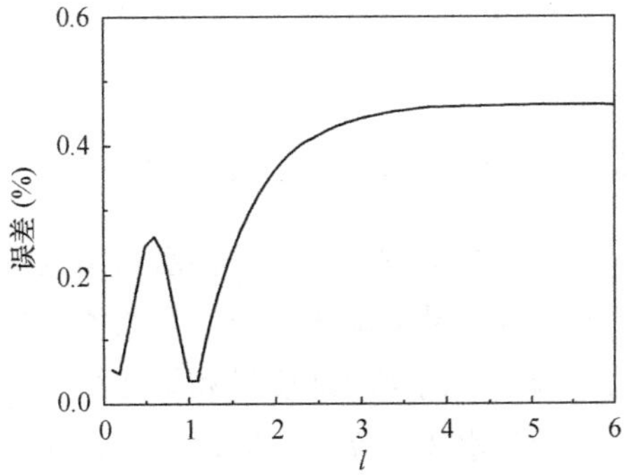

图 8.2-6　附加质量系数简化式（8.2-24）与精确解误差

$$\frac{m(z)}{m_0}=b_1\left[1-\frac{z}{h}e^{b_2\left(\frac{z}{h}-1\right)}\right] \tag{8.2-26}$$

式中，b_1 和 b_2 可以通过曲线拟合得到。不同 δ 和 l 的情况下，b_1 和 b_2 的值可以通过曲线拟合为简单的数学公式，其中 b_1 可以表示为：

$$b_1=\tanh(b_{11}\delta^{-1}) \tag{8.2-27}$$

$$b_{11}=13.09e^{-2.807l}+0.4929 \tag{8.2-28}$$

b_2 可以表示为：

$$b_2=b_{21}\delta^{b_{22}}+b_{23} \tag{8.2-29}$$

$$b_{21}=-22.49\tanh(-0.079l^{-1.762}) \tag{8.2-30}$$

$$b_{22}=-0.3112l-1.054 \tag{8.2-31}$$

$$b_{23}=18.44\tanh(2.204l^{0.4247})-16.25 \tag{8.2-32}$$

图 8.2-7 为不同宽深比 l 下分布附加质量有限元计算结果与拟合简化公式计算结果的比较，图 8.2-8 为附加质量简化公式沿高度积分后得到的均布附加质量与解析解沿高度积分后的误差比较。由图中可以看出，附加质量简化公式与有限元计算结果吻合较好，解析

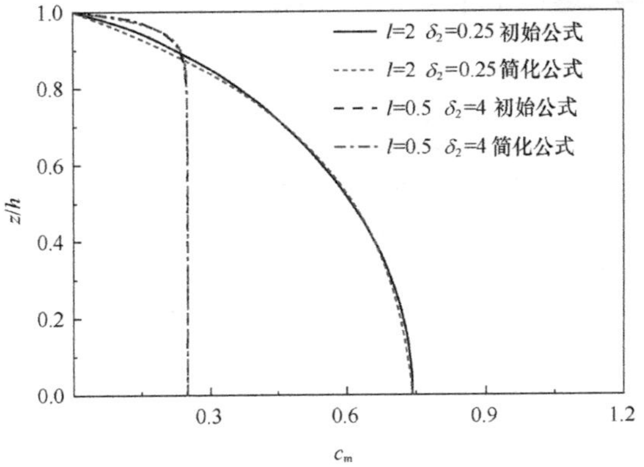

图 8.2-7　矩形水箱分布附加质量简化公式与初始公式对比

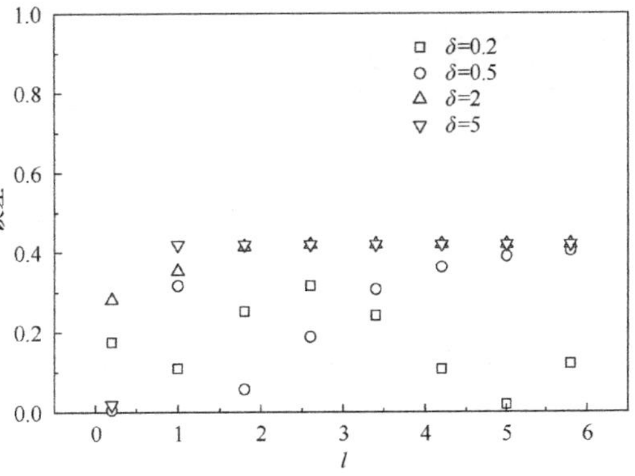

图 8.2-8　矩形水箱分布附加质量简化公式误差

公式与简化公式积分得到的均布附加质量的最大误差不超过 1%，精度较高满足工程应用。

8.2.4 简化方法模型在 ANSYS 软件的实现

在地震动激励下，柔性水箱结构受到水体的作用分为两部分，分别为储液水箱刚性运动和柔性运动的动水压力，在数值模型里面可以将地震作用下水箱与水体的相互作用等效为水箱壁面内侧附加质量和附加结点力的简化计算方法，其中附加质量的大小通过水箱柔性运动与水体相互作用的附加质量简化计算方法确定，附加结点力为水箱晃动引起的动水力与水箱运动引起的附加质量惯性力的总和。

1. 简化方法数值模型建立

利用 ANSYS Parametric Design Language（APDL）建立简化模型较为方便，以圆柱水箱为例，用于模态分析及时程分析的数值模型建立方法如下：

（1）建立圆形水箱模型，利用壳单元将模型均匀离散；

（2）将储液水箱壁面结点坐标系旋转为柱坐标系，按照结点编号、z 坐标和 θ 坐标的顺序依次存储到数组中，将数组导出为. txt 格式文件；

（3）计算数组每个元素的附加质量，得到附加质量数组并导入到 ANSYS 软件中；

（4）按照储液水箱侧壁结点编号的顺序依次添加附加质量，至此附加质量模型建立完成，可对模型进行模态求解；

（5）将储液水箱底板结点全部固定，对整体施加重力以及垂直于侧壁方向的静压力，对模型进行静力求解；

（6）放开底板 x 方向自由度，对水箱底板结点按照时间步循环施加地震动，与此同时在每个时间步内依次对壁面结点施加流体刚性运动的晃动力 f 及惯性力 $m\ddot{u}$。

其中瞬态分析流程如图 8.2-9 所示，其中通过之前工作可得[3]刚性条件下流体的晃动力与解析公式吻合较好，因此为了方便起见，刚性条件下的流体晃动力也可以利用解析式（8.1-27）通过对结点坐标进行循环计算得到。

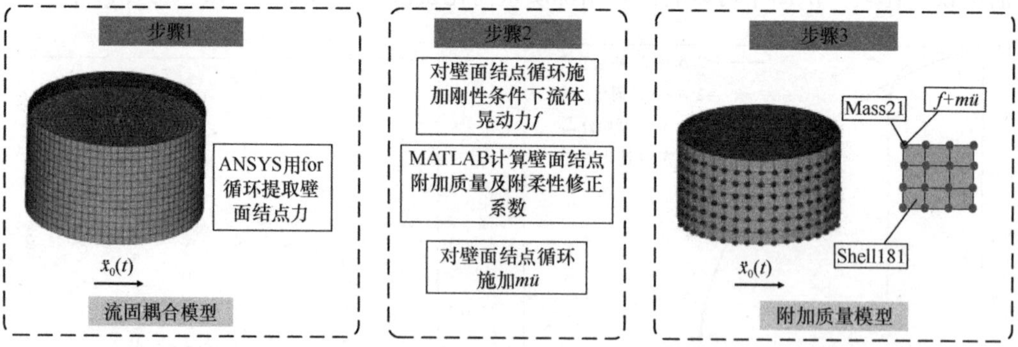

图 8.2-9　简化方法瞬态分析流程

2. 模型验证

本节以圆形水箱为例，验证动水压力简化方法模型的正确性。取圆形水箱模型半径为

4m，高度为 9m，储液深度为 8m，弹性模量 $E=30\text{GPa}$，泊松比 $\lambda_c=0.2$，密度 $\rho=2500\text{kg/m}^3$，考虑结构阻尼比为 0.04。通过对流-固耦合模型和简化方法模型施加单向脉冲荷载，验证该方法时程分析的准确性。

对模型 x 方向施加如图 8.2-10 所示的单位脉冲位移激励，峰值位移发生在脉冲激励的第 0.15s，脉冲持续时间为 0.3s。分别选取流-固耦合模型和简化方法模型储液水箱 A、B 两点的变形时程曲线，以及壁面线 L 峰值位移时刻的变形进行比较分析。选取观测的位置如图 8.2-11 所示，其中 A 点距离储液水箱底板的高度为 8m，B 点距离储液水箱底板的高度为 4m，壁面线 L 与 x 轴的夹角为 0°。

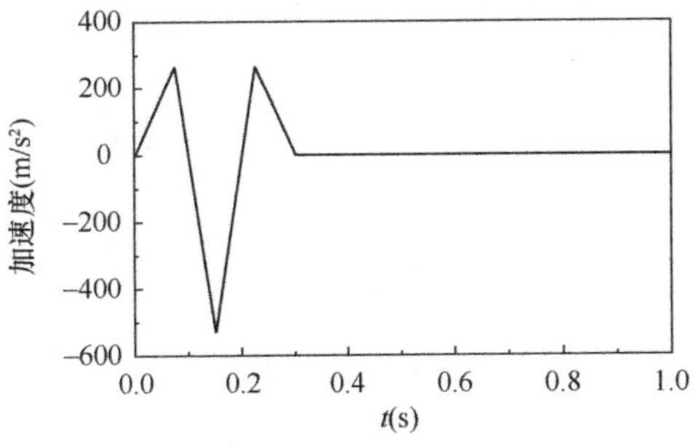

(a) 加速度

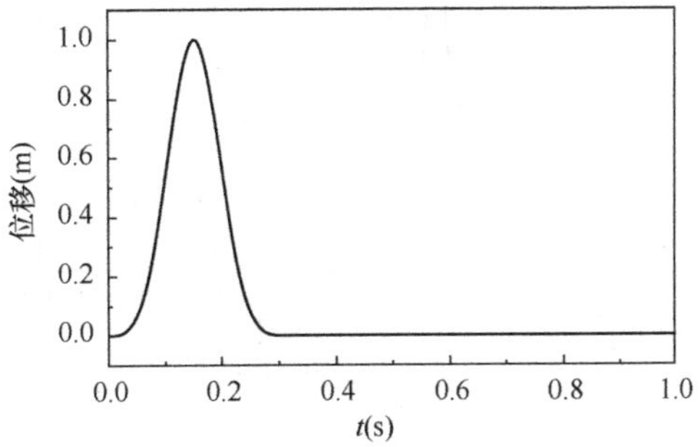

(b) 位移

图 8.2-10　脉冲激励

图 8.2-12 给出了脉冲激励峰值时刻下 3 种模型壁面线 L 的变形。由图可以发现，在脉冲激励峰值时刻，储液水箱最大的变形发生在顶部 9m 处的位置，且随着位置越靠近底板变形越小。通过对比可知，简化方法模型的计算结果与流-固耦合模型计算结果较为接近。

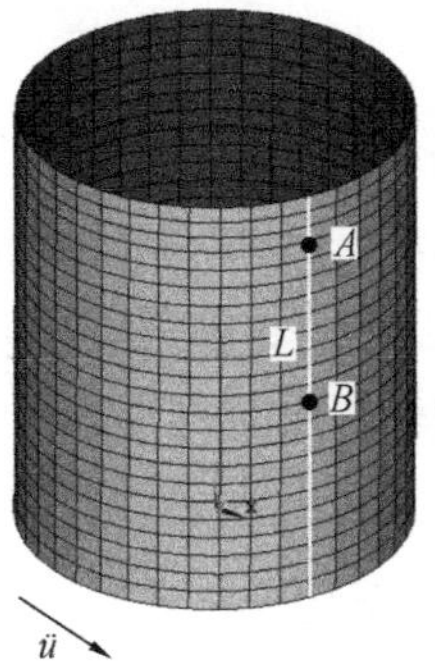

图 8.2-11　水箱点位监测位置

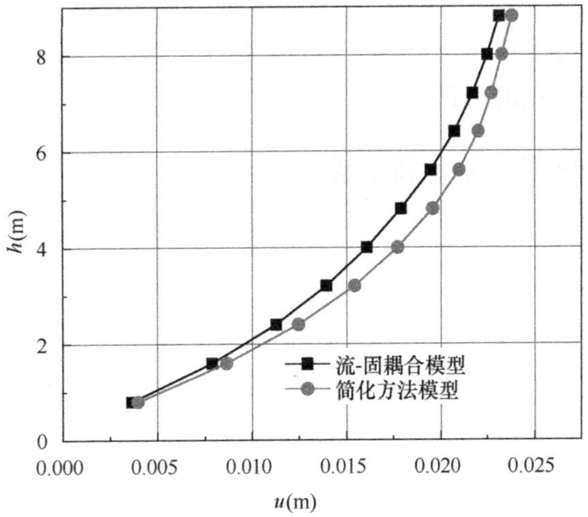

图 8.2-12　脉冲峰值时刻水箱变形沿高度分布

图 8.2-13 给出了脉冲激励下 3 种模型 A、B 两点变形时程曲线。由图可以发现，脉

冲激励作用下简化方法模型的计算结果与流-固耦合模型的计算结果吻合较好，且简化方法的计算结果略大于真实值，说明利用简化方法来评估储液水箱的动力响应足够安全。

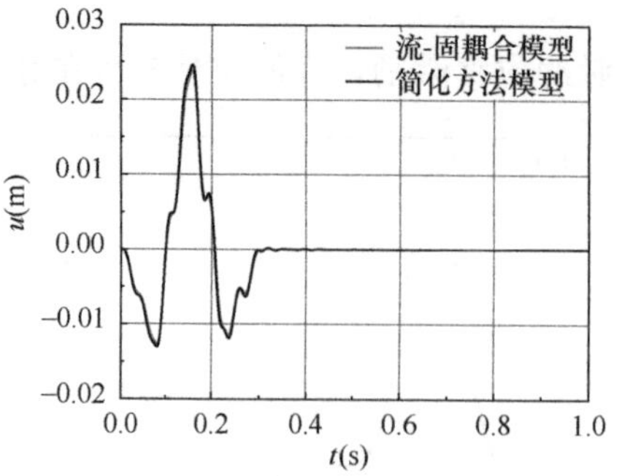

(a) A点变形时程

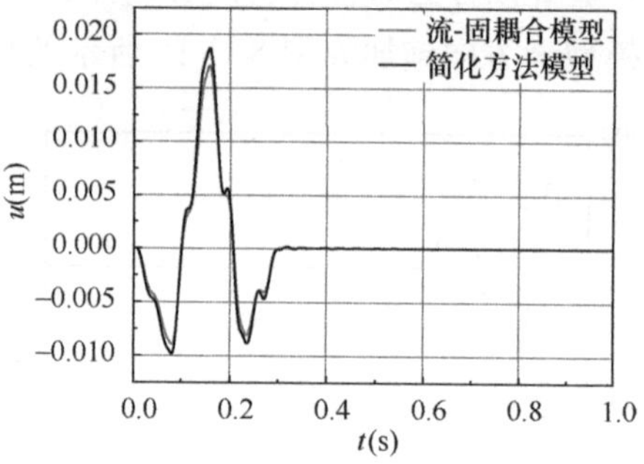

(b) B点变形时程

图 8.2-13 变形时程曲线

8.3 简化分析方法在核电厂房水箱的应用

核电站中的水箱是核电站的重要组成部分，主要用于核反应堆的冷却和水蒸气的凝结。储液水箱通常位于核反应堆上方，由厚重的钢制外壳构成，内部设有多个水箱组件，每个水箱组件都包含着大量的水，这些水箱的主要功能之一是冷却核反应堆。此外，水箱还具有多重安全保障，以确保核反应堆在任何异常情况下都能保持安全运行。例如，水箱的设计可以有效控制压力和温度，防止核反应堆发生过热或压力过高的情况。总的来说，核电站中的水箱是关键的冷却和凝结设备，用于确保核反应堆的安全运行和高效发电。通过循环和调节水的流动，水箱在核电站中起着至关重要的作用。

本节主要针对地震作用下实际工程中核电屏蔽厂房安全壳及水箱的动力响应问题，将水箱简化方法应用到整体模型中，通过分析安全壳的动力响应来验证简化方法的准确性及实际工程应用的可行性。

8.3.1 屏蔽厂房-水箱模型

核电屏蔽厂房的主要作用是保护人员和环境免受辐射的影响，并提供一个安全的工作环境，通过使用特殊的材料和结构，减少或阻挡核辐射的传播，它通常位于核反应堆周围，包裹着核反应堆和其他重要的辐射源，如燃料池、管道和设备。其内部设备及构造比较复杂，为了方便模型的建立及计算，对实际情况进行一定的假设：

(1) 结构满足线弹性和小变形理论等基本假设；

(2) 不考虑内部复杂结构及设备，仅计算外部屏蔽厂房安全壳结构；

(3) 按照强度等效的原则将钢筋混凝土等效为全截面混凝土。

利用 APDL 可以进行参数化建模及计算，在后续的多次计算中仅需修改所需改变的模型基本参数即可。屏蔽厂房-水箱整体结构有限元模型如图 8.3-1 所示。模型的安全壳结构部分以及水箱支撑、水箱壁面部分采用壳单元计算，水体采用声学单元计算。屏蔽厂房和水箱不同位置的材料参数如图 8.3-2 所示。

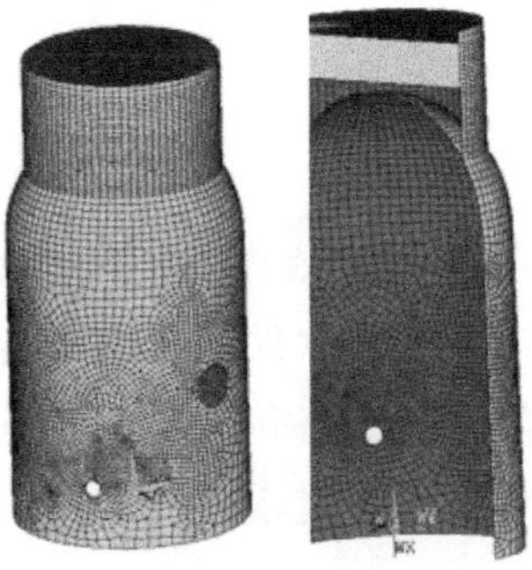

图 8.3-1　屏蔽厂房-水箱整体结构有限元模型

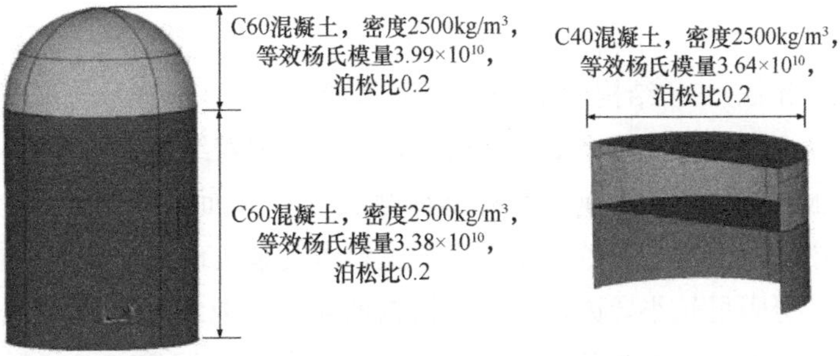

图 8.3-2　屏蔽厂房-水箱材料参数图

8.3.2　模型验证

分别在 ANSYS 软件中建立流-固耦合整体模型和简化方法整体模型，如图 8.3-3 所示，模型总结点数约 27000 个，总单元数约 25000 个。改变顶部水箱的水深，分别计算两种模型的动力响应。

核电屏蔽厂房属于抗震Ⅰ类建筑物，必须保证其能够承受安全停堆地震动，并保持特定的安全性能。由于本研究的主要目标为简化方法对整体结构的适用性，因此选用如图 8.3-4所示拟合的人工地震动作为单向输入，即仅在模型 x 方向输入地震动激励。

本书采用 Rayleigh 阻尼来模拟结构的能量耗散，其计算公式为：

$$\boldsymbol{C}=\alpha\boldsymbol{M}+\beta\boldsymbol{K} \tag{8.3-1}$$

式中，$\boldsymbol{C}$——Rayleigh 阻尼矩阵；

$\boldsymbol{M}$ 和 $\boldsymbol{K}$——结构的质量矩阵和刚度矩阵；

α 和 β——质量矩阵系数和刚度矩阵系数。

假设结构体系的阻尼满足正交条件，则阻尼系数可以通过以下公式求解：

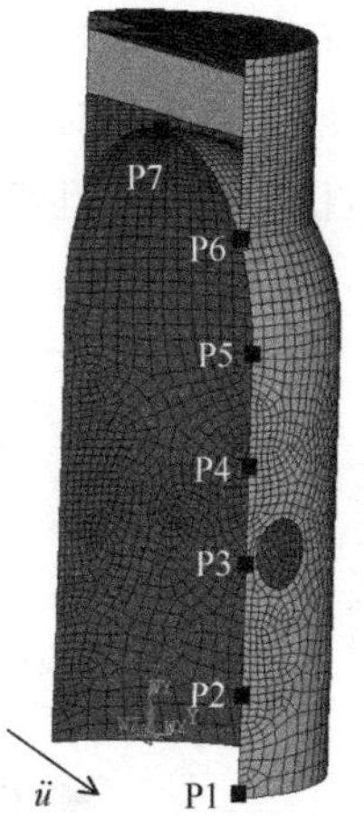

图 8.3-3　屏蔽厂房-水箱数值模型

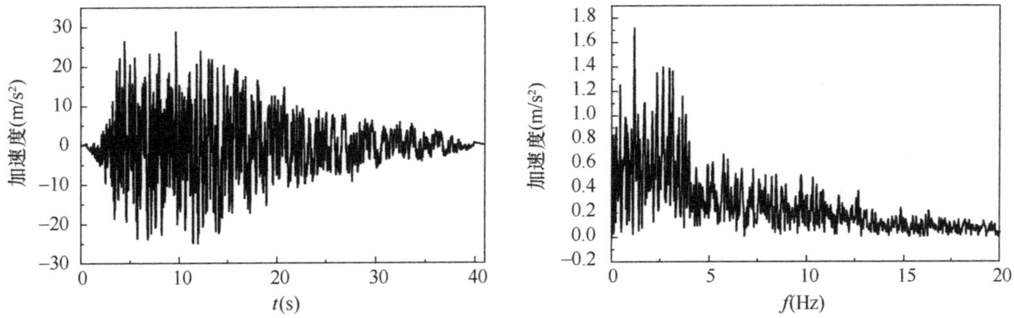

(a) 时程曲线　　(b) 频谱曲线

图 8.3-4　地震动加速度时程及频谱

$$\begin{Bmatrix}\alpha\\ \beta\end{Bmatrix}=\frac{2\xi}{\omega_i+\omega_j}\begin{Bmatrix}\omega_i\omega_j\\ 1\end{Bmatrix} \tag{8.3-2}$$

式中，ξ——结构材料的阻尼比；

ω_i 和 ω_j ——结构的第 i 阶和第 j 阶频率。

在进行阻尼系数求解时，ω_i 和 ω_j 要覆盖结构分析中重点关注的频段，该频段的确定要根据结构的动力响应和外部荷载成分等方面因素综合考虑，在 ANSYS 软件的模态分析中，可以通过设置模型结点的主自由度来实现以上功能。在求解模型的频率时，由于水体部分阻尼较小，因此仅考虑结构的频率，取结构整体阻尼比为 0.07。通过求解得到结构的刚度阻尼系数和质量阻尼系数分别为 0.6655 和 0.00056。

1. 结构反应谱分析

选取不同水深情况下简化方法整体模型和流-固耦合整体模型参考点 P2～P7 反应谱曲线，从频域方面进行对比分析。频谱曲线如图 8.3-5～图 8.3-9 所示。总体来看，模型有两个主频率段，分别为：低频段 2～4Hz 和高频段 9～11Hz，随着参考点位置的上升，高频段的频谱峰值逐渐减小，低频段的频谱峰值逐渐增加，且流-固耦合模型与简化方法模型在低频段的峰值整体比高频段的峰值吻合程度较好。随着水箱水深的增加，参考点在低频段和高频段对应的加速度峰值有所下降。总体来看，两种方法计算得到的参考点频谱峰值相差不大，且峰值对应的频率比较接近。

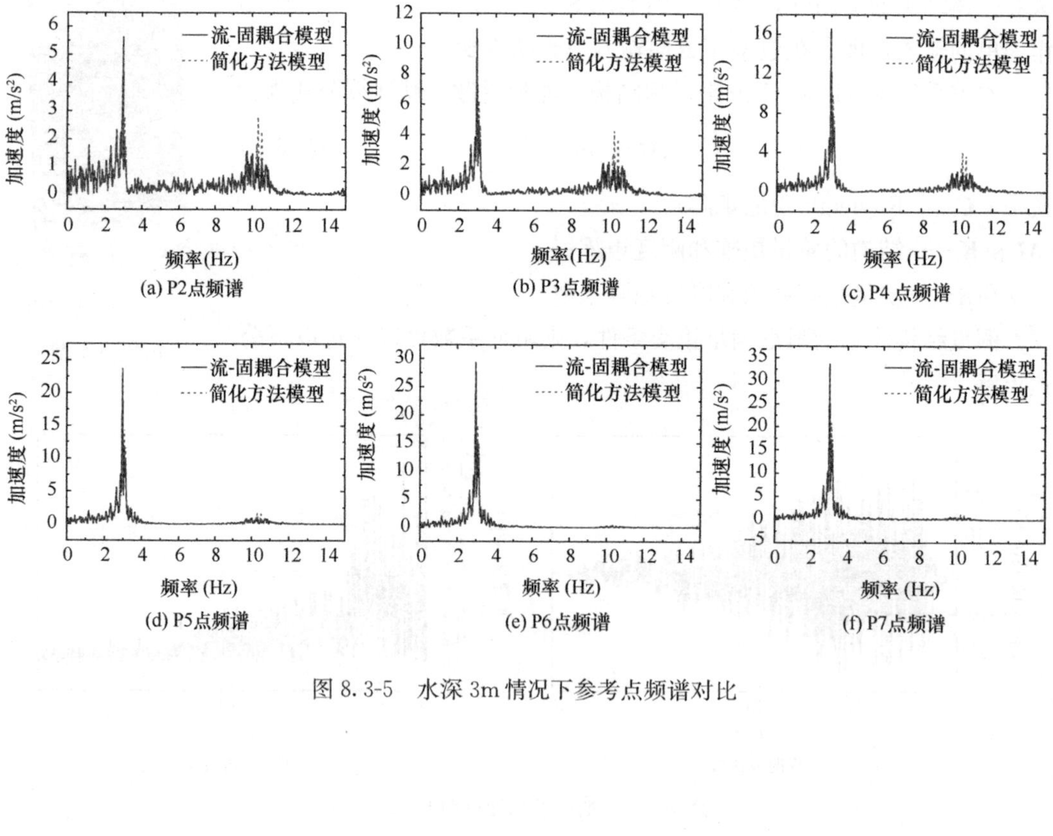

图 8.3-5 水深 3m 情况下参考点频谱对比

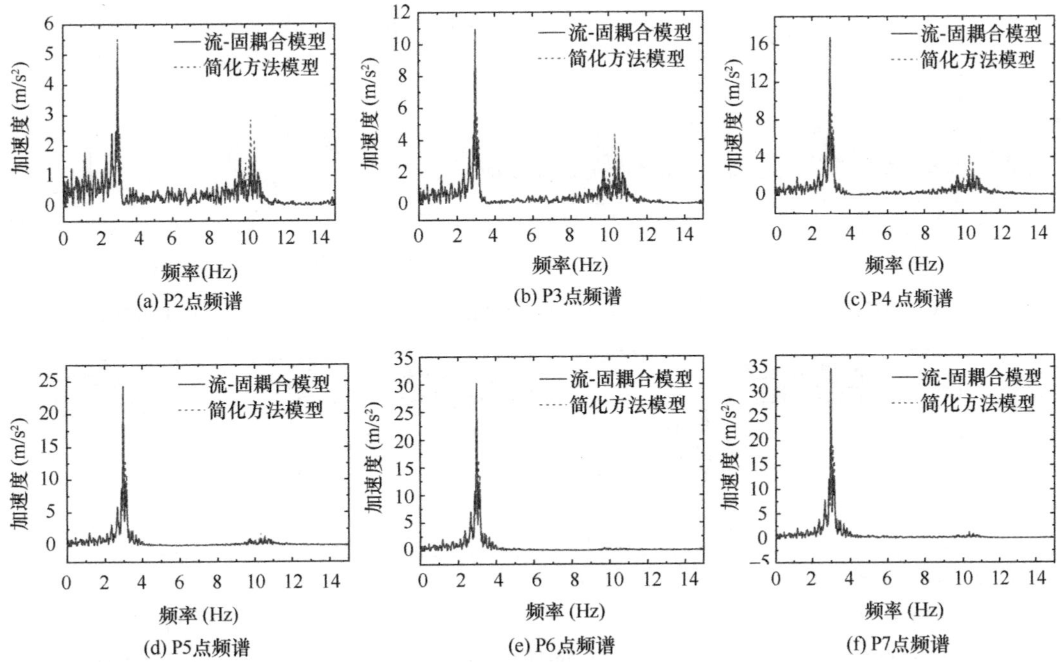

图 8.3-6　水深 4m 情况下参考点频谱对比

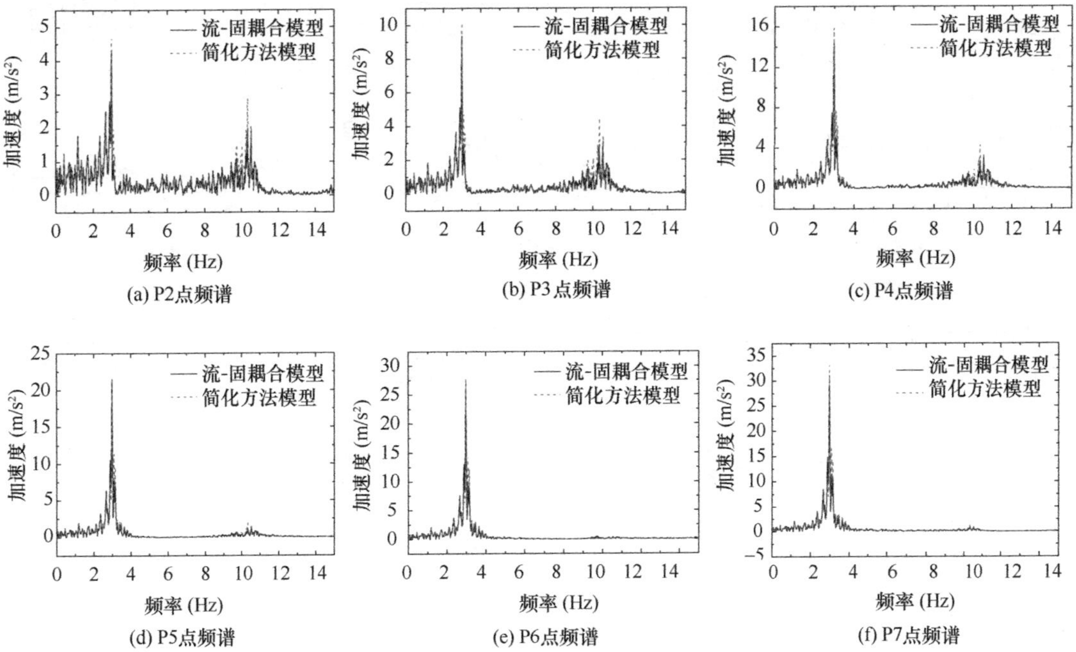

图 8.3-7　水深 5m 情况下参考点频谱对比

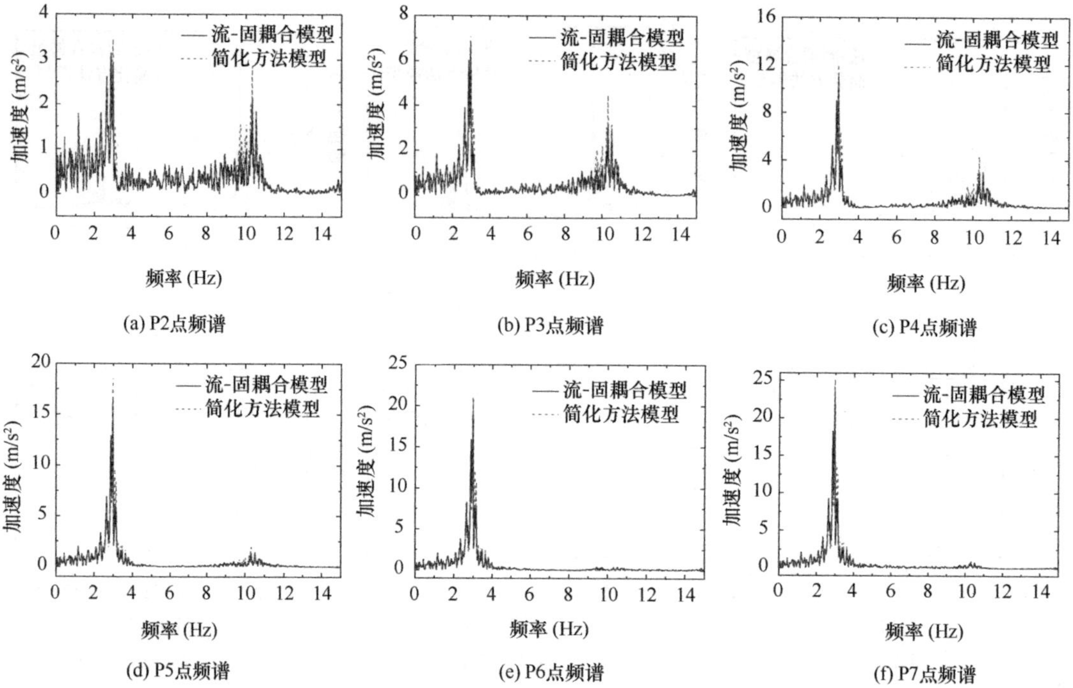

图 8.3-8　水深 6m 情况下参考点频谱对比

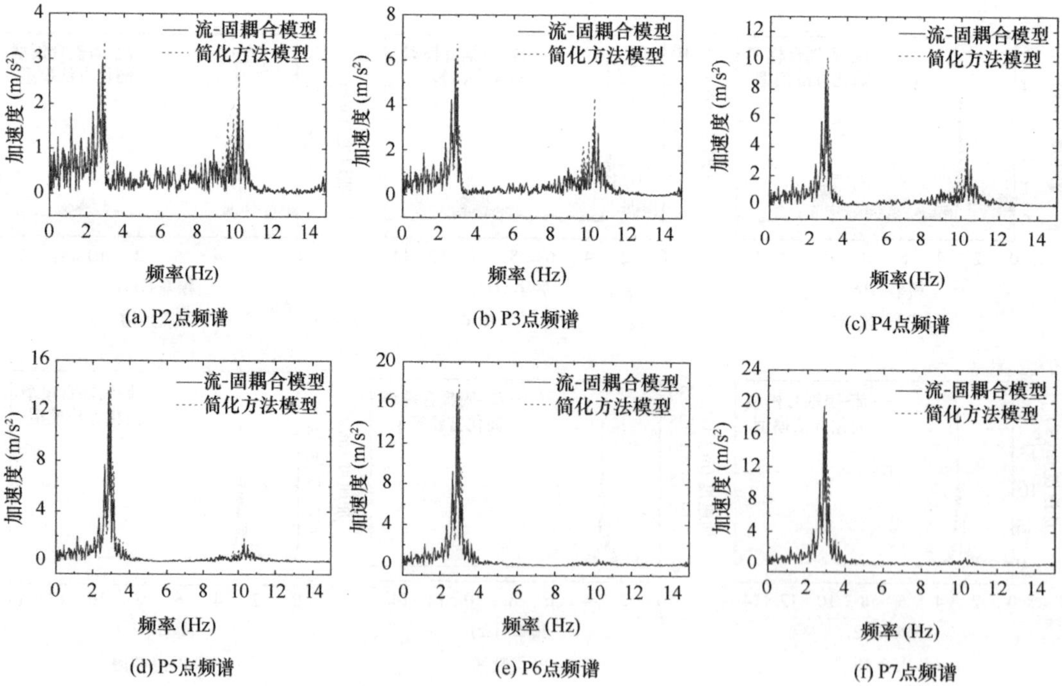

图 8.3-9　水深 7m 情况下参考点频谱对比

2. 结构应力反应分析

屏蔽厂房安全壳应该按照设计具有足够的强度，以防止在地震作用下超过结构承载力而发生破坏。以水深 6m 的模型为例，分别选取流-固耦合模型和简化方法模型 4.0s 和 7.16s 的等效应力云图进行比较，分析两种方法计算得到的结果差异，应力云图如图 8.3-10和图 8.3-11 所示。

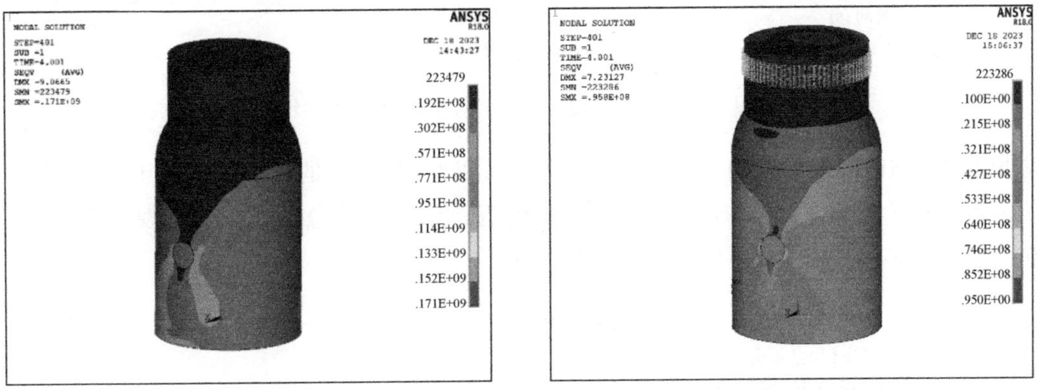

(a) 流-固耦合等效应力云图　　(b) 简化方法等效应力云图

图 8.3-10　人工地震动下 4.0s 等效应力云图

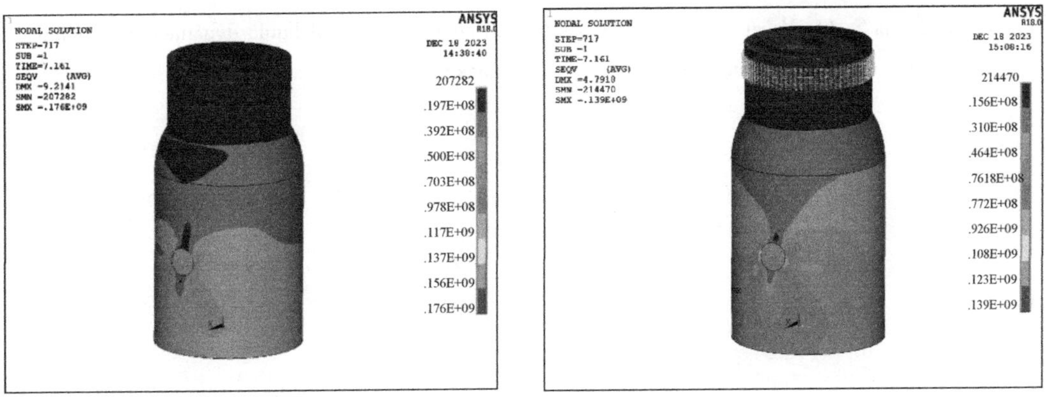

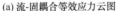

(a) 流-固耦合等效应力云图　　(b) 简化方法等效应力云图

图 8.3-11　人工地震动下 7.16s 等效应力云图

从图 8.3-10、图 8.3-11 中可以看出两种方法计算的结果在水箱部分以及安全壳的弧形部分有一定的差异，尤其是在 4s 处水箱部分的云图，其原因主要是流-固耦合效应产生的力矩使整体结构顶部的应力分布有一定的差距。为了定量对比两种方法的应力结果，提取参考点 P2、P3 和 P4 的等效应力时程曲线。

图 8.3-12 给出了三个参考点等效应力时程曲线对比，从图中可以得出两种方法计算得到的等效应力峰值差距不大，P2 点和 P3 点在 22～25s 之间差距较大，其原因可能是地震动在 20s 之后减小，水箱在强震之后的惯性效应会与在弱震激励下形成一个对冲，从而

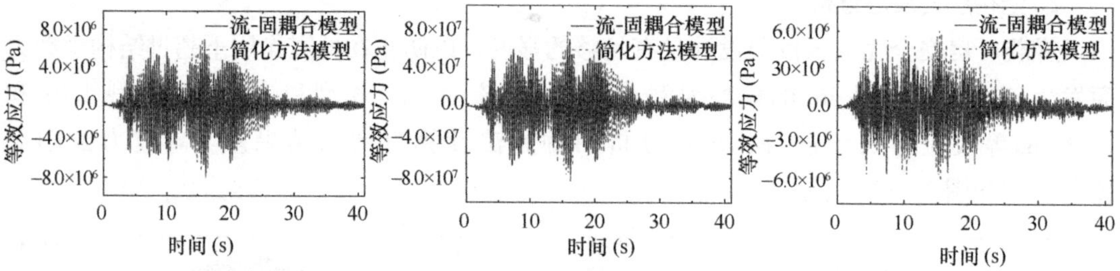

(a) P2点等效应力对比 (b) P3点等效应力对比 (c) P4点等效应力对比

图 8.3-12 人工地震动下参考点等效应力对比

减小结构在该时间段的应力。通过对比三张图可以发现 P3 点的应力要远大于 P2 点和 P4 点，这是由于参考点 P3 位于设备出口位置附近，结构形状急剧变化，出现应力集中现象，因此在结构突变位置要做好加固防护措施。

参 考 文 献

[1] Ghaemmaghami A R, Kianoush M R. Effect of wall flexibility on dynamic response of concrete rectangular liquid storage tanks under horizontal and vertical ground motions[J]. Journal of Structural Engineering, 2010, 136(4): 441-451.

[2] 王勖成．有限单元法[M]. 北京：清华大学出版社，2003.

[3] Zhao M, Jia S, Qu Y, et al. Experimental study on characteristics of liquid dynamics in a cylindrical water tank under harmonic excitation[J]. Earthquake Engineering and Resilience, 2023, 2(3): 282-300.

第 9 章　浮式柱体地震动水压力的分析方法

本章主要介绍了地震作用下浮式垂直圆柱和水平圆柱潜体动水压力的解析分析方法。首先，通过水体控制方程、边界条件、辐射波浪理论以及分离变量法基于贝塞尔函数和多极展开推导分别给出了地震作用下浮式垂直圆柱和水平圆柱潜体竖向/水平运动的动水压力解析解，并利用数值方法进行了验证；其次，针对动水压力计算过于复杂不适合工程应用的问题，提出了附加质量系数简化计算公式，并同解析方法进行对比，验证了简化公式的准确性；最后，介绍了地震作用下水平圆柱潜体动水压力分析方法在悬浮隧道地震动力响应分析中的应用。

9.1　浮式圆柱地震动水压力解析解

9.1.1　浮式垂直圆柱动水压力解析解

1. 控制方程与边界条件

图 9.1-1 给出了浮式垂直圆柱在地震作用下的模型示意图，坐标系固定在水体底部，规定 z 轴垂直向上为正方向。从图中可以看出刚性的浮式垂直圆柱浸没在水中，圆柱半径为 a，吃水深度为 h_0，水深为 h，整个流体区域分为外域 Ω_1 和内域 Ω_2 两个区域。

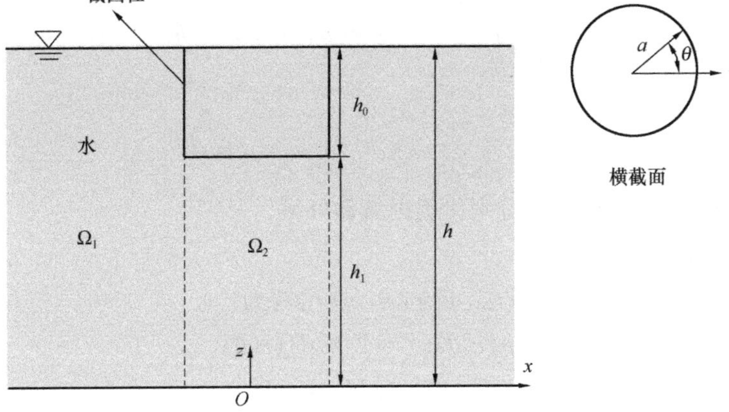

图 9.1-1　浮式垂直圆柱示意图

假定水体是无黏性且不可压缩的，忽略表面波的影响，动水压力应满足柱坐标下的拉普拉斯方程式(1.3-24)。水体自由表面条件为式（1.3-21），刚性地面条件为式（1.3-20），无穷远处的辐射边界条件为式（1.3-16），此外还需满足边界条件如下：

（1）水体与结构交界面边界条件：

$$\frac{\partial p}{\partial r}=0 \quad r=a,\ h_1\leqslant z\leqslant h \tag{9.1-1}$$

（2）浮式垂直圆柱底面的边界条件：

$$\frac{\partial p}{\partial r}=\rho \ddot{u}_v \quad z=h_1 \tag{9.1-2}$$

式中，u_v——浮式垂直圆柱在垂直运动时产生的位移。

考虑简谐波的运动，位移需满足 $u_{\mathrm{h}}=U_{\mathrm{h}}\mathrm{e}^{i\omega t}$，$u_{\mathrm{v}}=U_{\mathrm{v}}\mathrm{e}^{i\omega t}$，利用傅里叶变换，式（1.3-24）可改写为：

$$\frac{\partial^2 P}{\partial r^2}+\frac{1}{r}\frac{\partial P}{\partial r}+\frac{1}{r^2}\frac{\partial^2 P}{\partial \theta^2}+\frac{\partial^2 P}{\partial z^2}=0 \tag{9.1-3}$$

其中，$P(r,\theta,z)$ 为频域下的动水压力。通过变换，式（1.3-20）、式（1.3-21）、式（9.1-1）、式（9.1-2）、式（1.3-16）对应的边界条件可写成：

$$\frac{\partial P}{\partial z}=0 \qquad z=0 \tag{9.1-4}$$

$$P=0 \qquad z=h \tag{9.1-5}$$

$$\frac{\partial P}{\partial r}=\begin{cases}\rho_{\mathrm{w}}\omega^2 U_{\mathrm{h}}\cos\theta & \\ 0 & \end{cases} \quad r=a,\ h_1\leqslant z\leqslant h \quad \begin{matrix}\text{水平运动}\\ \text{竖向运动}\end{matrix} \tag{9.1-6}$$

$$\frac{\partial P}{\partial z}=\begin{cases}0 & \\ \rho_{\mathrm{w}}\omega^2 U_{\mathrm{v}} & \end{cases} \quad z=h_1 \quad \begin{matrix}\text{水平运动}\\ \text{竖向运动}\end{matrix} \tag{9.1-7}$$

$$P=0 \quad r\to\infty \tag{9.1-8}$$

除上述边界条件外，还应满足外域 Ω_1 和内域 Ω_2 区域交界面处的压力和速度的连续性条件：

$$P_1=P_2 \qquad r=a,\ 0\leqslant z\leqslant h_1 \tag{9.1-9}$$

和

$$\frac{\partial P_1}{\partial z}=\frac{\partial P_2}{\partial z} \quad r=a,\ 0\leqslant z\leqslant h_1 \tag{9.1-10}$$

式中，动水压力 P 的下标 1、2 分别代表内域和外域。

2. 水平、竖向运动解析解

对式（9.1-3）应用分离变量法，$P(r,\ \theta,\ z)$ 可写为：

$$p(r,\theta,z)=Z(z)P(r,\theta) \tag{9.1-11}$$

$$Z(z)=\frac{\rho_{\mathrm{w}} gH\cosh(kz)}{2\cosh(kh)} \tag{9.1-12}$$

式中，z——Z 的频域值。

根据辐射波浪理论：

$$\frac{\mathrm{d}^2\Theta}{\mathrm{d}\theta^2}+n^2\Theta=0 \tag{9.1-13}$$

$$\frac{d^2Z}{dz^2}+\lambda^2Z=0 \tag{9.1-14}$$

$$\frac{d^2R}{dr^2}+\frac{1}{r}\frac{dR}{dr}+\left(-\lambda^2-\frac{n^2}{r^2}\right)R=0 \tag{9.1-15}$$

将 $P=R(r)\Theta(\theta)Z(z)$ 代入式（9.1-11）和式（9.1-12）中，可得到：

$$Z=0 \quad z=h \tag{9.1-16}$$

$$\frac{dZ}{dz}=0 \quad z=0 \tag{9.1-17}$$

结合边界条件，式（9.1-13）、式（9.1-14）的解为：

$$\Theta=b_1\cos n\theta+b_2\sin n\theta \quad n=1,2,3,\cdots \tag{9.1-18}$$

$$Z=d_1\cos\lambda z+d_2\sin\lambda z \tag{9.1-19}$$

$$R=e_1I_n(\lambda r)+e_2K_n(\lambda r) \tag{9.1-20}$$

式中，$I_n(\lambda r)$ ——第一类 n 阶修正贝塞尔函数；

$K_n(\lambda r)$ ——第二类 n 阶修正贝塞尔函数。

将式（1.3-21）代入边界条件式（9.1-6），式（9.1-16）和式（9.1-17），可以得到：

$$Z=d_{1,2}\cos\lambda_{j,k}^{(1,2)}z \tag{9.1-21}$$

式中，$\lambda_j^{(1)}=\frac{2j-1}{2h}\pi, j=1,2,3,\cdots$ 为外域 Ω_1 的解；$\lambda_k^{(2)}=\frac{k\pi}{h_1}, k=0,1,2,3,\cdots$ 为内域 Ω_2 的解；$d_{1,2}$ 为对应的未知常数。

结合浮式垂直圆柱水平运动时动水压力的分布特征和边界条件式（9.1-6），式（9.1-18）的解可简化为：

$$\Theta=b\cos\theta \tag{9.1-22}$$

（1）水平运动

根据以上求解，式（9.1-20）中应当只包含一阶修正贝塞尔函数。考虑到第一类 n 阶修正贝塞尔函数随 r 的增加而发散，所以在外域动水压力的表达式中只考虑第二类 n 阶修正贝塞尔函数的影响。因此，内域和外域应采用不同的解析形式，分别表示为：

$$P_1=\sum_{j=1}^{N}A_jK_1(\lambda_j^{(1)}r)\cos(\lambda_j^{(1)}z)\cos\theta \tag{9.1-23}$$

$$P_2=\sum_{k=1}^{M}B_kI_1(\lambda_k^{(2)}r)\cos(\lambda_k^{(2)}z)\cos\theta+B_0r\cos\theta \tag{9.1-24}$$

式中，A_j 和 B_k 是未知的待定系数，式（9.1-24）的第二项是边界条件式（9.1-15）在 $k=0$ 时的解。

将式（9.1-23）、式（9.1-24）代入式（9.1-9）、式（9.1-10）给出的连续性条件、边界条件和式（9.1-6）的柱面边界条件中，经过变换和处理，即可确定 A_j 和 B_k 之间的关系，最后得到一系列代数方程，其矩阵形式为：

$$\boldsymbol{CA}=\boldsymbol{\Phi} \tag{9.1-25}$$

式中，具体表达式为：

$$\boldsymbol{A}=\{A_1 \quad A_2 \quad \cdots \quad A_N\}^{\mathrm{T}}$$

$$\boldsymbol{\Phi}=\{-2\rho\omega^2 Uq_1 \quad -2\rho\omega^2 Uq_2 \quad \cdots \quad -2\rho\omega^2 Uq_N\}^{\mathrm{T}}$$

$$\boldsymbol{C}=\begin{bmatrix}\sum_{k=1}^{M}\Gamma_{k1}\psi_{1k}+\Lambda_1\chi_1-H_1 & \sum_{k=1}^{M}\Gamma_{k2}\psi_{1k}+\Lambda_2\chi_1 & \cdots & \sum_{k=1}^{M}\Gamma_{kN}\psi_{1k}+\Lambda_N\chi_1 \\ \sum_{k=1}^{M}\Gamma_{k1}\psi_{2k}+\Lambda_1\chi_2 & \sum_{k=1}^{M}\Gamma_{k2}\psi_{2k}+\Lambda_2\chi_2-H_2 & \cdots & \sum_{k=1}^{M}\Gamma_{kN}\psi_{2k}+\Lambda_N\chi_2 \\ \vdots & \vdots & \ddots & \vdots \\ \sum_{k=1}^{M}\Gamma_{k1}\psi_{Nk}+\Lambda_1\chi_N & \sum_{k=1}^{M}\Gamma_{k2}\psi_{Nk}+\Lambda_2\chi_N & \cdots & \sum_{k=1}^{M}\Gamma_{kN}\psi_{Nk}+\Lambda_N\chi_N-H_N\end{bmatrix}$$

上式中各项的详细表达式为：

$$q_j=\int_{h_1}^{h}\cos(\lambda_j^{(1)}z)\mathrm{d}z$$

$$\psi_{jk}=\int_{0}^{h_1}\cos(\lambda_j^{(1)}z)\cos(\lambda_k^{(2)}z)\mathrm{d}z$$

$$\chi_j=\int_{h_1}^{h}\cos(\lambda_j^{(1)}z)\mathrm{d}z$$

$$\Gamma_{kj}=\frac{4}{h_1}K_1(\lambda_j^{(1)}a)\lambda_k^{(2)}\frac{I'_1(\lambda_k^{(2)}a)}{I(\lambda_k^{(2)}a)}\psi_{jk}$$

$$\Lambda_j=\frac{2}{ah_1}K_1(\lambda_j^{(1)}a)\chi_j$$

$$H_j=\lambda_j^{(1)}K'_1(\lambda_j^{(1)}a)h$$

式中，“ ′”表示对 r 求导。

通过式（9.1-25）可得未知系数的求解，在此基础上，利用式(9.1-23）和式(9.1-24）可计算地震作用下浮式垂直圆柱水平运动时外域和内域的动水压力。

(2) 竖向运动

地震作用下，浮式垂直圆柱竖向运动时，动水压力不随角度 θ 的变化而变化。因此，式（9.1-13）中 n 的值应为 0，外域动水压力的解析公式可以写成：

$$P_1=\sum_{j=1}^{\infty}A_jK_0(\lambda_j^{(1)}r)\cos(\lambda_j^{(1)}z) \tag{9.1-26}$$

式中，$K_0(\lambda_j^{(1)}r)$ 为 0 阶第二类修正贝塞尔函数，$\lambda_j^{(1)}=\dfrac{2j-1}{2h}\pi, j=1,2,3,4,\cdots$，$A_j$ 为未知常数。

对于内域，非齐次边界条件式（9.1-7）的特解为：

$$P_{\mathrm{p}}=\frac{\rho_{\mathrm{w}}\omega^2 U_v}{2h_1}\left(z^2-\frac{r^2}{2}\right) \tag{9.1-27}$$

通解为：

$$P_{\mathrm{g}}=\sum_{k=1}^{\infty}B_kI_0(\lambda_k^{(2)}r)\cos(\lambda_k^{(2)}z)+B_0r \tag{9.1-28}$$

式中，$I_0(\lambda_k^{(2)}r)$ 为 0 阶第一类修正贝塞尔函数，$\lambda_k^{(2)}=\dfrac{k\pi}{h_1}$，$k=1,2,3,\cdots$，$B_0$ 和 B_k 为未知常数。

结合式（9.1-27）和式（9.1-28）中给出的通解和特解，内域 Ω_2 内动水压力的表达式可写成：

$$P_2=\sum_{k=1}^{\infty}B_kI_0(\lambda_k^{(2)}r)\cos(\lambda_k^{(2)}z)+B_0r+\frac{\rho\omega^2U}{2h_1}\left(z^2-\frac{r^2}{2}\right) \tag{9.1-29}$$

将式（9.1-26）和式（9.1-29）代入连续性边界条件式（9.1-9）和式（9.1-10），参考地震作用下浮式垂直圆柱水平运动动水压力解析解的推导过程，可得到以下矩阵：

$$\boldsymbol{CA}=\boldsymbol{\Phi} \tag{9.1-30}$$

式中，具体矩阵形式为：

$$\boldsymbol{A}=\{A_1\quad A_2\quad\cdots\quad A_N\}^{\mathrm{T}}\quad \boldsymbol{\Phi}=\left\{\sum_{k=1}^{M}\Psi_{k1}+\Gamma_1\quad \sum_{k=1}^{M}\Psi_{k2}+\Gamma_2\quad\cdots\quad\sum_{k=1}^{M}\Psi_{kN}+\Gamma_N\right\}^{\mathrm{T}}$$

$$\boldsymbol{C}=\begin{bmatrix}\sum_{k=1}^{M}\Gamma_{k1}\psi_{1k}+\Lambda_1\chi_1-H_1 & \sum_{k=1}^{M}\Gamma_{k2}\psi_{1k}+\Lambda_2\chi_1 & \cdots & \sum_{k=1}^{M}\Gamma_{kN}\psi_{1k}+\Lambda_n\chi_1\\ \sum_{k=1}^{M}\Gamma_{k1}\psi_{2k}+\Lambda_1\chi_2 & \sum_{k=1}^{M}\Gamma_{k2}\psi_{2k}+\Lambda_2\chi_2-H_2 & \cdots & \sum_{k=1}^{M}\Gamma_{kN}\psi_{2k}+\Lambda_n\chi_2\\ \vdots & \vdots & \ddots & \vdots\\ \sum_{k=1}^{M}\Gamma_{k1}\psi_{Nk}+\Lambda_1\chi_N & \sum_{k=1}^{M}\Gamma_{k2}\psi_{Nk}+\Lambda_2\chi_N & \cdots & \sum_{k=1}^{M}\Gamma_{kN}\psi_{Nk}+\Lambda_N\chi_N-H_N\end{bmatrix}$$

上述方程中各项的详细表达式为：

$$\psi_{kj}=\int_0^{h_1}\cos(\lambda_k^{(2)}z)\cos(\lambda_j^{(1)}z)\,\mathrm{d}z$$

$$\chi_j=\int_0^{h_1}\cos(\lambda_j^{(1)}z)\,\mathrm{d}z$$

$$\varphi_k=\frac{\rho\omega^2U}{2h_0}\int_0^{h_1}z^2\cos(\lambda_k^{(2)}z)\,\mathrm{d}z$$

$$\Gamma_{kj}=\frac{2\lambda_k^{(2)}I'_0(\lambda_k^{(2)}a)}{h_1I_0(\lambda_k^{(2)}a)}K_0(\lambda_i^{(1)}a)\psi_{jk}$$

$$\Lambda_j=\frac{1}{ah_1}K_0(\lambda_i^{(1)}a)\chi_j$$

$$H_j=\frac{h}{2}\lambda_j^{(1)}K'_0(\lambda_j^{(1)}a)$$

$$\Psi_{kj}=\frac{2\lambda_k^{(2)}I'_0(\lambda_k^{(2)}a)}{h_1I_0(\lambda_k^{(2)}a)}\varphi_k\psi_{kj}；\ \Gamma_j=\left(\frac{\rho\omega^2U}{6a}h_1+\frac{\rho\omega^2Ua}{4h_1}\right)\chi_j$$

式中，“ ′ ”表示对 r 求导。

通过式（9.1-30）可得未知系数的求解，在此基础上，利用式（9.1-26）和式（9.1-29）可计算地震作用下浮式垂直圆柱竖向运动时外域和内域的动水压力。

3. 方法验证

本书利用数值方法对上文所推导的地震作用下浮式垂直圆柱水平和竖向运动时的动水压力解析解进行验证。首先参考 Wang[1] 等提出的数值方法，采用三维有限元模型，利用精确的人工边界模拟无限水域求解得到浮式垂直圆柱的数值解，如图 9.1-2 所示为在 ABAQUS 软件中建立的有限元模型和无限水边界示意图。此处引入两个无量纲参数，圆柱体直径与圆柱体高度之比定义为宽深比 $l=2a/h_0$，圆柱体高度与水深度之比定义为浸没比 $\bar{h}=h_0/h$。

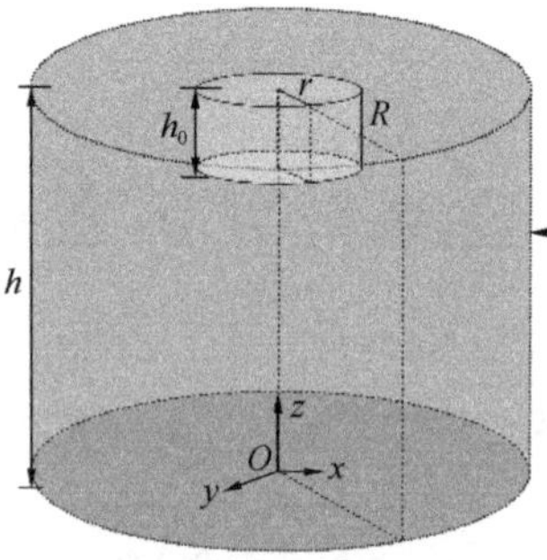

(a) 边界示意图

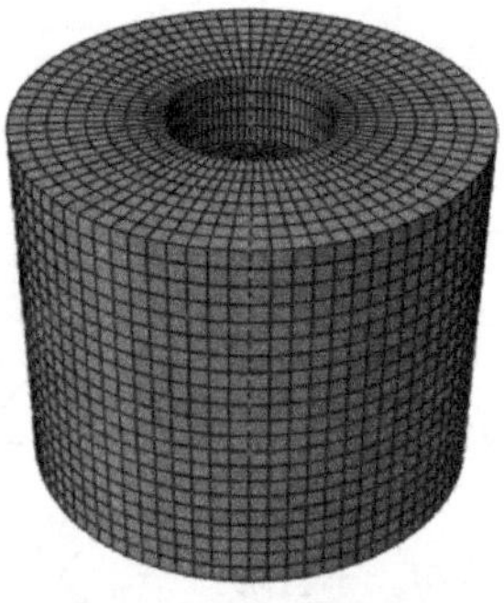

(b) 有限元模型

图 9.1-2　无限水域基本模型

图 9.1-3(a) 给出了水平运动情况下解析解和数值解的验证对比图，纵坐标为从底部 $(z-h_1)/h_0=0$ 到顶部 $(z-h_1)/h_0=1$，横坐标为作用于浮式圆柱上的归一化动水压力，由图可以看出解析解与数值模型的结果吻合较好。对于地震作用下浮式垂直圆柱竖向运动的情况也采用了同样的验证方法，验证结果如图 9.1-3(b) 所示，图中给出了作用于圆筒底部从中心 $x/a=0$ 到边缘 $x/a=1$ 处的归一化动水压力，结果表明解析解与数值模型得到的结果误差较小，基本可以忽略。

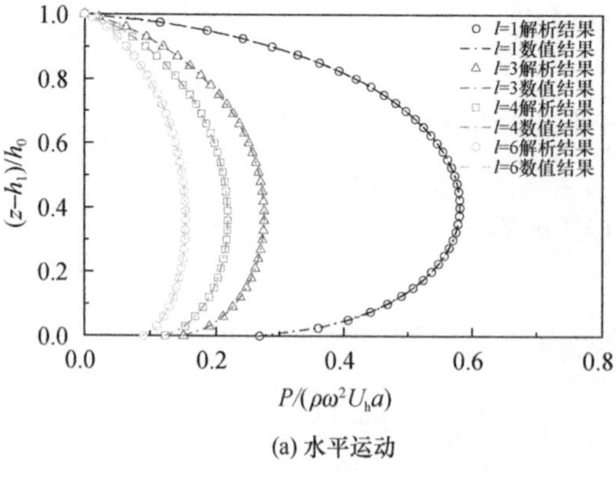

(a) 水平运动

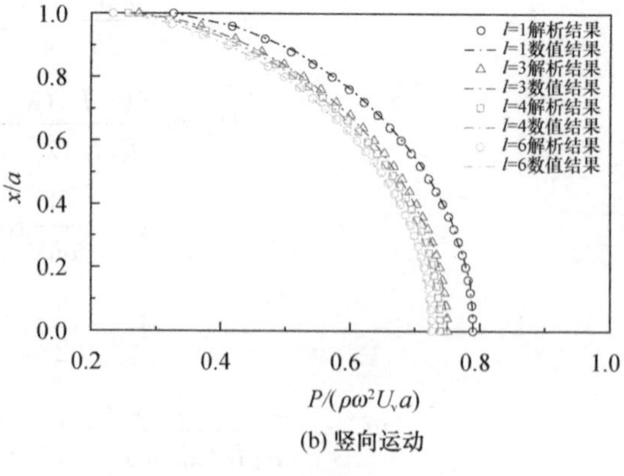

(b) 竖向运动

图 9.1-3　沿柱体归一化动水压力解析结果与数值结果的比较

9.1.2 水平圆柱潜体动水压力解析解

1. 控制方程与边界条件

设流体为不可压缩理想流体，总水深为 h。在流体中有一半径为 a 且浸没水深为 h_0 的水平圆柱体，假设其完全浸入流体中，并且以圆频率 ω 作小振幅水平和竖向运动。建立直角坐标系 oxy，定义 ox 轴与水体自由表面重合水平向右为正方向，oy 轴垂直向下为正方向，如图 9.1-4 所示。同时建立极坐标系 (r,θ)，以水平圆柱中心（$x=0$，$y=h_0$）处为极坐标系原点，r 为极径，θ 为极角（即 oy 轴正方向逆时针方向旋转到极径的角度）。

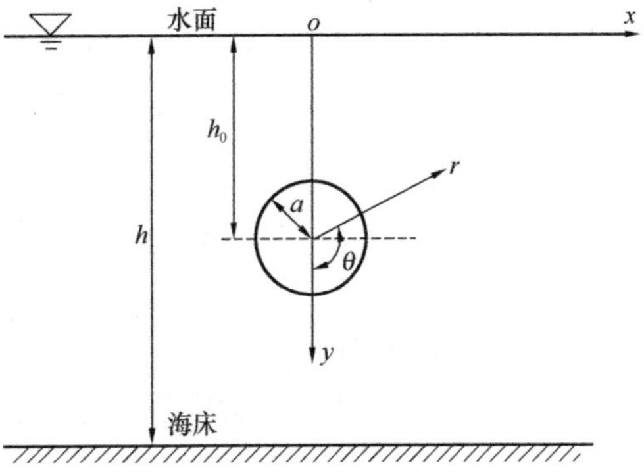

图 9.1-4 振荡水平圆柱潜体和周围流体相互作用简化示意图

忽略表面波的影响，在极坐标系下的动水压力 p 应满足 Laplace 方程为：

$$\frac{\partial^2 p}{\partial r^2}+\frac{1}{r}\frac{\partial p}{\partial r}+\frac{1}{r^2}\frac{\partial^2 p}{\partial \theta^2}=0 \tag{9.1-31}$$

式中，$p(r,\theta,t)$ ——动水压力的时域变量。

相应的边界条件为：

$$p=0 \quad y=0 \tag{9.1-32}$$

$$\frac{\partial p}{\partial y}=0 \qquad y=h \tag{9.1-33}$$

$$\frac{\partial p}{\partial r}=\begin{cases}-\rho_w\ddot{u}_x\sin(\theta) & r=a\\ -\rho_w\ddot{u}_y\cos(\theta) & r=a\end{cases} \tag{9.1-34}$$

式中，ρ_w ——水体质量密度，取 $\rho_w=1000\text{kg/m}^3$；

u_x,u_y ——水平圆柱潜体水平、竖向运动位移；

$\ddot{u}_x,\ddot{u}_y$ ——对应的加速度。

2. 水平、竖向运动解析解

对水平圆柱潜体位移 u 和动水压力 p 应用傅里叶变换，其中时域变量采用小写字母表示，与之相对应的频域变量采用大写字母表示：

$$u=U\cdot e^{i\omega t} \tag{9.1-35}$$

$$p=P\cdot e^{i\omega t} \tag{9.1-36}$$

式中，u——水平圆柱潜体水平、竖向位移的时域变量；

U——频域变量，也即位移幅值；

p——动水压力的时域变量；

P——频域变量，也即动水压力幅值。

将式（9.1-32）、式（9.1-33）、式（9.1-35）、式（9.1-36）代入式（9.1-31）得到极坐标系下以动水压力 P 表示的动水压力频域控制方程：

$$\frac{\partial^2 P}{\partial r^2}+\frac{1}{r}\frac{\partial P}{\partial r}+\frac{1}{r^2}\frac{\partial^2 P}{\partial \theta^2}=0 \tag{9.1-37}$$

相应的边界条件为：

$$P=0 \quad y=0 \tag{9.1-38}$$

$$\frac{\partial P}{\partial y}=0 \quad y=h \tag{9.1-39}$$

$$\frac{\partial P}{\partial r}=\begin{cases}\rho_{\mathrm{w}}\omega^2 U_x\sin(\theta) & r=a\\ \rho_{\mathrm{w}}\omega^2 U_y\cos(\theta) & r=a\end{cases} \tag{9.1-40}$$

式中，ω——激励频率。

采用分离变量法进行方程求解，将动水压力 P 分解成为：

$$P=R(r)\Theta(\theta) \tag{9.1-41}$$

$$\frac{\mathrm{d}^2\Theta}{\mathrm{d}\theta^2}+n^2\Theta=0 \tag{9.1-42}$$

$$\frac{\mathrm{d}^2 R}{\mathrm{d}r^2}+\frac{1}{r}\frac{\mathrm{d}R}{\mathrm{d}r}-\frac{n^2}{r^2}R=0 \tag{9.1-43}$$

设式（9.1-42）解的形式为：

$$\Theta=a_1\sin(n\theta)+a_2\cos(n\theta),\ n=1,2,3,\cdots \tag{9.1-44}$$

式（9.1-43）解的形式为：

$$R=\begin{cases}b_1\dfrac{1}{r^n}+b_2 r^n,\ n\neq 0\\ c_1\ln(r)+c_2, \quad n=0\end{cases} \tag{9.1-45}$$

由于关于 $x=0$ 对称振荡，因此设式（9.1-37）解的形式为：

$$P=\frac{\cos(n\theta)}{r^n}+P_1(x,y) \tag{9.1-46}$$

对前面所述辐射问题，可以采用多极展开方法进行解析求解，式（9.1-46）通解形式为：

对于 $y<h_0$ 有：

$$\frac{\cos(n\theta)}{r^n}=\frac{(-1)^n}{(n-1)!}\int_0^{\infty}k^{n-1}\mathrm{e}^{-k(-y+h_0)}\cos(kx)\mathrm{d}k \tag{9.1-47}$$

对 $y>h_0$ 有：

$$\frac{\cos(n\theta)}{r^n}=\frac{1}{(n-1)!}\int_0^{\infty}k^{n-1}\mathrm{e}^{-k(y-h_0)}\cos(kx)\mathrm{d}k \tag{9.1-48}$$

式（9.1-46）特解形式为：

$$P_1(x,y)=\frac{1}{(n-1)!}\int_0^{\infty}[A(k)\sinh(ky)+B(k)\cosh(k(h-y))]k^{n-1}\cos(kx)\mathrm{d}k \tag{9.1-49}$$

将边界条件式（9.1-39）、式（9.1-40），结合式（9.1-47）、式（9.1-48）代入式（9.1-46）中，则式（9.1-46）可化简为：

$$P=\frac{\cos(n\theta)}{r^n}+\sum_{s=0}^{\infty}(A_{ns}+B_{ns})r^s\cos(s\theta) \tag{9.1-50}$$

式中，矩阵具体表达式为：

$$A_{ns}=\frac{(-1)^{n-1}}{2s!(n-1)!}\int_0^{\infty}\frac{e^{k(h-2h_0)}(-k)^s+e^{-kh}(k)^s}{\cosh(kh)}k^{n-1}dk \tag{9.1-51}$$

$$B_{ns}=-\frac{1}{2s!(n-1)!}\int_0^{\infty}\frac{[e^{k(2h_0-h)}k^s-e^{-kh}(-k)^s]k^{n-1}}{\cosh(kh)}dk \tag{9.1-52}$$

关于 $x=0$ 非对称振荡，设式（9.1-37）解的形式为：

$$P=\frac{\sin(n\theta)}{r^n}+P_2(x,y) \tag{9.1-53}$$

对于 $y<h_0$ 有：

$$\frac{\sin(n\theta)}{r^n}=\frac{(-1)^{n-1}}{(n-1)!}\int_0^{\infty}k^{n-1}e^{-k(-y+h_0)}\sin(kx)dk \tag{9.1-54}$$

对 $y>h_0$ 有：

$$\frac{\sin(n\theta)}{r^n}=\frac{-1}{(n-1)!}\int_0^{\infty}k^{n-1}e^{-k(y-h_0)}\sin(kx)dk \tag{9.1-55}$$

采用同对称振荡相同的方式可以推导得非对称振荡的解为：

$$P=\frac{\sin(n\theta)}{r^n}+(\bar{A}_{ns}+\bar{B}_{ns})r^s\sin(s\theta) \tag{9.1-56}$$

式中，矩阵具体表达式为：

$$\bar{A}_{ns}=\frac{1}{2s!(n-1)!}\int_0^{\infty}\frac{k^se^{2kh_0}+(-k)^s}{\cosh(kh)}e^{-kh}k^{n-1}dk \tag{9.1-57}$$

$$\bar{B}_{ns}=\frac{(-1)^n}{2s!(n-1)!}\int_0^{\infty}\frac{-(-k)^se^{2k(h-h_0)}+k^s}{\cosh(kh)}e^{-kh}k^{n-1}dk \tag{9.1-58}$$

（1）水平运动

水平运动引发的动水压力关于 $x=0$ 反对称。因此，式（9.1-37）动水压力 P 的解可写为：

$$P=\sum_{n=1}^{N}\alpha_na^{n+1}\left[\frac{\sin(n\theta)}{r^n}+\sum_{s=0}^{M}(\bar{A}_{ns}+\bar{B}_{ns})r^s\sin(s\theta)\right] \tag{9.1-59}$$

式中，α_n ——待定系数，无穷级数的和用 N 和 M 的有限和来近似。

将物面条件式（9.1-40）代入式（9.1-59）可得：

$$\sum_{n=1}^{N}\alpha_n\left[-n\sin(n\theta)+\sum_{s=0}^{M}s(\bar{A}_{ns}+\bar{B}_{ns})a^{n+s}\sin(s\theta)\right]-\rho_w\omega^2U\sin(\theta)=0 \tag{9.1-60}$$

对上式两边同乘 $\sin(s\theta)$，并对其在 $\theta=[0,2\pi]$ 的范围内积分可得：

$$\alpha_s=\sum_{n=1}^{N}\alpha_n(\bar{A}_{ns}+\bar{B}_{ns})a^{n+s}+\rho_w\omega U\delta_{1s} \tag{9.1-61}$$

式中，$\delta_{1s}=\int_0^{2\pi}\sin(\theta)\sin(s\theta)\mathrm{d}\theta$。当 $s=1$ 时，$\delta_{1s}=\pi$；当 s 取其他值时，$\delta_{1s}=0$。

上述方程的矩阵形式可以表示为：

$$(\bar{\boldsymbol{\Gamma}}-\boldsymbol{I})\boldsymbol{\alpha}=\boldsymbol{F} \tag{9.1-62}$$

式中，$\bar{\boldsymbol{\Gamma}}$ 为已知矩阵，$\boldsymbol{I}$,$\boldsymbol{F}$ 为已知向量，$\boldsymbol{\alpha}$ 为待确定的未知向量，表示为：

$$\bar{\Gamma}_{sn}=(\bar{A}_{ns}+\bar{B}_{ns})a^{n+s} \tag{9.1-63}$$

$$\boldsymbol{I}=[1\quad 2\quad \cdots\quad n]^{\mathrm{T}} \tag{9.1-64}$$

$$\boldsymbol{\alpha}=[\alpha_1\quad \alpha_2\quad \cdots\quad \alpha_n]^{\mathrm{T}} \tag{9.1-65}$$

$$\boldsymbol{F}=[\rho\omega^2 U\quad 0\quad \cdots\quad 0]^{\mathrm{T}} \tag{9.1-66}$$

(2) 竖向运动

竖向运动引发的动水压力关于 $x=0$ 对称。因此，式（9.1-37）动水压力 P 的解可写为：

$$P=\sum_{n=1}^{N}\alpha_n a^{n+1}\left[\frac{\cos(n\theta)}{r^{\ n}}+\sum_{s=0}^{M}(A_{ns}+B_{ns})r^s\cos(s\theta)\right] \tag{9.1-67}$$

将物面条件式（9.1-40）代入式（9.1-67）可得：

$$\sum_{n=1}^{N}\alpha_n\left[-n\cos(n\theta)+\sum_{s=0}^{M}s(A_{ns}+B_{ns})a^{n+s}\cos(s\theta)\right]-\rho\omega^2 U\cos(\theta)=0 \tag{9.1-68}$$

对上式两边同乘 $\cos(s\theta)$，并对其在 $\theta=[0,2\pi]$ 的范围内积分可得：

$$\alpha_s=\sum_{n=1}^{N}\alpha_n(A_{ns}+B_{ns})a^{n+s}-\rho_{\mathrm{w}}\omega^2 U\delta_{1s} \tag{9.1-69}$$

式中，$\delta_{1s}=\int_0^{2\pi}\cos(\theta)\cos(s\theta)\mathrm{d}\theta$。当 $s=1$ 时，$\delta_{1s}=\pi$；当 s 取其他值时，$\delta_{1s}=0$。

上述方程的矩阵形式可以表示为：

$$(\boldsymbol{\Gamma}-\boldsymbol{I})\boldsymbol{\alpha}=\boldsymbol{F} \tag{9.1-70}$$

式中，$\boldsymbol{\Gamma}$——已知矩阵。

$$\Gamma_{sn}=(A_{ns}+B_{ns})a^{n+s} \tag{9.1-71}$$

$$\boldsymbol{I}=[1\quad 2\quad \cdots\quad n]^{\mathrm{T}} \tag{9.1-72}$$

$$\boldsymbol{\alpha}=[\alpha_1\quad \alpha_2\quad \cdots\quad \alpha_n]^{\mathrm{T}} \tag{9.1-73}$$

$$\boldsymbol{F}=[\rho\omega^2 U\quad 0\quad \cdots\quad 0]^{\mathrm{T}} \tag{9.1-74}$$

式中，Γ_{ns} 表示矩阵 $\boldsymbol{\Gamma}$ 中第 n 行第 s 列中的元素。根据式（9.1-70）求解出未知向量 α 后，再将其代入式（9.1-67）即可求得竖向运动引起水平圆柱潜体的动水压力 P。

3. 方法验证

引用 Zhao 等[2] 提出的二维子结构数值模型对上述解析方法进行验证。引入竖直线截去无限流体域，被截去的无限域水体采用一种高精度人工边界条件模拟，有限域水体采用有限元法模拟，底部海床假定为刚性地基，二维子结构数值模型示意图如图 9.1-5 所示。

将水平圆柱潜体浸没水深 h_0 与总水深 h 的比值定义为浸没比 $H(H=h_0/h)$；圆柱直径 $2a$ 与总水深 h 的比值定义为径深比 $L(L=2a/h)$。当 L 为 0.1、H 为 0.25 时，同时对

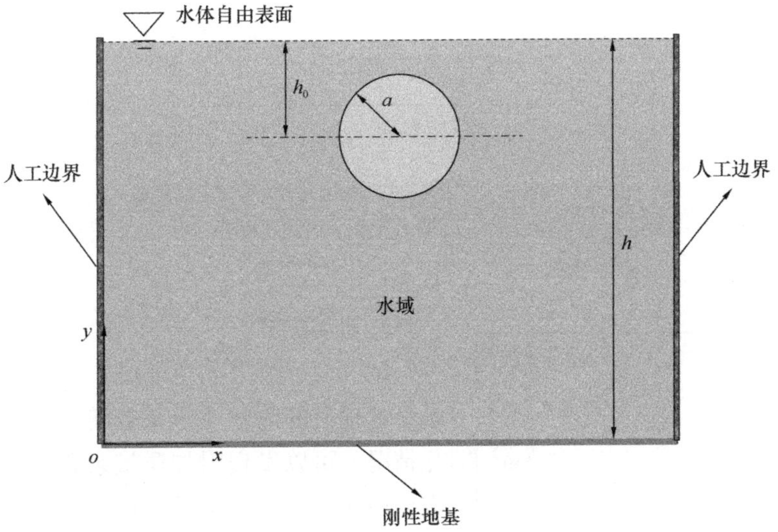

图 9.1-5　水平圆柱潜体和周围流体相互作用示意图

$\overline{P}$ 进行无量纲处理 $\overline{P}=P/\rho\omega^2Ua$，圆柱的动水压力在水平和竖向下的解析模型和数值模型的验证结果如图 9.1-6 所示。由图可知本节建立的解析方法的计算结果与文献中的数值模型结果一致，曲线变化趋势相吻合，说明本节建立的振荡水平圆柱解析模型方法具有较高的准确性。

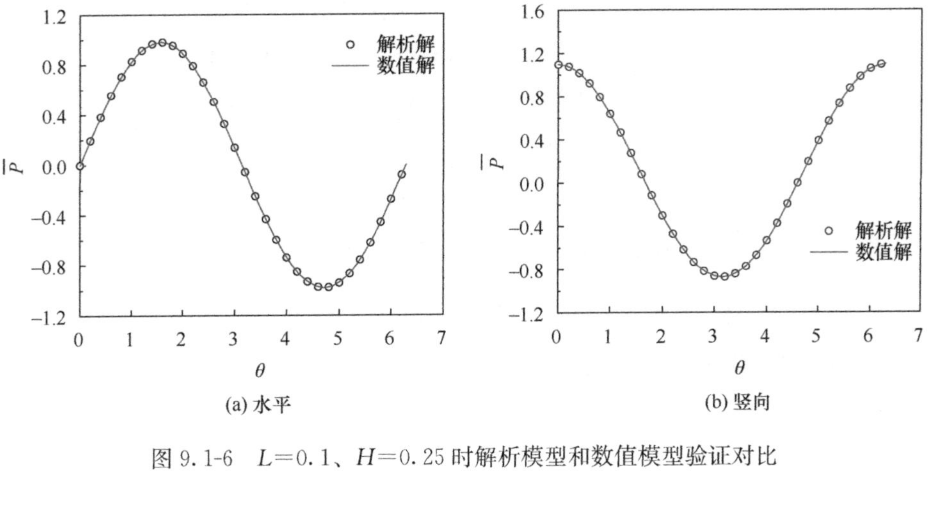

图 9.1-6　$L=0.1$、$H=0.25$ 时解析模型和数值模型验证对比

9.2　浮式圆柱附加质量简化公式

9.2.1　浮式垂直圆柱附加质量简化公式

本节基于第 9.1.1 节提出的方法，计算了大量的不同宽深比和浸没比组合下的附加质量系数，并对结果进行了曲线拟合，以下为附加质量系数的计算公式：

水平运动：

$$C_{\mathrm{M}}=\frac{\int_0^{2\pi}\cos\theta\int_{h_1}^{h}Pa\cos\theta\mathrm{d}z\mathrm{d}\theta}{\rho_{\mathrm{w}}\omega^2U_h\pi a^2h_0}=\frac{\int_{h_1}^{h}P\mathrm{d}z}{\rho_{\mathrm{w}}\omega^2U_hah_0} \tag{9.2-1}$$

竖向运动：

$$C_{\mathrm{M}}=\frac{\int_0^{2\pi}\int_0^{a}Pr\mathrm{d}r\mathrm{d}\theta}{\rho_{\mathrm{w}}\omega^2U_v\pi a^3}=\frac{2\int_0^{a}Pr\mathrm{d}r}{\rho_{\mathrm{w}}\omega^2U_va^3} \tag{9.2-2}$$

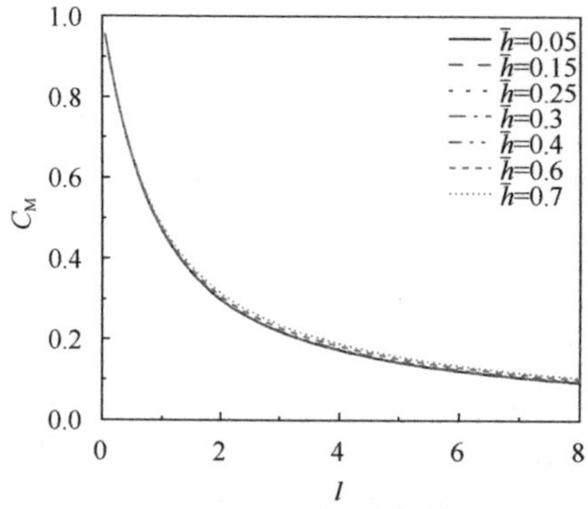

图 9.2-1　浮式垂直圆柱水平运动时动水压力的附加质量系数

1. 计算公式

图 9.2-1 给出了在地震作用下浮式垂直圆柱水平运动时的附加质量系数随着不同宽深比的变化情况，可以发现附加质量系数随着宽深比的增大而减小，而不同浸没比所对应的附加质量系数基本不变，所以浸没比对附加质量系数的影响很小，可以忽略。

根据图 9.2-1 的曲线特点，为保证所拟合公式的简便性和精度，采用分段拟合的方法和线性插值法，得到了地震作用下浮式垂直圆柱水平运动时附加质量系数的简化公式：

当 $0.01<\bar{h}<0.4$ 时：

$$C_{\mathrm{M1}}=\begin{cases}0.566\mathrm{e}^{-1.498l}+0.4344\mathrm{e}^{-0.2351l} & l\leqslant 4\\ 0.3931\mathrm{e}^{-0.5327l}+0.18\mathrm{e}^{-0.0885l} & 4\leqslant l\leqslant 8\end{cases} \tag{9.2-3}$$

当 $\bar{h}=0.7$ 时：

$$C_{\mathrm{M2}}=\begin{cases}0.5382\mathrm{e}^{-1.554l}+0.4604\mathrm{e}^{-0.2277l} & l\leqslant 4\\ 0.3693\mathrm{e}^{-0.514l}+0.1971\mathrm{e}^{-0.08616l} & 4\leqslant l\leqslant 8\end{cases} \tag{9.2-4}$$

当 $0.4<\bar{h}\leqslant 0.7$ 时，选取 $\bar{h}=0.2$ 为基础，根据线性插值法计算附加质量系数 $C_{\mathrm{M}x}$，浮式垂直圆柱水平运动计算公式如下：

$$C_{\mathrm{M}x}=C_{\mathrm{M1}}+\frac{(C_{\mathrm{M2}}-C_{\mathrm{M1}})\times(\bar{h}-0.2)}{0.5} \tag{9.2-5}$$

地震作用下，浮式垂直圆柱竖向运动的附加质量系数变化如图 9.2-2 所示，当浸没比较小（即 $\bar{h}=0.05$，0.15）时，附加质量系数随着宽深比的增加而减小；当浸

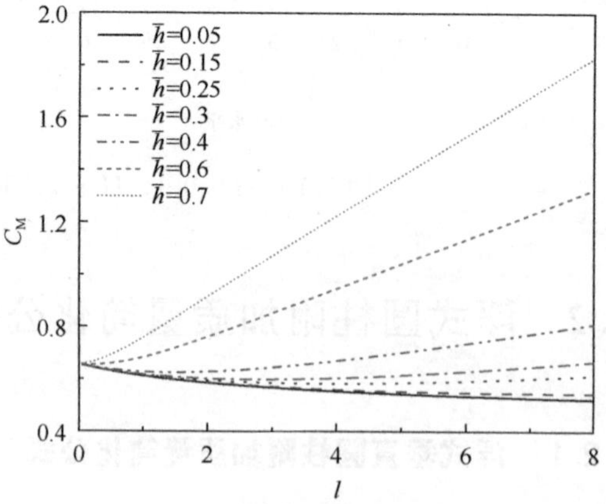

图 9.2-2　浮式垂直圆柱竖向运动时动水压力的附加质量系数

没比较大（即 $\bar{h}=0.25$，0.3，0.4）时，附加质量系数随宽深比的增大呈现先减小后增大的趋势。当浸没比增大到 0.6 和 0.7 时，附加质量系数随宽深比的增大而逐渐增大。

根据曲线规律，当 $0.05<\bar{h}\leqslant 0.15$ 时，附加质量系数受浸没比的影响较小，主要受宽深比的影响，所以这个范围的简化公式忽略浸没比的影响，表达式如下：

$$C_M = 0.5703e^{-0.01106l} + 0.08472e^{-0.5664l} \tag{9.2-6}$$

当 $0.15<\bar{h}\leqslant 0.5$ 时，随着宽深比的增加，附加质量系数呈现出先减小后增大的趋势，所以在拟合公式时必须同时考虑宽深比和浸没比的影响。为保证拟合公式的计算精度，将附加质量系数的拟合过程分两步进行。首先，根据式（9.2-6）的形式拟合出某一固定值的附加质量系数随着不同宽深比的变化。再重复这一步骤，对浸没比进行拟合，可以得到系数 a_1，b_1，c_1 和 d_1 随着浸没比的变化规律。最后，利用关于浸没比变化的二次多项式对这些系数进行拟合，从而确定简化公式的最终公式如下：

$$C_M = a_1 e^{b_1 l} + c_1 e^{d_1 l} \tag{9.2-7a}$$

$$a_1 = 1.241\bar{h}^2 - 0.616\bar{h} + 0.5894 \tag{9.2-7b}$$

$$b_1 = -0.03167\bar{h}^2 + 0.2122\bar{h} - 0.02911 \tag{9.2-7c}$$

$$c_1 = -1.71\bar{h}^2 + 0.9836\bar{h} \tag{9.2-7d}$$

$$d_1 = -20.37\bar{h}^2 + 10.73\bar{h} - 1.809 \tag{9.2-7e}$$

当 $0.5<\bar{h}\leqslant 0.7$ 时，附加质量系数随宽深比的增加而逐渐增大。采用与前文所述类似的拟合过程，可以确定浮式垂直圆柱竖向运动简化公式的表达式为：

$$C_M = a_2 l^{b_2} + c_2 \tag{9.2-8a}$$

$$a_2 = 2.128\bar{h}^2 - 1.921\bar{h} + 0.4489 \tag{9.2-8b}$$

$$b_2 = 6.533\bar{h}^2 - 10.01\bar{h} + 4.821 \tag{9.2-8c}$$

$$c_2 = -0.2934\bar{h}^2 + 0.2928\bar{h} + 0.5579 \tag{9.2-8d}$$

2. 误差分析

将水平运动简化公式计算得到的附加质量系数（$C_{M\text{-}ana}$）与解析解得到的附加质量系数（$C_{M\text{-}sim}$）进行比较，如图 9.2-3 所示，通过对比发现两者吻合较好。

将解析解与简化公式之间的误差定义为：

$$\text{error} = \frac{|C_{M\text{-}ana} - C_{M\text{-}sim}|}{C_{M\text{-}sim}} \times 100\% \tag{9.2-9}$$

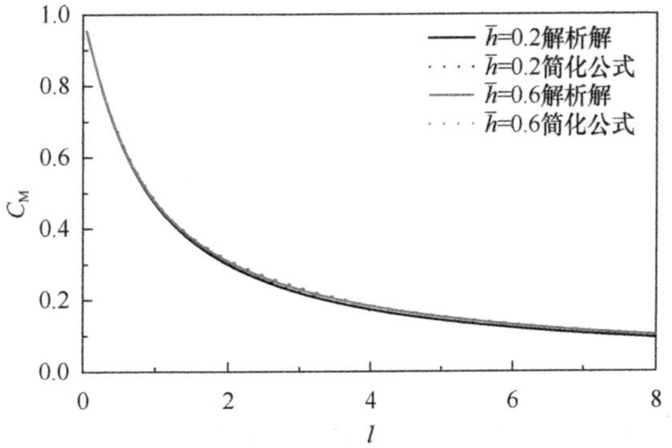

图 9.2-3　水平运动附加质量简化公式与解析解对比图

图 9.2-4 给出了水平、竖向运动时，不同宽深比和浸没比组合时的简化公式与解析解的误差图，此处的误差计算所选用数据与用于曲线拟合的数据点不一致。从图中可以看出，水平运动简化公式与解析解的最大误差小于 3%，竖向运动简化公式的误差均小于 5%，满足工程精度要求，从而验证了所拟合的简化公式的准确性。

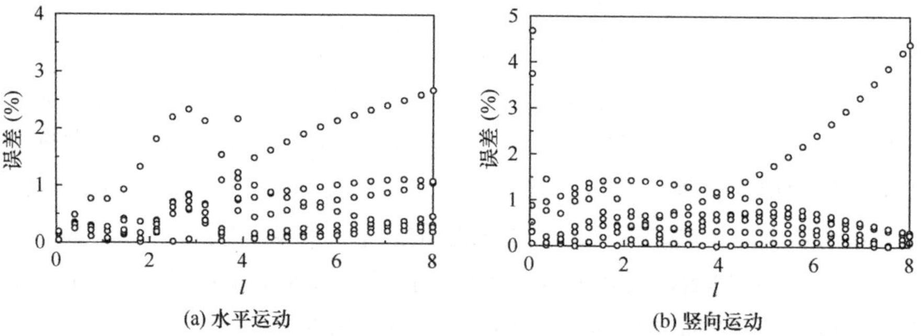

图 9.2-4　水平、竖向运动附加质量系数简化公式与解析解的误差

9.2.2　水平圆柱潜体附加质量简化公式

根据前文的动水压力分布，采用如下公式计算附加质量系数。

水平运动：

$$C_x = \frac{-\int_0^{2\pi} \overline{P}(\theta) \cdot \sin\theta \mathrm{d}\theta}{\pi} \tag{9.2-10}$$

竖向运动：

$$C_y = \frac{-\int_0^{2\pi} \overline{P}(\theta) \cdot \cos\theta \mathrm{d}\theta}{\pi} \tag{9.2-11}$$

为了更好地量化圆柱与水面和海床的距离，通过大量研究结果引入了新的无量纲参数 $\overline{L}$($\overline{L}=2a/h_0$) 和 $\overline{H}$($\overline{H}=2a/(h-h_0)$)。其中，$\overline{L}$ 代表圆柱直径与圆柱到水面距离的比值，而 $\overline{H}$ 代表圆柱直径与圆柱到海床距离的比值。水平圆柱潜体在水平和竖向运动下的附加质量系数 C_x、C_y 随着 $\overline{L}$ 和 $\overline{H}$ 的变化规律如图 9.2-5 所示。

从图 9.2-5 可以看出，水平运动下，附加质量系数 C_x 随着 $\overline{L}$ 的减小和 $\overline{H}$ 的增大而增大。极端情况下，当水平圆柱潜体上表面贴近水面且远离海床时，附加质量系数取得最小值约为 0.6；相反，当下表面贴近海床且远离水面时，附加质量系数则达到最大值约为 2.0。

竖向运动下，附加质量系数 C_y 依旧随着 $\overline{L}$ 的减小和 $\overline{H}$ 的增大而增大，但此时参数 $\overline{H}$ 的影响较 $\overline{L}$ 的影响更为显著，说明此时海床边界为影响附加质量系数的主导因素。当水平圆柱潜体下表面贴近海床时，附加质量系数较大，最大值约为 1.9；相反，当上表面贴近水面时，附加质量系数较小，最小值约为 0.6。

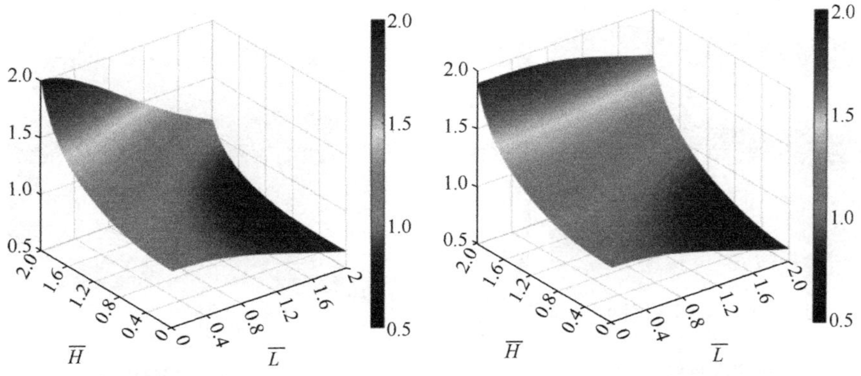

(a) 水平运动　　(b) 竖向运动

图 9.2-5　附加质量系数 C_x、C_y 随着 $\overline{L}$ 和 $\overline{H}$ 变化规律

1. 计算公式

根据前文研究结果可知，附加质量系数 C_x、C_y 随着 $\overline{L}$ 和 $\overline{H}$ 均变化，因此本节采用两步拟合法对附加质量系数进行拟合。第一步：先固定 $\overline{H}$，对附加质量系数 C_x 随 $\overline{L}$ 的变化曲线进行拟合，得到一系列拟合公式参数 p_1、p_2、p_3、p_4；第二步：将得到的拟合公式参数 p_1、p_2、p_3、p_4 随着 $\overline{H}$ 的变化曲线进行拟合，得到水平圆柱潜体在水平运动下的附加质量系数整体拟合公式如式（9.2-12）~式（9.2-16）所示：

$$C_x = p_1\overline{L}^3 + p_2\overline{L}^2 + p_3\overline{L} + p_4 \tag{9.2-12}$$

$$p_1 = 0.006576\overline{H}^{3.365} + 0.03649 \tag{9.2-13}$$

$$p_2 = -0.1507e^{-0.4984\overline{H}} - 0.02418e^{1.231\overline{H}} \tag{9.2-14}$$

$$p_3 = -0.04263\overline{H}^3 + 0.107\overline{H}^2 - 0.143\overline{H} + 0.03165 \tag{9.2-15}$$

$$p_4 = 0.9749e^{0.1141\overline{H}} + 0.002528e^{2.86\overline{H}} \tag{9.2-16}$$

水平圆柱潜体在竖向运动下的附加质量系数整体拟合公式如式（9.2-17）~式(9.2-20)所示：

$$C_y = q_1\overline{L}^{q_2} + q_3 \tag{9.2-17}$$

$$q_1 = -0.1313e^{-0.3795\overline{H}} - 0.000214e^{1.868\overline{H}} \tag{9.2-18}$$

$$q_2 = -0.02573\overline{H}^3 + 0.01413\overline{H}^2 + 0.3594\overline{H} + 1.529 \tag{9.2-19}$$

$$q_3 = 0.9598e^{0.09661\overline{H}} + 0.002973e^{2.742\overline{H}} \tag{9.2-20}$$

2. 误差分析

为了验证上述拟合公式在计算附加质量系数时的精确度，计算了水平圆柱潜体在水平、竖向运动下的相对误差（$\text{error} = (|C_{\text{Fitting date}} - C_{\text{Eq}}|)/C_{\text{Fitting date}} \times 100\%$），图 9.2-6 给出了拟合公式与解析方法在计算附加质量系数时的误差云图。

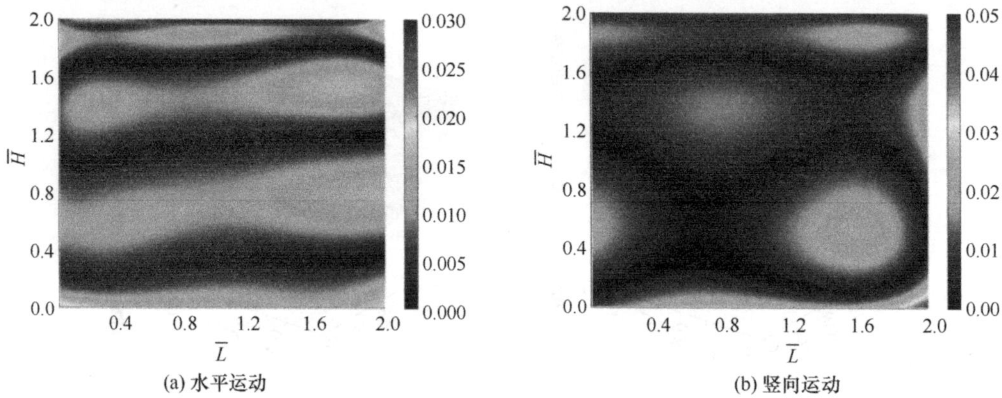

图 9.2-6　简化计算公式和解析方法的误差

由图 9.2-6 可以看出，水平圆柱潜体在水平、竖向运动下误差均小于 5%，误差在可接受范围内，说明简化计算公式在计算附加质量系数上具有较高精度。

9.3　悬浮隧道应用

9.3.1　数值模型及荷载信息

1. 模型描述

假设总水深为 100m，隧道位于水面以下 40m 位置处，建立直角坐标系 oxz，以隧道中心为坐标系原点，定义 ox 轴水平向右为正方向，oz 轴垂直向上为正方向。隧道截断模型具有三个自由度：沿 ox 轴的水平位移、沿 oz 轴的竖向位移及绕原点 o 的转动自由度。锚索被视为连续介质，仅承受拉伸荷载，不承受弯剪扭荷载。本节模型如图 9.3-1 所示，

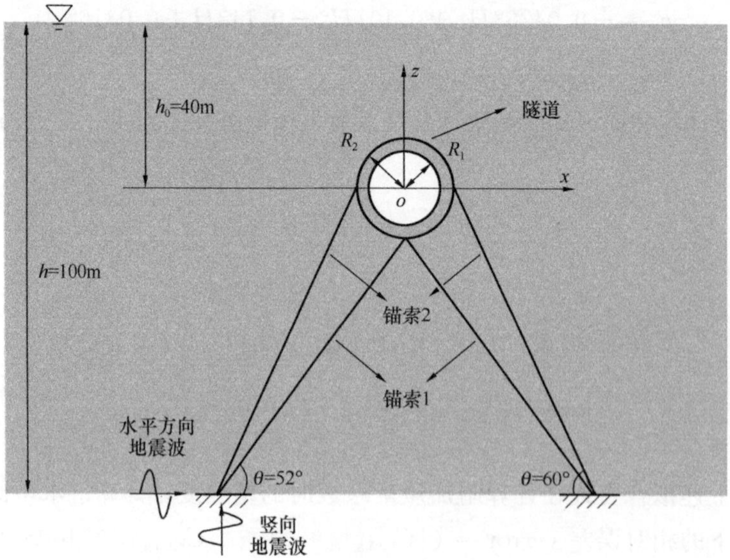

图 9.3-1　SFT 二维截断模型简化示意图

参考了 Zou[3]的 SFT 设计方案，具体的结构参数如表 9.3-1 所示。

SFT 模型结构参数　　　　**表 9.3-1**

部件	参数	数值
隧道	内径 R_1（m）	6.042
	外径 R_2（m）	7.042
	结构密度 ρ_t（kg/m³）	2698
锚索	锚索 1 长度 l_1（m）	67.21
	锚索 2 长度 l_2（m）	69.18
	公称直径 d（m）	0.18
	单位长度质量 m_c（kg/m）	644.7

2. 水动力荷载

作用于单位长度隧道管体和锚索上的水动力荷载采用 Morison 方程进行模拟，分为拖曳力和惯性力两部分。

拖曳力：

$$F_D = -\frac{1}{2}\rho_w D C_D \frac{du}{dt}\left|\frac{du}{dt}\right| \tag{9.3-1}$$

惯性力：

$$F_I = -\frac{1}{4}\rho_w \pi D^2 C_A \frac{d^2 u}{dt^2} \tag{9.3-2}$$

式中，流体密度 $\rho_w = 1050\text{kg/m}^3$；$C_D$为拖曳力系数；$C_A$为附加质量系数；$D$ 为隧道外径；u 为隧道和锚索位移。

本节模型中锚索使用的水动力参数的取值如表 9.3-2 所示。拖曳力系数和附加质量系数基于规范 DNVGL-OS-E301 和 BV NR493 选取，同时不同的系数选取需要考虑锚索的等效外径，换算关系如表 9.3-2 所示。对于隧道，其拖曳力系数取 1.2，而其附加质量系数则引用上文结构数值模型，忽略自由面波动的影响，通过该数值模型可以计算得到隧道管体在水平、竖向两个方向上动水压力的附加质量系数分别为 $C_A^x = 0.9875$，$C_A^y = 0.9664$。

锚索水动力参数　　　　**表 9.3-2**

系数	数值	等效外径（m）
法向拖曳力系数 C_D^N	2.4	d
切向拖曳力系数 C_D^T	1.15	$\frac{d}{\pi}$
惯性力系数 C_A	1.0	$1.8d$

3. 有限元建模

利用 ABAQUS 有限元软件建立 SFT 二维截断模型，截取长度为 100m 管节作为数值模拟对象，并在管段的中间位置通过两对倾斜的锚索固定，如图 9.3-2 所示。采用梁单元 B31 对隧道管体进行建模，并设定较大的弹性模量以模拟刚体运动。而对于锚索，则采用

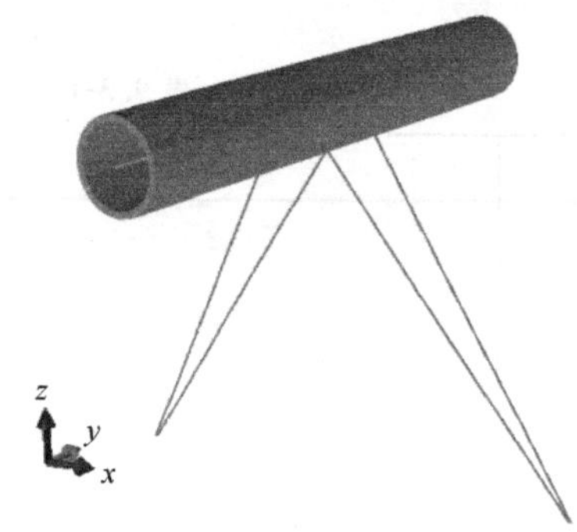

图 9.3-2　悬浮隧道截断有限元模型

T3D2 桁架单元进行模拟，同时将锚索的材料属性设定为不承压（压缩刚度为 0），以确保锚索仅有轴向拉伸变形。锚索顶端同隧道刚体管段采用运动耦合的方式铰接，锚索底端和海床铰接连接。对隧道管段进行运动约束，仅保留沿 ox 轴的水平位移、沿 oz 轴的竖向位移及绕原点 o 的转动三个自由度。

隧道、锚索的重力荷载采用重力加速度 9.8m/s^2 在竖向施加，浮力则基于阿基米德原理通过 AQUA 模块中的 PB 荷载来实现。作用于锚索的水动力荷载采用 AQUA 模块中的 FDD、FDT 和 FI 分别模拟法向拖曳力、切向拖曳力以及惯性力。作用于隧道管体的拖曳力采用相同的方式施加，而隧道的附加质量由于其各向异性的特征，则通过 MASS 单元以施加均匀分布质量点的方式实现。地震作用的施加是通过在锚索底端和海床铰接连接位置输入地震加速度的时程曲线来实现。

4. 地震动荷载信息

为了研究不同地震类型和不同地震强度下 SFT 的动力响应，选取 K-NET 台网中 KNG201 和 KNG202 观测台站记录的三次地震事件 KNG2011304171757（简称 KNG201-1）、KNG2021807072023（简称 KNG202-1）和 KNG2011102051056（简称 KNG201-2）作为三种地震输入载荷，地震事件信息见表 9.3-3。

地震事件信息　　**表 9.3-3**

地震名称	记录台站	日期	震级	震源深度（km）	震中距（km）
KNG201-1	KNG201	2013/04/17	6.2	9	80.1608
KNG202-1	KNG202	2018/07/07	6.0	57	83.3271
KNG201-2	KNG201	2011/02/05	5.2	64	70.1499

本节考虑 EW 和 UD 两个分量，分别作为水平、竖向方向地震动的施加，对结构分别施加 0.2g、0.6g、1g 三种地震强度，针对 X-Z 双向地震动作用下的 SFT 的动力响应进行研究，并选取管体的水平、竖向加速度以及锚索的张力作为参数进行对比，分析隧道附加质量对 SFT 系统动力响应结果的影响。所记录的相应加速度时程见图 9.3-3 和图 9.3-4。

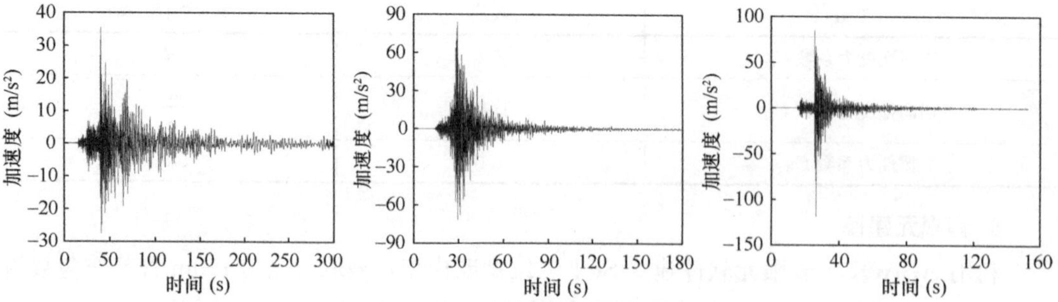

(a) KNG201-1　(b) KNG202-1　(c) KNG201-2

图 9.3-3　三条地震波的水平加速度时程曲线

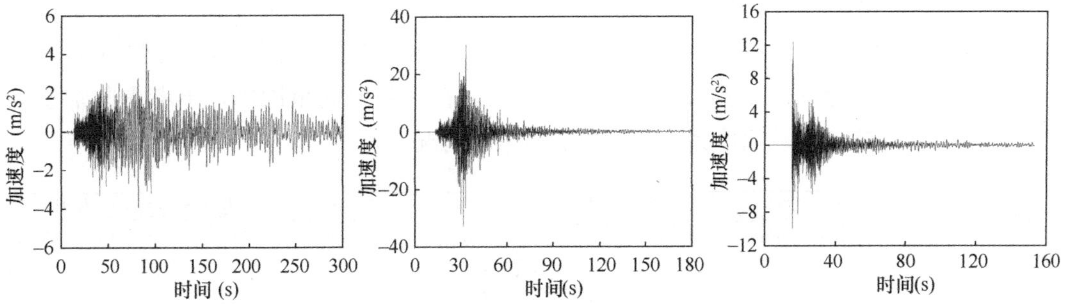

(a) KNG201-1　(b) KNG202-1　(c) KNG201-2

图 9.3-4　三条地震波的竖向加速度时程曲线

9.3.2　动力响应分析

图 9.3-5～图 9.3-8 分别给出了隧道有无附加质量对 SFT 管体在水平、竖向 2 个方向上的加速度响应时程、加速度响应放大系数、位移响应时程，以及对同侧的 2 根锚索其顶部张力响应时程的影响。

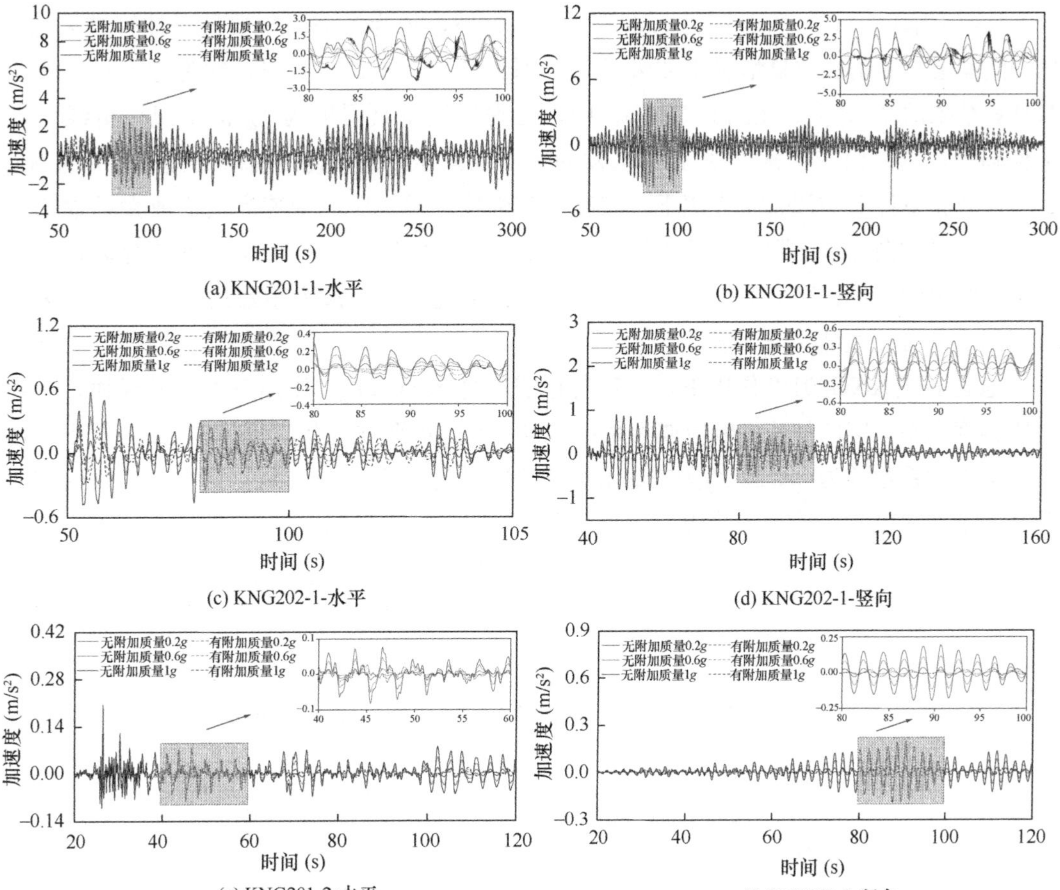

(a) KNG201-1-水平　(b) KNG201-1-竖向

(c) KNG202-1-水平　(d) KNG202-1-竖向

(e) KNG201-2-水平　(f) KNG201-2-竖向

图 9.3-5　有无附加质量对管体水平、竖向加速度响应时程影响

由图 9.3-5 可以看出，整体上三次地震事件激发的隧道管体加速度响应依次减小。当地震动强度较低时（0.2g），整体上隧道系统加速度响应较小，随着地震强度的增大（0.6g、1g），隧道水平、竖向加速度响应均增大。在多数时间范围内，不考虑附加质量的计算结果其加速度波动幅值大于考虑附加质量的情况。

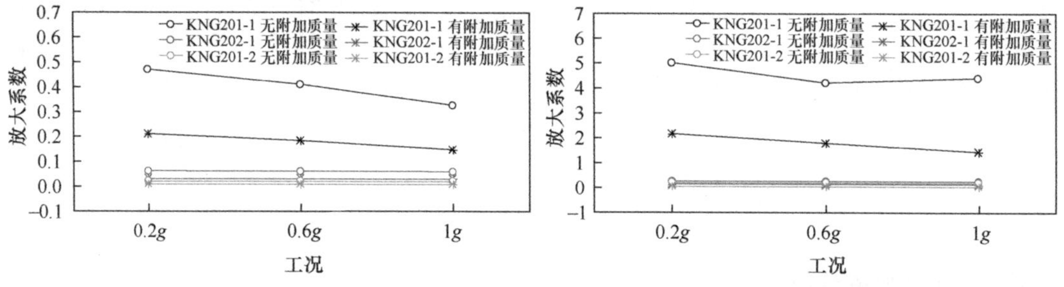

(a) 水平　(b) 竖向

图 9.3-6　有无附加质量对水平、竖向加速度响应放大系数的影响

由图 9.3-6 可以得知，地震事件 KNG201-1 作用下，水平和竖向的放大系数均随地震动强度的增大而减小。当地震动强度由 0.2g 增大至 1g 时，水平方向上，无附加质量情况下加速度响应放大系数分别为 0.47、0.41、0.33，约为考虑附加质量时计算结果的 2 倍；竖向上，无附加质量情况下放大系数分别为 5.02、4.21、4.41，约为考虑附加质量时计算结果的 2～3 倍。在图 9.3-6(b) 中，无附加质量且强度为 1g 的情况，折线呈现上偏趋势，这是由于锚索松弛-张紧引发的冲击现象导致的加速度瞬时突变的特殊情况。

而地震事件 KNG202-1 作用下，三种地震强度水平、竖向加速度响应放大系数基本一致。水平方向上，无附加质量情况下加速度响应放大系数约为 0.6，约为考虑附加质量时计算结果的 2 倍；竖向上，无附加质量情况下加速度响应放大系数约为 0.23，约为考虑附加质量时计算结果的 2 倍。

地震事件 KNG201-2 作用下，呈现与地震事件 KNG202-1 作用下类似的规律，三种地震强度水平、竖向加速度响应放大系数基本一致。水平方向上，无附加质量情况下加速度响应放大系数约为 0.21，约为考虑附加质量时计算结果的2～3 倍；竖向上，无附加质量情况下加速度响应放大系数约为 0.2，约为考虑附加质量时计算结果的 5 倍。

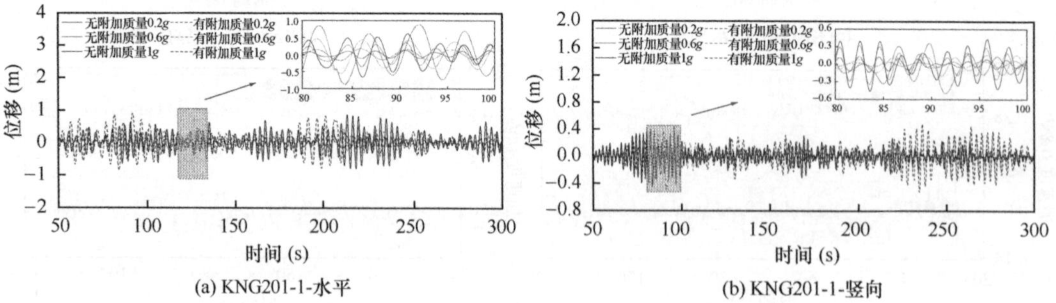

(a) KNG201-1-水平　(b) KNG201-1-竖向

图 9.3-7　有无附加质量对管体水平、竖向位移响应时程的影响（一）

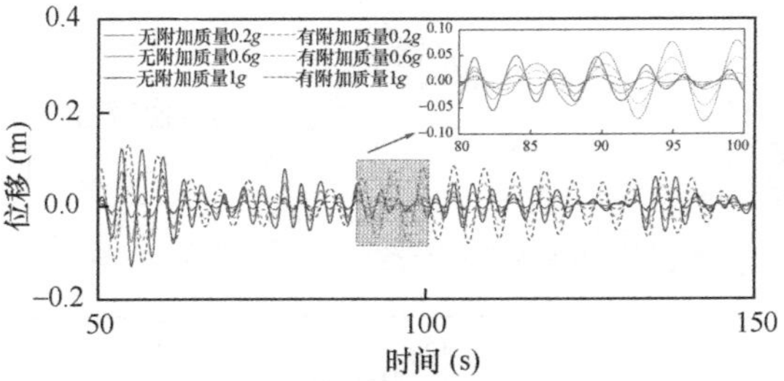

(c) KNG202-1-水平

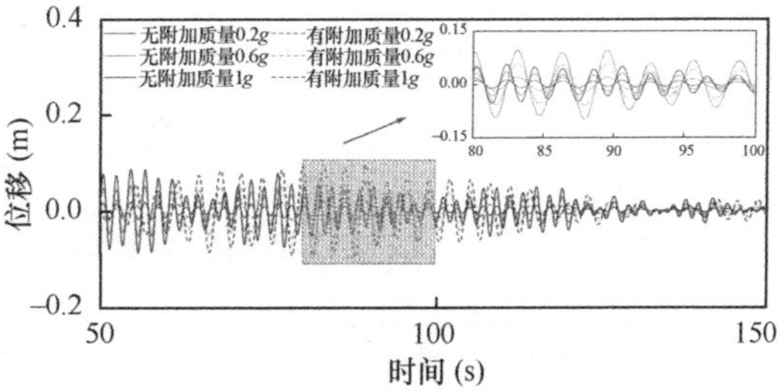

(d) KNG202-1-竖向

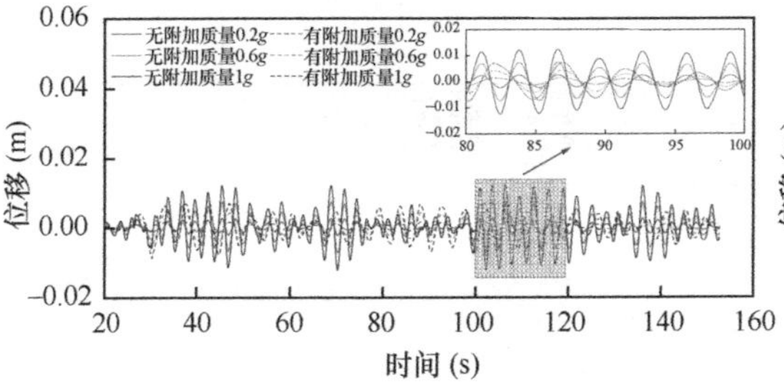

(e) KNG201-2-水平

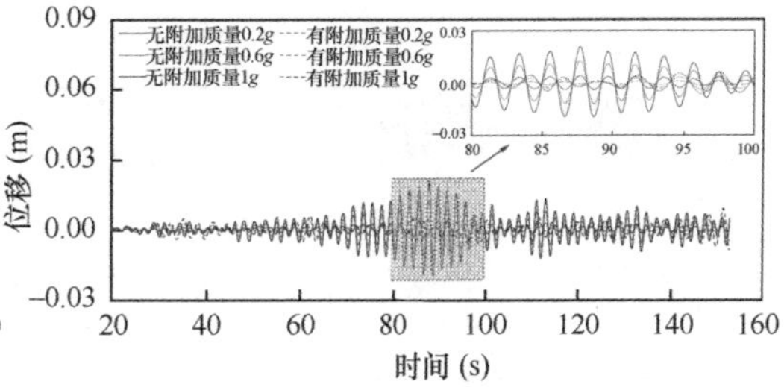

(f) KNG201-2-竖向

图 9.3-7　有无附加质量对管体水平、竖向位移响应时程的影响（二）

由图 9.3-7 可以看出，整体上三次地震事件激发的隧道管体位移响应依次减小。三次地震事件作用下，当地震动强度较低时（0.2g），整体上隧道系统位移响应较小，随着地震强度的增大（0.6g、1g），隧道水平、竖向位移响应均增大。地震事件 KNG201-1 和 KNG202-1 作用下，不考虑附加质量与考虑附加质量激发的响应无明显大小关系。地震事件 KNG201-2 作用下，多数时间范围内，不考虑附加质量的计算结果其位移波动幅值大于考虑附加质量的情况。

由图 9.3-8 可以看出，地震事件 KNG201-1 作用下，在地震动强度相同时，多数时间范围内，考虑附加质量的计算结果其张力波动幅值大于无附加质量的情况。值得注意的是，在无附加质量且地震动强度为 1g 的情况下，由于锚索松弛-张紧造成的较大冲击载荷，导致锚索 1 和锚索 2 所承受的最大张力分别高达 8.1×10^7N 和 3.91×10^7N。

地震事件 KNG202-1 作用下，在地震动强度相同时，多数时间范围内，不考虑附加质量的计算结果其张力波动幅值与考虑附加质量无明显大小关系。锚索未出现明显的松弛-张紧现象。

地震事件 KNG201-2 作用下，在地震动强度为 0.2g 和 1g 的情况下，多数时间范围内，考虑附加质量的计算结果其张力波动幅值大于无附加质量的情况，且在无附加质量、地震动强度为 1g 的情况下，锚索出现松弛-张紧现象，锚索 1 和锚索 2 所承受的最大张力分别高达 1.69×10^7N 和 1.62×10^7N；而在地震动强度为 0.4g 情况下，多数时间范围内，不考虑附加质量的计算结果其张力波动幅值与考虑附加质量无明显大小关系。

整体而言，考虑附加质量情况下的加速度响应放大系数普遍小于无附加质量情况；而从张力的角度来看，考虑附加质量情况下其导致的张力响应时程却偏大于无附加质量情况，表明隧道附加质量对系统的加速度和张力产生不同的影响。

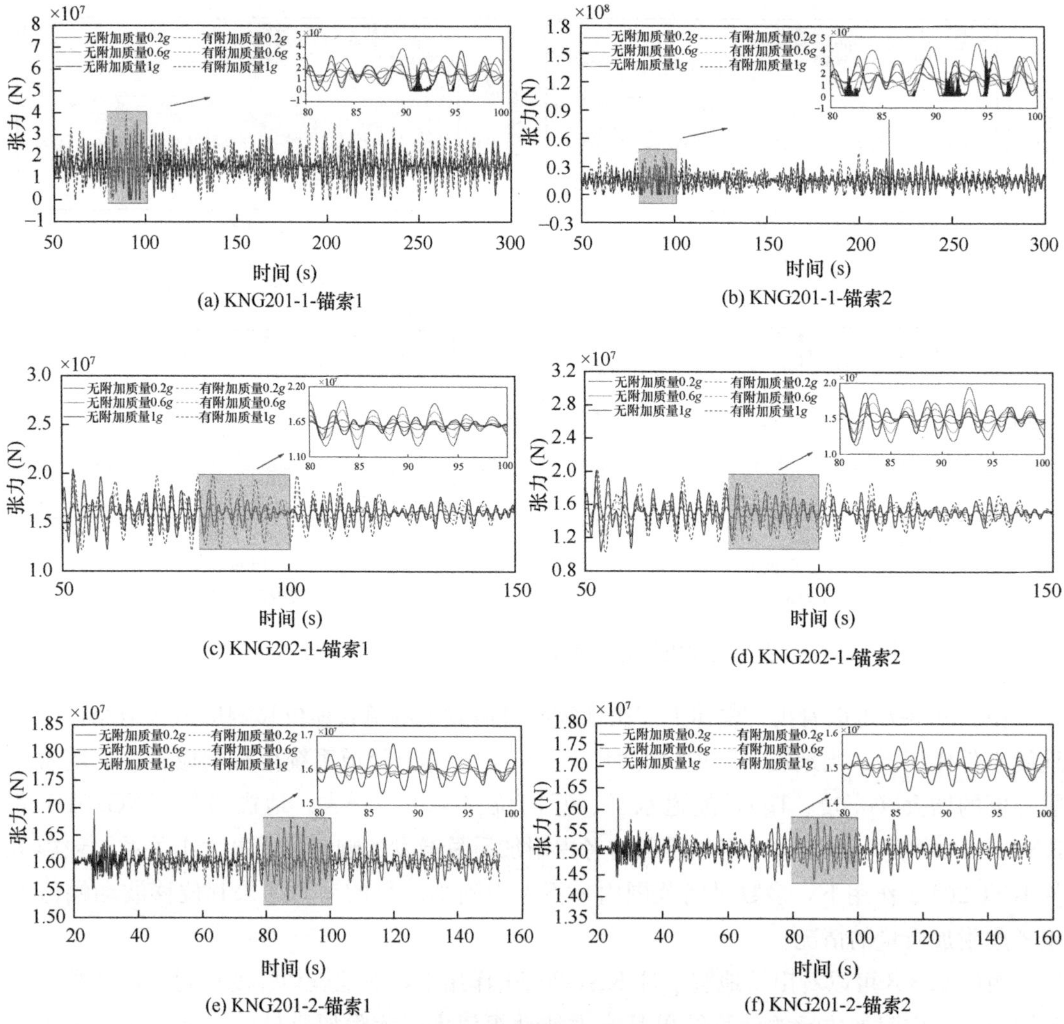

图 9.3-8　有无附加质量对锚索张力响应时程影响

参 考 文 献

[1] Wang P G, Zhao M, Du X L, et al. A finite element solution of earthquake-induced hydrodynamic forces and wave forces on multiple circular cylinders[J]. Ocean Engineering, 2019, 189: 106336.

[2] Zhao M, Su C K, Wang P G, et al. A 2D non-water substructure model in time domain for breakwater-water-bedrock (layered) system excited by inclined seismic waves[J]. Ocean Engineering, 2022, 262: 112223.

[3] Zou P X, Bricker J, Chen L Z, et al. Response of a submerged floating tunnel subject to flow-induced vibration[J]. Engineering Structures, 2022, 253: 113809.

附录 A　二维有限元法单元刚度与质量矩阵

一般给定工程问题的求解域的几何形状是比较复杂的，我们希望用较少的单元即可获得需要精度的解答，这样一来势必使求解域所有单元失去了统一的规则形状，均采用四结点的四边形单元划分平面复杂求解域，将会产生形状各异的四边形（图 A-1）。再加之各单元在总体坐标中的位置不同，因而要求各单元的刚度、质量等特征系数分别求解，无法编制各单元统一计算的标准化程序。因此，需要寻求适当的方法使所有不规则四边形单元都能用规则的标准正方形单元表示，通常采用坐标变换的方法。有限元法中普遍采用的变换方法是等参变换，即单元几何形状的变换和单元内的场函数采用相同数目的结点参数及相同的插值函数进行变换。采用等参变换的单元称之为等参单元，借助于等参单元可以对任意几何形状的工程问题和物理问题方便地进行有限元离散。因此，等参单元的提出为有限元法成为现代工程实际领域有效的数值分析方法迈出了重要一步。

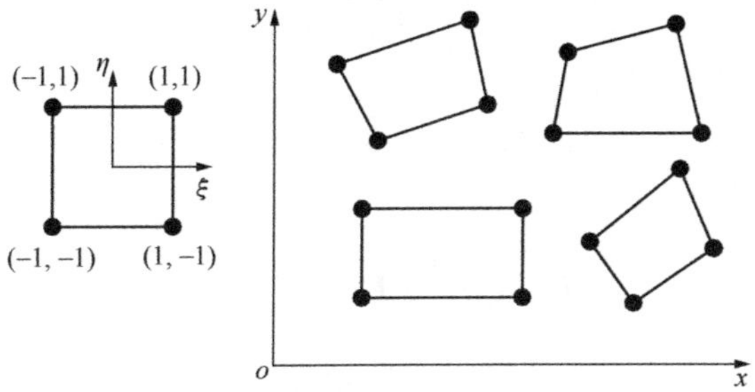

图 A-1　等参四结点四边形单元

(1) 形函数的局部坐标导数

单元的局部坐标系（ξ, η）如图 A-1 所示，坐标轴位于四边形对边中点的连线上，四边形的四条边分别为 $\xi=\pm1$ 和 $\eta=\pm1$。在局部坐标系下，双线性差值形函数为：

$$N_j=\frac{1}{4}(1+\xi_j\xi)(1+\eta_j\eta) \tag{A-1}$$

式中，(ξ_j,η_j) 是第 j 个结点的局部坐标。

形函数的局部坐标偏导数为：

$$\begin{Bmatrix}\dfrac{\partial N_j}{\partial \xi}\\ \dfrac{\partial N_j}{\partial \eta}\end{Bmatrix}=\frac{1}{4}\begin{Bmatrix}\xi_j(1+\eta_j\eta)\\ \eta_j(1+\xi_j\xi)\end{Bmatrix} \tag{A-2}$$

（2）导数之间的变换

全局坐标与局部坐标之间的等参变换关系可写为：

$$\begin{Bmatrix} x \\ y \end{Bmatrix} = \sum_{j=1}^{4} N_j \begin{Bmatrix} x_j \\ y_j \end{Bmatrix} \tag{A-3}$$

式中，x_j 和 y_j 分别为第 j 个结点的全局坐标。

坐标变换的雅克比矩阵为：

$$\boldsymbol{J} = \begin{bmatrix} \dfrac{\partial x}{\partial \xi} & \dfrac{\partial y}{\partial \xi} \\ \dfrac{\partial x}{\partial \eta} & \dfrac{\partial y}{\partial \eta} \end{bmatrix} = \sum_{j=1}^{4} \begin{bmatrix} \dfrac{\partial N_j}{\partial \xi} x_j & \dfrac{\partial N_j}{\partial \xi} y_j \\ \dfrac{\partial N_j}{\partial \eta} x_j & \dfrac{\partial N_j}{\partial \eta} y_j \end{bmatrix} \tag{A-4}$$

形函数的局部坐标偏导数和全局坐标偏导数具有如下关系：

$$\begin{Bmatrix} \dfrac{\partial N_j}{\partial \xi} \\ \dfrac{\partial N_j}{\partial \eta} \end{Bmatrix} = \boldsymbol{J} \begin{Bmatrix} \dfrac{\partial N_j}{\partial x} \\ \dfrac{\partial N_j}{\partial y} \end{Bmatrix} \tag{A-5}$$

形函数的全局坐标偏导数为：

$$\begin{Bmatrix} \dfrac{\partial N_j}{\partial x} \\ \dfrac{\partial N_j}{\partial y} \end{Bmatrix} = \boldsymbol{J}^{-1} \begin{Bmatrix} \dfrac{\partial N_j}{\partial \xi} \\ \dfrac{\partial N_j}{\partial \eta} \end{Bmatrix} \tag{A-6}$$

式中，$\boldsymbol{J}^{-1}$ 为雅克比矩阵的逆：

$$\boldsymbol{J}^{-1} = \frac{1}{|\boldsymbol{J}|} \boldsymbol{J}^{*} \tag{A-7}$$

式中，$|\boldsymbol{J}|$ 为雅克比矩阵的行列式；$\boldsymbol{J}^{*}$ 是 $\boldsymbol{J}$ 的伴随矩阵。

（3）面积微元变换

局部坐标的微分向量可以写为：

$$\mathrm{d}\xi = \begin{Bmatrix} \dfrac{\partial x}{\partial \xi} \\ \dfrac{\partial y}{\partial \xi} \end{Bmatrix} \mathrm{d}\xi,\ \mathrm{d}\boldsymbol{\eta} = \begin{Bmatrix} \dfrac{\partial x}{\partial \eta} \\ \dfrac{\partial y}{\partial \eta} \end{Bmatrix} \mathrm{d}\eta \tag{A-8}$$

面积微元是两个向量叉乘的模，可写为：

$$\mathrm{d}x\mathrm{d}y = |\boldsymbol{J}|\, \mathrm{d}\xi \mathrm{d}\eta \tag{A-9}$$

积分的上下限是：

$$\int_{\Omega^e} g_1(x,y)\,\mathrm{d}x\mathrm{d}y = \int_{-1}^{1}\int_{-1}^{1} g_1(\xi,\eta)\,|\boldsymbol{J}|\,\mathrm{d}\xi\mathrm{d}\eta \tag{A-10}$$

（4）单元刚度、质量系数

利用以上变化关系，任意一个标量动力刚度系数可以表示为：

$$K = \int_{-1}^{1}\int_{-1}^{1} g_2(\xi,\eta)\,\mathrm{d}\xi\mathrm{d}\eta \tag{A-11}$$

任意一个标量质量系数可以表示为：

$$M=\int_{-1}^{1}\int_{-1}^{1}\frac{1}{c^2}N_iN_j\,|\boldsymbol{J}|\,\mathrm{d}\xi\mathrm{d}\eta \tag{A-12}$$

局部坐标下，式（A-11）和式（A-12）的积分形式可统一表达为：

$$I=\int_{-1}^{1}\int_{-1}^{1}F(\xi,\eta)\mathrm{d}\xi\mathrm{d}\eta \tag{A-13}$$

有限元程序中通常采用高斯积分法计算式（A-13），公式为：

$$I=\sum_{j=1}^{n_2}\sum_{i=1}^{n_1}H_iH_jF(\xi_i,\eta_j) \tag{A-14}$$

式中，ξ_i、η_j 分别为相应坐标方向的一维高斯积分点坐标；H_i、H_j 为相应的一维高斯积分权系数；n_1、n_2 为 i、j 坐标方向的积分点数。高斯积分点的坐标和权系数见表 A-1。

高斯积分的积分点坐标和权系数　　**表 A-1**

积分点数 n	积分点坐标 ξ_i	积分权系数 H_i
1	0.00000　00000　00000	2.00000　00000　00000
2	±0.57735　02691　89626	1.00000　00000　00000
3	±0.77459　66692　41483	0.55555　55555　55556
	0.00000　00000　00000	0.88888　88888　88889
4	±0.86113　63115　94053	0.34785　48451　37454
	±0.33998　10435　84856	0.65214　51548　62546
5	±0.90617　98459　38664	0.23692　68850　56189
	±0.53846　93101　05683	0.47862　86704　99366
	0.00000　00000　00000	0.56888　88888　88889
6	±0.93246　91542　03152	0.17132　44923　79170
	±0.66120　93864　66265	0.36076　15730　48139
	±0.23861　91860　83197	0.46791　39345　72691

附录B　三维有限元法单元质量矩阵和刚度矩阵

（1）形函数的局部坐标导数

8结点六面体标准单元的局部坐标系（ξ, η, ζ）如图B-1所示，坐标轴位于六面体的中心，六面体的12条边分别为$\xi=\pm1$，$\eta=\pm1$和$\zeta=\pm1$，局部坐标系下的有限元单元称为母单元。单元结点的局部坐标分别为1(−1,−1,−1),2(1,−1,−1),3(1,1,−1),4(−1,1,−1),5(−1,−1,1),6(1,−1,1),7(1,1,1),8(−1,1,1)。

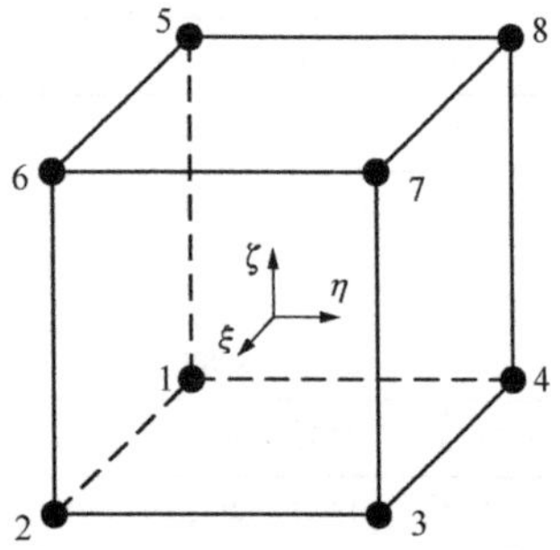

图B-1　局部坐标标准六面体单元

在局部坐标系（ξ, η, ζ）下，双线性差值形函数可以写为：

$$N_j=\frac{1}{8}(1+\xi_j\xi)(1+\eta_j\eta)(1+\zeta_j\zeta) \tag{B-1}$$

式中，(ξ_j,η_j,ζ_j)是第j个结点的局部坐标。

形函数的局部坐标偏导数为：

$$\begin{Bmatrix}\dfrac{\partial N_j}{\partial\xi}\\[2mm]\dfrac{\partial N_j}{\partial\eta}\\[2mm]\dfrac{\partial N_j}{\partial\zeta}\end{Bmatrix}=\frac{1}{8}\begin{Bmatrix}\xi_j(1+\eta_j\eta)(1+\zeta_j\zeta)\\\eta_j(1+\xi_j\xi)(1+\zeta_j\zeta)\\\zeta_j(1+\xi_j\xi)(1+\eta_j\eta)\end{Bmatrix} \tag{B-2}$$

（2）导数之间的变换

下面通过等参变换将总体坐标（x, y, z）中任意几何形状的六面体单元用上述局部坐标（ξ, η, ζ）中几何形状规则的标准单元表示，建立总体坐标任意形状单元刚度系数、质量系数的局部坐标统一表达，从而使各类不同形状的单元可以编制通用的计算程序。

全局坐标和局部坐标间的等参变换关系为：

$$\begin{Bmatrix}x\\y\\z\end{Bmatrix}=\sum_{j=1}^{8}N_j\begin{Bmatrix}x_j\\y_j\\z_j\end{Bmatrix} \tag{B-3}$$

式中，x_j、y_j和z_j分别为第j个结点的全局坐标。

形函数用局部坐标给出，局部坐标内的积分限是规格化的，要在局部坐标内规格化式（1.3-34a）和式（1.3-34b）的积分形式，须建立两坐标系内的导数、体积微元之间的变换关系。按照通常的偏微分规则，有：

$$\begin{cases} \dfrac{\partial N_j^e}{\partial \xi} = \dfrac{\partial N_j^e}{\partial x}\dfrac{\partial x}{\partial \xi} + \dfrac{\partial N_j^e}{\partial y}\dfrac{\partial y}{\partial \xi} + \dfrac{\partial N_j^e}{\partial z}\dfrac{\partial z}{\partial \xi} \\ \dfrac{\partial N_j^e}{\partial \eta} = \dfrac{\partial N_j^e}{\partial x}\dfrac{\partial x}{\partial \eta} + \dfrac{\partial N_j^e}{\partial y}\dfrac{\partial y}{\partial \eta} + \dfrac{\partial N_j^e}{\partial z}\dfrac{\partial z}{\partial \eta} \\ \dfrac{\partial N_j^e}{\partial \zeta} = \dfrac{\partial N_j^e}{\partial x}\dfrac{\partial x}{\partial \zeta} + \dfrac{\partial N_j^e}{\partial y}\dfrac{\partial y}{\partial \zeta} + \dfrac{\partial N_j^e}{\partial z}\dfrac{\partial z}{\partial \zeta} \end{cases} \quad j = 1,2,\cdots,8 \tag{B-4}$$

式（B-4）可以写为：

$$\begin{Bmatrix} \dfrac{\partial N_j^e}{\partial \xi} \\ \dfrac{\partial N_j^e}{\partial \eta} \\ \dfrac{\partial N_j^e}{\partial \zeta} \end{Bmatrix} = \boldsymbol{J} \begin{Bmatrix} \dfrac{\partial N_j^e}{\partial x} \\ \dfrac{\partial N_j^e}{\partial y} \\ \dfrac{\partial N_j^e}{\partial z} \end{Bmatrix} \quad j = 1,2,\cdots,8 \tag{B-5}$$

式中，$\boldsymbol{J}$ 称为雅克比矩阵，即：

$$\boldsymbol{J} \equiv \frac{\partial(x,y,z)}{\partial(\xi,\eta,\zeta)} = \sum_{j=1}^{8} \begin{bmatrix} \dfrac{\partial N_j}{\partial \xi}x_j & \dfrac{\partial N_j}{\partial \xi}y_j & \dfrac{\partial N_j}{\partial \xi}z_j \\ \dfrac{\partial N_j}{\partial \eta}x_j & \dfrac{\partial N_j}{\partial \eta}y_j & \dfrac{\partial N_j}{\partial \eta}z_j \\ \dfrac{\partial N_j}{\partial \zeta}x_j & \dfrac{\partial N_j}{\partial \zeta}y_j & \dfrac{\partial N_j}{\partial \zeta}z_j \end{bmatrix} \tag{B-6}$$

因此，形函数的局部坐标偏导数和全局坐标偏导数具有如下关系：

$$\begin{Bmatrix} \dfrac{\partial N_j^e}{\partial x} \\ \dfrac{\partial N_j^e}{\partial y} \\ \dfrac{\partial N_j^e}{\partial z} \end{Bmatrix} = \boldsymbol{J}^{-1} \begin{Bmatrix} \dfrac{\partial N_j^e}{\partial \xi} \\ \dfrac{\partial N_j^e}{\partial \eta} \\ \dfrac{\partial N_j^e}{\partial \zeta} \end{Bmatrix} \tag{B-7}$$

式中，$\boldsymbol{J}^{-1}$ 为雅克比矩阵的逆：

$$\boldsymbol{J}^{-1} = \frac{1}{|\boldsymbol{J}|}\boldsymbol{J}^{*} \tag{B-8}$$

式中，$|\boldsymbol{J}|$ 是 $\boldsymbol{J}$ 的行列式；$\boldsymbol{J}^{*}$ 是 $\boldsymbol{J}$ 的伴随矩阵。

（3）体积微元变换

体积微元是三个向量混合积的模，即：

$$\mathrm{d}V = \mathrm{d}\boldsymbol{\xi} \cdot (\mathrm{d}\boldsymbol{\eta} \times \mathrm{d}\boldsymbol{\zeta}) \tag{B-9}$$

式中，

$$\begin{cases} \mathrm{d}\boldsymbol{\xi} = \dfrac{\partial x}{\partial \xi}\mathrm{d}\xi\boldsymbol{i} + \dfrac{\partial y}{\partial \xi}\mathrm{d}\xi\boldsymbol{j} + \dfrac{\partial z}{\partial \xi}\mathrm{d}\xi\boldsymbol{k} \\ \mathrm{d}\boldsymbol{\eta} = \dfrac{\partial x}{\partial \eta}\mathrm{d}\eta\boldsymbol{i} + \dfrac{\partial y}{\partial \eta}\mathrm{d}\eta\boldsymbol{j} + \dfrac{\partial z}{\partial \eta}\mathrm{d}\eta\boldsymbol{k} \\ \mathrm{d}\boldsymbol{\zeta} = \dfrac{\partial x}{\partial \zeta}\mathrm{d}\zeta\boldsymbol{i} + \dfrac{\partial y}{\partial \zeta}\mathrm{d}\zeta\boldsymbol{j} + \dfrac{\partial z}{\partial \zeta}\mathrm{d}\zeta\boldsymbol{k} \end{cases} \tag{B-10}$$

式中，$\boldsymbol{i}$，$\boldsymbol{j}$，$\boldsymbol{k}$ 是笛卡尔坐标 x，y，z 方向的单位向量。将式（B-10）代入式（B-9）得到：

$$\mathrm{d}V = \mathrm{d}x\mathrm{d}y\mathrm{d}z = |\boldsymbol{J}|\,\mathrm{d}\xi\mathrm{d}\eta\mathrm{d}\zeta \tag{B-11}$$

积分的上下限为：

$$\int_{V_e} G_1(x,y,z)\mathrm{d}x\mathrm{d}y\mathrm{d}z = \int_{-1}^{1}\int_{-1}^{1}\int_{-1}^{1} G_1(\xi,\eta,\zeta)\,|\boldsymbol{J}|\,\mathrm{d}\xi\mathrm{d}\eta\mathrm{d}\zeta \tag{B-12}$$

（4）单元刚度、质量系数

利用以上变换关系，任意一个标量质量系数可以表示为：

$$M = \int_{-1}^{1}\int_{-1}^{1}\int_{-1}^{1} \frac{1}{c^2} N_i^e N_j^e\,|\boldsymbol{J}|\,\mathrm{d}\xi\mathrm{d}\eta\mathrm{d}\zeta \tag{B-13}$$

式中，N_o^e 为局部坐标形函数（$o=i$，j）。

任意一个标量动力刚度系数可以表示为：

$$K = \int_{-1}^{1}\int_{-1}^{1}\int_{-1}^{1} G_2(\xi,\eta,\zeta)\,|\boldsymbol{J}|\,\mathrm{d}\xi\mathrm{d}\eta\mathrm{d}\zeta \tag{B-14}$$

（5）高斯数值积分

局部坐标下，式（B-13）和式（B-14）的积分形式可统一表达为：

$$I = \int_{-1}^{1}\int_{-1}^{1}\int_{-1}^{1} F(\xi,\eta,\zeta)\mathrm{d}\xi\mathrm{d}\eta\mathrm{d}\zeta \tag{B-15}$$

有限元程序中通常采用高斯积分法计算式（B-15），公式为：

$$I = \sum_{k=1}^{n_3}\sum_{j=1}^{n_2}\sum_{i=1}^{n_1} H_i H_j H_k F(\xi_i,\eta_j,\zeta_k) \tag{B-16}$$

式中，ξ_i、η_j、ζ_k 分别为相应坐标方向的一维高斯积分点坐标；H_i、H_j、H_k 分别为相应的一维高斯积分权系数；n_1、n_2、n_3 分别为 i、j、k 坐标方向的积分点数。高斯积分点的坐标和权系数见表 A-1。